土木工程测量

齐庆会 常 乐 李璎昊 主 编
高洪俊 刘金生 王 婷 张 甲 副主编

化学工业出版社

·北京·

内 容 简 介

本书在编写过程中侧重测量技术在土木工程上的应用，比较全面地体现了测量在工程建设中的重要作用和意义。本书共分14章，前四章介绍了测量学的基本知识及常规测量仪器的使用基本技术及应用注意事项；第5章介绍了测量误差的基本知识；第6章介绍了小地区控制测量的基本内容、基本原理和施测方法；第7章介绍了大比例尺地形图的基本知识及应用；第8章介绍了大比例尺数字化测图的具体流程；第9章介绍了测设的基本工作；第10~13章介绍了测量在具体工程中应用，包括建筑工程、道路工程与桥梁工程、地下工程等各阶段的测量工作，也介绍了工程中的变形监测及竣工测量；第14章介绍了工程测量新技术。

本书既针对土木类专业，也面向整个土木建筑行业；既有较完整的理论，又注重工程实用性，并兼顾测绘新技术的主要应用和方法。本书可供本科及大、中专院校等设置有土木工程、道路工程、工程管理、给水排水工程、土地资源管理、建筑学、测绘工程等专业的教学使用，也可供从事土木工程及测绘工作的工程技术人员参考。

图书在版编目（CIP）数据

土木工程测量/齐庆会，常乐，李璎昊主编． —北京：化学工业出版社，2023.11
ISBN 978-7-122-44115-7

Ⅰ.①土… Ⅱ.①齐… ②常… ③李… Ⅲ.①土木工程-建筑测量-教材 Ⅳ.①TU198

中国国家版本馆CIP数据核字（2023）第167360号

责任编辑：彭明兰　　　　　　　　　　　文字编辑：邹　宁
责任校对：宋　玮　　　　　　　　　　　装帧设计：刘丽华

出版发行：化学工业出版社（北京市东城区青年湖南街13号　邮政编码100011）
印　　装：三河市双峰印刷装订有限公司
787mm×1092mm　1/16　印张15½　字数401千字　2023年11月北京第1版第1次印刷

购书咨询：010-64518888　　　　　　　　　售后服务：010-64518899
网　　址：http://www.cip.com.cn
凡购买本书，如有缺损质量问题，本社销售中心负责调换。

定　　价：58.00元　　　　　　　　　　　　　　　　　　　版权所有　违者必究

前　言

土木工程测量是土木类专业方向的专业基础课，该课程是学习和从事土木类专业必修的课程。同时，测量技术为土木、水利等工程的基础性工作，建筑、水利等土木类工程市场也需要大量的工程测量放线员、验线员，但测量技术理论性比较强，同时又要求有很强的动手能力和实操能力，因此，相关图书比较受读者的关注。

本书基于应用型人才培养目标，根据高等院校土木工程专业教学大纲及国家相应土木专业规范规程编写，以进一步深化高等教育教学改革，提高土木类专业人才培养质量，满足行业对人才的需求为目的。本书在介绍工程测量基本理论和方法的同时，着重体现测量技术原理在土木工程上的应用，较为全面地体现了测量技术在土木工程建设中的重要作用和意义。

本书在出版过程中，经过充分的调研，结合高校教学经验并借鉴了企业人员的实践经验，编写过程充分考虑企业、行业人员的意见。本书包括绪论、水准测量、角度测量、距离测量、测量误差基本知识、控制测量、地形图的基本知识与基本应用、大比例尺数字测图、测设的基本工作、工程变形监测、建筑施工测量、道路与桥梁工程测量、地下工程测量、工程测量新技术应用等内容。本书既针对土木类专业，也面向整个土建行业；既有较完整的理论，又注重工程实用性，并兼顾测绘新技术的主要应用和方法。

本书由沈阳城市建设学院、大连理工大学城市学院以及广州南方测绘科技股份有限公司、嘉兴万虹建设工程有限公司、辽宁千星北斗测绘科技有限公司等的工程技术人员联合编写完成。齐庆会、常乐、李璎昊担任主编。高洪俊、刘金生、王婷、张甲为副主编。全书由常乐负责统稿。编写人员的具体分工如下：第1章由齐庆会编写；第2章由齐庆会、常乐编写；第3章由常乐编写；第4章由刘金生编写；第5章由刘金生、徐峰编写；第6章由李璎昊、高洪俊编写；第7章由李璎昊、王婷、齐庆会编写；第8章由王婷编写；第9章由常乐、齐庆会、虞茉莉编写；第10章由高洪俊编写；第11章由李璎昊编写；第12章由高洪俊、刘金生、王庆海编写；第13章由冯钟萱、李时、李金生编写；第14章由张甲、白晶石、王刚编写。全书由齐庆会、常乐、李璎昊统稿校核。

本书在编写过程中参考了有关文献，由于条件所限，未能将所有参考文献逐一列出，在此对相关文献的作者表示由衷的感谢。

由于编者水平有限，加之时间仓促，书中难免有不妥之处，敬请读者批评指正。

目 录

第1章 绪论 / 1

1.1 测量学的任务及其作用 …………… 1
　1.1.1 测量学的基本概念 ………… 1
　1.1.2 测量学的研究内容 ………… 2
　1.1.3 测量学的应用范围 ………… 2
　1.1.4 学习测量学的目的 ………… 3
1.2 测量学的发展简况 ………………… 3
　1.2.1 测量学的发展简史 ………… 3
　1.2.2 测量学的发展现状 ………… 4
1.3 测量工作的基准 …………………… 6
　1.3.1 地球的形状和大小 ………… 6
　1.3.2 测量基准的确定 …………… 7
　1.3.3 用水平面代替水准面的范围 … 11
　1.3.4 确定地面点位的三个基本要素 … 12
1.4 测量工作的组织原则与程序 …… 13
1.5 测量常用计量单位与换算 ……… 14
　1.5.1 角度单位 …………………… 14
　1.5.2 长度单位 …………………… 14
　1.5.3 面积单位 …………………… 14
　1.5.4 测量数据换算原则 ………… 15

第2章 水准测量 / 16

2.1 水准测量的原理和方法 ………… 16
　2.1.1 水准测量原理 ……………… 16
　2.1.2 计算未知点高程 …………… 17
2.2 水准测量的仪器与工具 ………… 17
　2.2.1 水准仪的构造（DS3型微倾式水准仪） …………………… 18
　2.2.2 水准尺和尺垫 ……………… 21
　2.2.3 水准仪的使用 ……………… 22
2.3 水准测量的基本方法 …………… 23
　2.3.1 水准点 ……………………… 23
　2.3.2 水准路线 …………………… 24
　2.3.3 水准测量方法 ……………… 25
　2.3.4 水准测量的计算 …………… 27
2.4 水准仪的检验与校正 …………… 28
　2.4.1 圆水准器轴平行仪器竖轴的检验校正 ……………………… 29
　2.4.2 十字丝横丝垂直仪器竖轴的检验与校正 ………………… 29
　2.4.3 水准管轴平行视准轴的检验与校正 ……………………… 30
2.5 水准测量的误差 ………………… 31
　2.5.1 仪器误差 …………………… 31
　2.5.2 观测误差 …………………… 31
　2.5.3 外界条件影响 ……………… 32
2.6 自动安平水准仪 ………………… 33
　2.6.1 视线自动安平原理 ………… 33
　2.6.2 自动安平补偿器 …………… 33
　2.6.3 自动安平水准仪的使用 …… 34
2.7 精密水准仪与电子水准仪 ……… 35
　2.7.1 精密水准仪 ………………… 35
　2.7.2 电子水准仪 ………………… 36

第3章 角度测量 / 40

3.1 角度测量原理 …………………… 40
　3.1.1 水平角 ……………………… 40
　3.1.2 竖直角 ……………………… 40
3.2 经纬仪的构造与使用 …………… 41
　3.2.1 DJ6型光学经纬仪 ………… 42
　3.2.2 经纬仪读数设备及读数方法 … 43
　3.2.3 DJ2型光学经纬仪 ………… 44
　3.2.4 经纬仪的操作 ……………… 45
3.3 水平角测量 ……………………… 47
　3.3.1 测回法 ……………………… 47

3.3.2　方向观测法……………… 47
3.4　竖直角测量 ……………………… 48
　　3.4.1　竖盘构造………………… 48
　　3.4.2　竖直角计算……………… 49
　　3.4.3　竖盘指标差……………… 49
　　3.4.4　竖直角观测……………… 50
3.5　经纬仪的检验与校正 …………… 51
　　3.5.1　照准部水准管的检验与校正… 51
　　3.5.2　十字丝竖丝的检验与校正… 51

　　3.5.3　视准轴的检验与校正…… 51
　　3.5.4　横轴的检验与校正……… 53
　　3.5.5　竖盘指标水准管的检验与校正… 53
　　3.5.6　光学对中器的检验与校正… 53
3.6　角度测量误差分析 ……………… 54
　　3.6.1　仪器误差………………… 54
　　3.6.2　观测误差………………… 54
　　3.6.3　外界条件的影响………… 56
3.7　电子经纬仪 ……………………… 56

第4章　距离测量与直线定向 / 58

4.1　距离测量 ………………………… 58
　　4.1.1　距离测量概述…………… 58
　　4.1.2　直线定线………………… 59
4.2　钢尺量距 ………………………… 60
　　4.2.1　量距的基本工具………… 60
　　4.2.2　钢尺量距的基本方法…… 61
　　4.2.3　钢尺精密测距…………… 63
4.3　视距测量 ………………………… 65
　　4.3.1　视线水平时的距离……… 65
　　4.3.2　视线倾斜时的距离……… 66
4.4　电磁波测距 ……………………… 67
　　4.4.1　电磁波测距概述………… 67
　　4.4.2　电磁波测距原理………… 68

　　4.4.3　测距仪的应用…………… 69
4.5　直线定向 ………………………… 70
　　4.5.1　标准方向的种类………… 70
　　4.5.2　直线方向的表示方法…… 70
　　4.5.3　几种方位角之间的关系… 71
4.6　坐标方位角 ……………………… 72
　　4.6.1　坐标方位角的定义……… 72
　　4.6.2　正、反坐标方位角……… 72
　　4.6.3　象限角与坐标方位角…… 72
　　4.6.4　距离、方位角与坐标之间的
　　　　　关系………………………… 73
　　4.6.5　坐标方位角的推算……… 73

第5章　测量误差的基本知识 / 76

5.1　测量误差概述 …………………… 76
　　5.1.1　测量误差产生的原因…… 76
　　5.1.2　测量误差的分类………… 77
　　5.1.3　偶然误差的特性………… 78
5.2　测量误差 ………………………… 80
　　5.2.1　方程与中误差…………… 80
　　5.2.2　相对误差………………… 81
　　5.2.3　容许误差………………… 81
5.3　误差传播定律 …………………… 82
　　5.3.1　和差函数………………… 82
　　5.3.2　倍数函数………………… 83

　　5.3.3　线性函数………………… 84
　　5.3.4　一般函数………………… 84
5.4　算术平均值及其中误差 ………… 85
　　5.4.1　算术平均值……………… 85
　　5.4.2　观测值改正数…………… 86
　　5.4.3　由观测值改正数计算观测值中
　　　　　误差………………………… 86
5.5　加权平均值及其中误差 ………… 87
　　5.5.1　观测值的权……………… 87
　　5.5.2　加权平均值及其中误差的计算… 88

第6章　小地区控制测量 / 90

6.1　控制测量概述 …………………… 90
　　6.1.1　控制测量的定义与分类… 90
　　6.1.2　控制测量的基本方法…… 90

　　6.1.3　国家控制网概况………… 91
　　6.1.4　工程测量控制网概况…… 92
6.2　导线测量 ………………………… 94

	6.2.1	导线测量概述	94
	6.2.2	导线测量的外业工作	95
	6.2.3	导线测量的内业计算	96
	6.2.4	查找导线测量粗差的基本方法	101
6.3	小三角测量		103
	6.3.1	小三角网的布设形式	103
	6.3.2	小三角测量的外业工作	104
	6.3.3	小三角测量的内业计算	105
6.4	交会定点		107
	6.4.1	前方交会	107
	6.4.2	后方交会	108
	6.4.3	侧方交会	109
	6.4.4	测边交会	109
6.5	全球导航卫星系统		109
	6.5.1	全球导航卫星系统概述	109
	6.5.2	GPS 的构成	110
	6.5.3	GPS 的定位原理	111
6.6	高程控制测量		113
	6.6.1	高程控制测量概述	113
	6.6.2	三、四等水准测量	114
	6.6.3	三角高程控制测量	116

第7章 地形图的基本知识 / 119

7.1	地形图的比例尺		119
	7.1.1	比例尺的表示方法	119
	7.1.2	地形图按比例尺分类	120
	7.1.3	比例尺精度	120
7.2	地形图的分幅和编号		120
	7.2.1	经纬网国际分幅法	121
	7.2.2	矩形分幅	123
7.3	地形图的图外注记		125
7.4	地形图图式		126
	7.4.1	地物符号	126
	7.4.2	地貌符号	126
	7.4.3	注记	126
7.5	等高线		128
	7.5.1	等高线的概念	128
	7.5.2	几种典型地貌的等高线表示方法	129
	7.5.3	等高线的特性	130
7.6	地形图的基本应用		131
	7.6.1	求图上某点的直角坐标	131
	7.6.2	求图上两点间的距离和方向	131
	7.6.3	求图上某点高程	132
	7.6.4	确定地面某方向线的坡度	132
	7.6.5	依指定方向绘制断面图	132
	7.6.6	在地形图上确定汇水范围面积	133

第8章 大比例尺数字测图 / 134

8.1	传统地形图测绘		134
	8.1.1	碎部测量	134
	8.1.2	视距测量的误差和注意事项	136
8.2	地形图的绘制		137
	8.2.1	地物的测绘	137
	8.2.2	地貌的测绘	138
	8.2.3	地形图的拼接、检查与整饰	139
8.3	全站仪的功能及使用		140
	8.3.1	全站仪的功能	140
	8.3.2	全站仪的操作及使用	142
	8.3.3	全站仪的数据通信	145
	8.3.4	全站仪的检校及注意事项	147
8.4	全站仪大比例尺数字化测图方法		149
	8.4.1	全站仪大比例尺数字化测图方法概述	149
	8.4.2	野外数字化数据采集方法	150
	8.4.3	地形图的处理与输出	151

第9章 测设 / 154

9.1	测设的基本工作		154
	9.1.1	已知水平距离的测设	154
	9.1.2	已知水平角的测设	156
	9.1.3	已知高程的测设	156
9.2	点的平面位置测设		158
	9.2.1	直角坐标法	158

9.2.2 极坐标法 …………………… 158
9.2.3 角度交会法 ………………… 159
9.2.4 距离交会法 ………………… 159
9.3 已知坡度直线的测设 …………… 160

第10章 工程变形监测 / 162

10.1 工程变形监测技术概述 …… 162
  10.1.1 变形监测的目的 ………… 162
  10.1.2 变形监测的意义 ………… 163
  10.1.3 变形监测的分类 ………… 163
  10.1.4 变形观测的特点 ………… 163
  10.1.5 变形监测的主要技术方法 … 164
  10.1.6 变形监测的精度和周期 … 165
10.2 沉降监测 ……………………… 166
  10.2.1 水准基点、工作基点的设置 … 166
  10.2.2 沉降观测点的设置 ……… 168
  10.2.3 高差观测 ………………… 168
10.3 位移监测 ……………………… 170
  10.3.1 平面控制网的布设 ……… 170
  10.3.2 水平位移观测 …………… 172
  10.3.3 倾斜观测 ………………… 174
  10.3.4 挠度观测 ………………… 176
  10.3.5 裂缝观测 ………………… 176
10.4 基坑工程变形监测 …………… 177
  10.4.1 基坑工程变形监测概述 … 177
  10.4.2 基坑监测的目的 ………… 177
  10.4.3 基坑工程的支护结构的类型 … 177
  10.4.4 基坑工程变形监测的内容 … 178
  10.4.5 基坑工程监测资料及报告 … 178

第11章 建筑施工测量 / 180

11.1 施工测量概述 ………………… 180
11.2 施工场地的控制测量 ………… 182
  11.2.1 施工场地的控制测量概述 … 182
  11.2.2 施工场地的平面控制测量 … 182
  11.2.3 施工场地的高程控制测量 … 184
11.3 一般民用建筑施工测量 ……… 185
  11.3.1 施工测量前的准备工作 … 185
  11.3.2 定位和放线 ……………… 186
  11.3.3 基础工程施工测量 ……… 187
  11.3.4 墙体施工测量 …………… 189
  11.3.5 建筑物的轴线投测 ……… 190
  11.3.6 建筑物的高程传递 ……… 190
11.4 高层建筑施工测量 …………… 190
  11.4.1 外控法 …………………… 191
  11.4.2 内控法 …………………… 191
11.5 施工测量人员的职责与责任 … 193

第12章 道路与桥梁工程测量 / 194

12.1 道路工程测量概述 …………… 194
12.2 道路初测与定测 ……………… 195
  12.2.1 初测 ……………………… 195
  12.2.2 定测 ……………………… 196
12.3 道路中线测量 ………………… 196
  12.3.1 交点的测设 ……………… 196
  12.3.2 转点的测设 ……………… 198
  12.3.3 转角测定 ………………… 198
  12.3.4 里程桩设置 ……………… 199
12.4 道路圆曲线的测设 …………… 200
  12.4.1 圆曲线主点的测设 ……… 200
  12.4.2 圆曲线的详细测设 ……… 201
12.5 道路缓和曲线的测设 ………… 203
  12.5.1 缓和曲线的计算公式 …… 203
  12.5.2 带有缓和曲线的圆曲线主点测设 …………………… 205
  12.5.3 带有缓和曲线的曲线详细测设 …………………… 206
12.6 道路纵横断面测量 …………… 208
  12.6.1 道路纵断面测量 ………… 208
  12.6.2 道路横断面测量 ………… 211
12.7 桥梁工程测量 ………………… 213
  12.7.1 桥梁工程测量概述 ……… 213
  12.7.2 桥梁控制测量 …………… 213
  12.7.3 桥梁施工测量 …………… 216

第 13 章　地下工程测量 / 221

13.1　地下工程测量概述 …………… 221
13.1.1　地下工程测量的种类 ……… 221
13.1.2　地下工程测量的特点 ……… 222
13.1.3　地下工程的测量方法 ……… 222
13.1.4　地下工程测量的发展 ……… 222
13.2　地下控制测量 …………………… 223
13.2.1　地下工程平面控制测量 …… 223
13.2.2　地下工程高程控制测量 …… 224
13.3　贯通测量 ………………………… 225
13.3.1　贯通测量的概念和方法 …… 225
13.3.2　一井内巷道贯通测量 ……… 225
13.3.3　两井间巷道贯通测量 ……… 227
13.3.4　立井贯通测量 ……………… 228
13.4　地下管线测量 …………………… 229
13.4.1　地下管线概述 ……………… 229
13.4.2　各类管线的基本探测方法 … 230
13.4.3　地下管线测绘 ……………… 231
13.5　地下建筑工程竣工测量 ………… 232

第 14 章　工程测量新技术应用 / 233

14.1　无人机技术 ……………………… 233
14.1.1　无人机的分类 ……………… 233
14.1.2　无人机航测的特点 ………… 235
14.2　三维激光扫描系统 ……………… 235
14.3　InSAR 技术和方法 ……………… 237
14.4　其他技术 ………………………… 237

参考文献 / 239

第 1 章

绪 论

本章导读

测量学是一门从人类经验史中发展而来的古老而兼具时代性的科学,它是人类与大自然作斗争的一个重要手段。无论工程项目大小,工程测量都起着至关重要的作用。在国民经济和社会发展规划中,各种规划及地籍管理,首先要有地形图和地籍图;在各项工农业基本建设中,从勘测设计阶段到施工竣工都需进行大量测绘;在国防建设中,军事测量和军用地图是现代诸多兵种协同作战不可或缺的重要保障。测绘资料还用于远程导弹、空间武器、人造卫星和航天器的发射等的精确定轨;在科学技术方面,用于空间科学技术研究、地壳变形的研究、地震预测及地极周期性运动的研究等。

思政元素

气候变暖、海平面上升会给我们的生活带来哪些影响?会影响哪些城市?我们通过测绘的方法就能正确地测量和认知。测绘能够帮助我们更好地了解我们生活的地球,让我们更加爱护它。

1.1 测量学的任务及其作用

1.1.1 测量学的基本概念

测量学是测绘学科中的一门基础技术课,也是土木工程、交通工程、测绘工程和土地管理等专业的一门必修课,学习本课程的目的是掌握测量学的基本理论、测量仪器的使用、如何测量地形图、地形图如何应用和工程建筑施工放样的基本理论和方法。

《中华人民共和国测绘法》规定:所称测绘,是指对自然地理要素或者地表人工设施的形状、大小、空间位置及其属性等进行测定、采集、表述以及对获取的数据、信息、成果进行处理和提供的活动。

《中国大百科全书》中关于测绘学的定义为:研究测定和推算地面点的几何位置、地球形状及地球重力场,据此测量地球表面自然形态和人工设施的几何分布,并结合某些社会信息和自然信息的地理分布,编制全球和局部地区各种比例尺的地图和专题地图的理论和技术的学科。随着科学技术的发展,现今测绘学的研究对象不仅包括地球表面,还包括地球外层空间的各种自然实体和人造实体。

现今，一般认为测量学是测绘学的一个狭义的概念，因而，测量学可以定义为：测量学是研究地球形状、大小和重力场以及确定地面（包括空中、地下和海底）点位的科学，是研究对地球整体及其表面和外层空间中的各种自然和人造物体上与地理空间分布有关的信息进行采集处理、管理、更新和利用的科学和技术。即，测量学的目的是确定空间点的位置及其属性关系。

1.1.2 测量学的研究内容

测量学研究的内容包括测定和测设两个部分。测定是指使用各种测量仪器和工具，通过实地测量和计算，把地球表面缩绘成地形图，供科学研究、国防建设和经济建设规划设计使用。测设是将图纸上设计好的建筑物、构筑物的位置在地面上标定出来，作为施工的依据。

以工程中的测量学为例，其所包含的内容如下。

首先，测量在工程设计中提供图纸资料，明确占地范围，了解周边工程，了解占地范围内有无城市地下管线、是否对勘探和机械设施造成影响。如果没有工程测量带来的各种比例尺的地形图及管线探测图，工程设计就成了无米之炊。

其次，在施工过程中，工程的第一步就是建筑物、构筑物的实地定位放样，因为建筑物在什么地方摆放，不可能随随便便决定，这就需要准确的测设工作。

最后就是确定建筑物放样的精度，建筑物竣工时的定位误差是由施工误差和测量放样误差所引起的。根据建筑物的用途、建造工艺或对于同一建筑物的各个不同部分，其精度要求是不一致的，而且往往相差非常悬殊，此时应正确制订工程建筑物定位的精度要求；如果定得过宽，就可能造成质量事故；反之，若定得过严，则会给放样工作带来不少困难，从而增加放样的工作量，延长放样时间，也就无法满足现代化高速施工的需要。考虑到施工现场条件与施工程序和方法，还要分析这些建筑物是否必须直接从控制点进行放样，对于某些建筑元素，虽然它们之间相对位置精度要求很高，但在放样时，可以利用它们之间的几何联系直接进行。

随着生产的发展和科学的进步，测量学包括的内容越来越丰富，分科也越来越细。例如，研究地球的形状和大小，解决大地区测量基准和测量坐标系问题的，属于大地测量学的内容。测量小区域地球表面的形状时，不顾及地球曲率的影响、把地球表面当作平面看待所进行的测量工作，属于普通测量学的内容。利用航空摄影和陆地摄影像片来测绘地形图的工作，属于摄影测量学的范围。研究测量学的理论、技术和方法在各种工程建设中的应用，属于工程测量学的内容。利用测量所得的成果，研究如何编绘和制印各种地图的工作属于制图学的范围。本教材主要介绍普通测量学和工程测量学中的部分内容。

1.1.3 测量学的应用范围

测绘技术的应用非常广泛。在国防方面，诸如国界的划分、战略的部署、战役的指挥，都要应用地形图和进行测量工作。在经济建设方面，必须对资源进行一系列的调查和勘测工作，根据获得的资料编制各种规划，在进行这种调查和勘测时，都需要应用地形图和进行测量工作。另外，在进行各项工农业基本建设时，从勘测设计开始，直至施工、竣工为止，都需要进行大量的测绘工作。在科学实验方面，诸如地壳的升降、海岸线的变迁、地震预报以及地极周期性运动的研究等，都要用到测绘资料。

在工程建设方面，在工业与民用建筑、给水排水、地下建筑、建筑学及城市规划等专业的工作中，测量技术都有着广泛的应用。例如：在勘测设计阶段，要测绘各种比例尺的地形图，供选址及管道线路规划、总平面图设计及竖向设计之用；在施工阶段，要将设计的建筑物和管线等的平面位置和高程测设在实地，作为施工的依据；还要进行竣工测量，施测竣工图，供日后扩建和维修之用。即使竣工以后，对某些大型及重要的建筑物，还需要进行变形观测，以保证建筑物的安全。

1.1.4 学习测量学的目的

建筑院校各专业学习《测量学》的目的是：通过测量学的基本知识、基本理论的学习和测图训练，能掌握各种常用测量仪器（如水准仪、经纬仪、全站仪、GPS 接收机等）的操作及坐标计算的技能，能识读和应用地形图，能进行基本的施工测量工作，以便能独立地、灵活地应用测量知识为专业工作服务。

1.2 测量学的发展简况

1.2.1 测量学的发展简史

测量学有着悠久的历史。古代的测绘技术起源于水利和农业等生产的需求。我国是一个文明古国，我国人民在与大自然的斗争中积累了丰富的经验，并取得了辉煌的成就。司马迁在《史记·夏本纪》中叙述了禹受命治理洪水的情况："左准绳，右规矩，载四时，以开九州、通九道、破九泽、度九山"。这段记载说明在公元前很久，中国人为了治水，已经会使用简单的测量工具了。尼罗河每年洪水泛滥，淹没了土地界线，水退以后需要重新划界。所以，古埃及在公元前 1400 年就已经有了地产边界的测量。

测量学的发展是从人类对地球形状的认识过程开始的。公元前 6 世纪，古希腊的毕达哥拉斯（Pythagoras）最早提出地球是球形的概念。17 世纪末，英国的牛顿（I. Newton）和荷兰的惠更斯（C. Huygens）首次从力学的观点出发探讨地球形状，提出地球是两极略扁的椭球体，称为地扁说。19 世纪初，随着测量精度的提高，通过对各处弧度测量结果的研究，发现测量所依据的垂线方向同地球椭球面的法线方向之间的差异不能忽略。因此法国的 P·S·拉普拉斯和德国的 C·F·高斯相继指出，地球形状不能用旋转椭球来代表。1849 年，Sir G·G·斯托克斯提出利用地面重力观测资料确定地球形状的理论。1873 年，利斯廷（J. B. Listing）首次使用"大地水准面"一词，以该面代表地球形状。人类对地球形状的认识和测定，经过了"球-椭球-大地水准面"三个阶段，花去了约两千五六百年的时间，随着对地球形状和大小的认识和测定的日益精确，测绘工作中精密计算地面点的平面坐标和高程逐步有了可靠的科学依据，同时也不断丰富了测绘学的理论。

测量学的发展和地图制图的发展是分不开的。地图的出现可追溯到远古时代，那时由于人类从事生产和军事等活动，就产生了对地图的需要。据文字记载，中国春秋战国时期地图已用于地政、军事和墓葬等方面。公元 2 世纪，古希腊的 C·托勒密所著《地理学指南》一书，提出了地图投影问题。16 世纪，地图制图进入了一个新的发展时期，随着测量技术的发展，尤其是三角测量方法的创立，西方一些国家纷纷进行大地测量工作，并根据实地测量结果绘制国家规模的地形图，这样测绘的地形图不仅有准确的方位和比例尺，具有较高的精度，而且能在地图上描绘出地表形态的细节，还可按不同的用途，将实测地形图缩制编结成各种比例尺的地图。

同时，测量学的发展和测绘技术和仪器工具的变革是分不开的。17 世纪之前，人们使用简单的工具，例如中国用绳尺、步弓、矩尺和圭表等进行测量。1730 年，英国的西森（Sisson）制成测角用的第一架经纬仪，大大促进了三角测量的发展，使它成为建立各种等级测量控制网的主要方法。

19世纪初，随着测量方法和仪器的不断改进，测量数据的精度也不断提高，精确的测量计算就成为研究的中心问题。1806年和1809年法国的勒让德（A. M. Legendre）和德国的高斯分别发表了最小二乘准则，这为测量平差计算奠定了科学基础。19世纪50年代初，法国洛斯达（A. Laussedat）首创摄影测量方法。随后，相继出现立体坐标量测仪，地面立体测图仪等。

从20世纪50年代起，微电子学、光学以及激光、计算机、摄影和空间技术的迅猛发展，电磁波测距仪、电子全站仪、数字摄影测量系统等的问世，使测量工作迅速向内外业一体化、自动化、智能化和数字化的方向发展。首先是测距仪器的变革。1948年起陆续发展起来的各种电磁波测距仪，由于可用来直接精密测量远达几十千米的距离，因而使得大地测量定位方法除了采用三角测量外，还可采用精密导线测量和三边测量。大约与此同时，电子计算机出现了，并很快应用到测绘学中。这不仅加快了测量计算的速度，而且还改变了测绘仪器和方法，使测绘工作更为简便和精确。继而在20世纪60年代，又出现了计算机控制的自动绘图机，可用以实现地图制图的自动化。

自从1957年第一颗人造地球卫星发射成功后，测绘工作有了新的飞跃，在测绘学中开辟了卫星大地测量学这一新领域。同时，由于利用卫星可从空间对地面进行遥感，因而可将遥感的图像信息用于编制大区域内的小比例尺影像地图和专题地图。所以20世纪50年代以后，测绘仪器的电子化和自动化以及许多空间技术的出现，不仅实现了测绘作业的自动化，提高了测绘成果的质量，而且使传统的测绘学理论和技术发生了巨大的变革，测绘的对象也由地球扩展到月球和其他天体。

总体来说，现代测量学是一门科学性、技术性很强的学科，对于国民经济建设、国防建设及科学研究等领域，是一门重要的基础科学。在经济建设中，从资源勘察、能源开发、城乡建设、交通运输、江河治理、环境保护、行政界线勘定到经营管理，都需要测量。在国防事业中、国界勘定、军用地图测制、航天测控、弹道计算等都离不开测量。在科学研究方面，对地壳升降、海陆变迁、地震监测、灾害预警、宇宙探测、航空航天技术的研究等，也都依赖于测量技术。特别需要指出的是，在信息革命的过程中，随着测量学、摄影测量与遥感学、地图学、地理科学、计算机科学、卫星定位技术、专家系统技术与现代通信技术的有机集成和综合，产生了应用各种现代化方法来采集、量测、分析、存储、管理、显示、传播和应用空间数据的综合的计算机科学、技术及产业，形成了一门新型的地理信息科学，测量学正以全新的面貌展现于更广阔的应用领域。

1.2.2 测量学的发展现状

随着空间技术、计算机技术和信息技术的发展，测绘学同时也得到飞速发展。以"3S"为代表的现代测绘技术使测绘学在空间化、信息化和自动化方面发生了革命性变化。而其中，以"3S"集成为核心的地球空间信息科学是建立"数字地球"的基础。

(1) "3S"技术

"3S"是指：全球卫星定位系统（GPS）、遥感（RS）和地理信息系统（GIS）。

全球导航卫星系统（Global Navigation Satellite System，GNSS）是能在地球表面或近地空间的任何地点为用户提供全天候的三维坐标和速度以及时间信息的空基无线电导航定位系统。目前包括中国的北斗系统、美国的GPS系统、俄罗斯的GLONASS（格洛纳斯）系统、欧盟的Galileo（伽利略）系统。

遥感（Remote Sensing，简称RS），是在不接触物体本身，用传感器采集目标物的电磁波信息，经处理、分析后，得到目标物几何、物理性质的一项技术。其原理是利用了物体本身的特征和所处的环境不同，具有不同的电磁波反射或反射辐射特征。目前，遥感平台主要以飞机和卫星为主，因而可以在较短时间内获得大面积区域的信息。遥感数据呈现出高空间分辨率、高光谱分辨率和高时相分辨率的发展趋势，卫星遥感 QuickBird 的空间分辨率已达到 0.61m。随着遥感分辨率的提高，其应用也越来越普及，如资源勘察、测绘、农业、林业、水文、环境、气象和灾害监测等，成为快速获取地理信息的重要手段。

地理信息系统（Geographic Information System，简称 GIS）是一种以采集、存储、管理、分析和描述整个或部分地球表面与空间和地理分布有关的数据的信息系统。其核心技术是如何利用计算机表达和管理地理空间对象及其特征。目前，常用的国外 GIS 基础软件主要有 ArcGIS、MapInfo 等，国内的 GIS 基础软件主要有 MapGIS、SuperMap、GoStar 等。目前，GIS 的进展主要表现在：组件 GIS，即采用面向对象的 COM/GCOM 技术，使得用户可以方便地利用 VC、VB、Delphi 等语言进行应用系统开发；互联网 GIS，利用互联网进行地理数据的分布式采集、存储和查询，这是 GIS 发展的必然趋势；多维动态 GIS，从传统的二维加属性形式向三维发展，最终发展到含时态信息的四维 GIS；移动 GIS，利用移动终端（如掌上电脑）结合 GPS、移动通信等技术，可进行移动定位、车辆导航等移动服务。

目前，3S 技术正趋于集成化。GPS 主要用于实时、快速地提供目标的空间位置；RS 用于实时、快速地提供大面积地表地物及其环境的几何与物理信息以及它们的各种变化；GIS 则对多种来源的时空数据与属性数据进行综合处理与分析应用。

(2) 数字地球与地球空间信息科学

数字地球是美国前副总统戈尔于 1998 年 1 月 31 日在"数字地球——认识 21 世纪我们这颗星球"的报告中提出的一个概念。其可以理解为对真实地球及其相关现象统一的数字化重现和认识，特点是嵌入海量地理数据，实现多分辨率的、对地球三维的描述。数字地球的支撑技术主要包括：信息高速公路和计算机宽带高速网络技术、高分辨率卫星影像技术、空间信息技术、大容量数据处理与存储技术、科学计算以及可视化和虚拟现实技术。

地球空间信息科学（Geo-Spatial Information Science，简称 Geomatics）是实现数字地球的基础，是以全球定位系统（GPS）、地理信息系统（GIS）、遥感（RS）等空间信息技术为主要内容，并以计算机技术和通信技术为主要技术支撑，用以采集、量测、分析、存储、管理、显示、传播和应用与地球和空间分布有关数据的一门综合和集成的信息科学和技术。地球空间信息科学理论框架的核心是地球空间信息机理，即通过对地球圈层间信息传输过程与物理机制的研究，揭示地球的几何形态和空间分布及其变化规律。

(3) 工程测量中的测绘新技术

目前，工程测量正趋于内外业一体化和自动化。即数据的外业获取和内业处理的自动化。例如，在大坝变形监测中，可以采用自动照准全站仪（测量机器人）或 GPS 接收机进行实时、自动的数据采集，通过有线或无线的数据传输系统将观测数据传入主控计算机中，在数据处理软件的支持下进行变形分析和作业控制。

近年来，激光仪器在工程测量中得到长足的发展和应用。例如，常规工程测量使用的激光扫平仪、激光垂准仪，大大方便了施工测量工作，提高了工程施工效率。在精密工程测量中，激光跟踪测量仪可以以 0.05mm 的精度方便地进行各种高精度的工业测量。目前该仪器在宝马汽车公司、波音飞机制造公司、中国科学技术大学同步辐射实验室等高精度工业安装及仪器定位监测中得到广泛应用。三维激光扫描仪可以进行近距离对地物海量点位的扫描，进而通过扫描获得的点云数据进行地物的三维建模。

当代测绘新技术在复杂大型的工程中，往往能发挥更大的作用。在大型水利工程建设中，当代测绘新技术通过全球定位系统对整体施工现场进行测量，建立准确的坐标框架。然后通过数字化图像处理技术进行实时测图，依据实际的施工情况做出调整。最后在整个工程施工过程中，采用移动通信技术对整体工程的施工进度和质量进行监控。当代测绘新技术在大型水利工程中的应用，不仅节省了测量所需的人力和物力，而且提高了施工效率，保证了施工质量，促进了水利工程建设的顺利进行。

1.3 测量工作的基准

1.3.1 地球的形状和大小

由于测量工作是以地球为核心进行的，因此必须首先研究地球的形状和大小。目前，我们已经知道，地球的总体形状是一个不规则曲面包围的形体（如图 1-1 所示）。若直接用地球表面形态来作为地球形体来研究则会使计算非常复杂而无法进行。由于地球表面形态非常复杂，例如，珠穆朗玛峰高出海平面达 8844.86m，而马里亚纳海沟则在海平面下 11034m。但与 6000 余千米的地球半径相比，这只能算是极其微小的起伏。就整个地球表面而言，海洋的面积约占 71%，陆地面积约占 29%，可以认为是一个由水面包围的球体。

由于地球的自转，地球上任一点都受到离心力和地心吸引力的作用，这两个力的合力称为重力。重力的作用线称为铅垂线，可用线绳悬挂一个垂球表示铅垂线。处处与重力方向垂直的连续曲面称为水准面。任何自由静止的水面都是水准面。与水准面相切的平面称为水平面。水准面因其高度不同而有无数个，其中与静止的平均海水面相重合并延伸向大陆岛屿且包围整个地球的闭合曲水准面称为大地水准面。大地水准面包围的形体称为大地体。大地水准面和铅垂线是测量外业所依据的基准面和基准线。用大地体表示地球形体是恰当的，但由于地球内部质量分布不均匀，使铅垂线的方向产生不规则的变化，致使大地水准面是一个高低起伏不规则的复杂的曲面，如图 1-1（a）所示，因此无法在这曲面上进行测量数据处理。为了使用方便，通常用一个非常接近于大地水准面，并可用数学式表示的几何形体，即一个椭球面来代替地球的形状，椭球面可作为测量计算工作的基准面。地球椭球是一个椭圆绕其短轴旋转而成的形体，故地球椭球又称为旋转椭球，如图 1-1（b）所示。旋转椭球体的形状和大小是由其基本元素决定的，见图 1-2。椭球的基本元素是：长半轴为 a，短半轴为 b，扁率 $\alpha = (a-b)/a$。

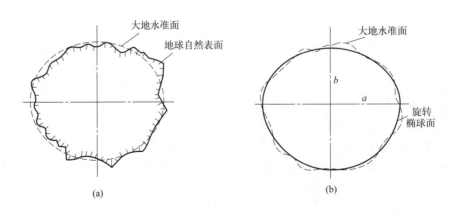

图 1-1 地球的形状

我国 1980 年国家大地坐标系采用了 1975 年国际椭球的数据，该椭球的基本元素是：长半轴 $a=6378140\text{m}$，短半轴 $b=63567553\text{m}$，$\alpha=\dfrac{(a-b)}{a}=1/298.257$。

根据一定条件，确定参考椭球与大地水准面相对位置的测量工作，称为参考椭球体的定位。在一个国家适当地点选一点 P，过 P 作大地水准面的铅垂线，设其与参考椭球面的交点为 P'（见图 1-3），再按以下条件确定参考椭球面：

① 使 P' 点为参考椭球面的切点，这时大地水准面的铅垂线与该椭球面的法线在 P 点重合；
② 使椭球的短轴与地球自转轴平行；
③ 使椭球面与这个国家范围上的大地水准面的差距尽量地小。

这样就确定了参考椭球面与大地水准面的相对位置关系，它称为椭球的定位。由于椭球的中心和地球的质量中心不重合，因此依此建立起来的坐标系也叫参心坐标系。

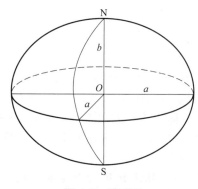
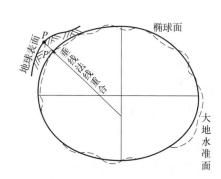

图 1-2 椭球面　　　　　　　　　　**图 1-3** 参考椭球体的定位

这里，P 点称为大地原点。我国大地原点位于陕西泾阳永乐镇，在大地原点上进行了精密天文测量和精密水准测量，获得了大地原点的平面起算数据，以此建立的坐标系称为"1980 年国家大地坐标系"。

由于参考椭球体的扁率很小，当测区不大时，可将地球当作圆球，其半径的近似值为 6371km。

1.3.2　测量基准的确定

1.3.2.1　地面点的确定

测量工作的实质是确定地面点的位置，而地面点的位置通常需要用三个量表示，即该点的平面（或球面）坐标以及该点的高程。因此，必须首先了解测量的坐标系统和高程系统。

地面上各种地形都是由一系列连续不断的点所组成的，确定地面上的图形位置，最基本的就是确定地面点的位置。地面点属于空间的点，可用三维元素表示其空间位置。

如图 1-4 所示，地面点 A、B、C、D、E 沿法线方向投影到椭球面上，投影点 a、b、c、d、e 点在椭球面上的坐标即为确定地面点的二维元素。如图 1-5 所示，地面点 A、C 沿着铅垂线方向投影到大地水准面，得到投影点 a、c，其投影的铅垂距离 H_A、H_C 叫做地面点 A、C 的高程。做为确定地面点的另一维元素，因此，在测量学中，地面点的空间位置用上述三维元素来表示。

1.3.2.2　大地坐标系

在一般测量工作中，常将地面点投影到椭球面上的位置用大地经度 L、纬度 B 表示，大地坐标系以参考椭球面作为基准面，以起始子午面（即通过格林尼治天文台的子午面）和

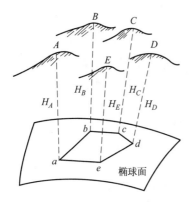

图 1-4 地面点坐标的投影图

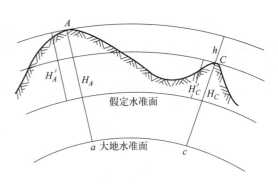

图 1-5 地面点的高程投影图
H_A，H_C——A、C 点的绝对高程；
H'_A，H'_C——A、C 点的相对高程

赤道面作为在椭球面上确定某一点投影位置的两个参考面，如图 1-6 所示。过地面某点的子午面与起始子午面之间的夹角，称为该点的大地经度，用 L 表示。规定从起始子午面起算，向东为正，由 0°至 180°称为东经；向西为负，由 0°至 180°称为西经。

过地面某点的椭球面法线（Pp）与赤道面的交角，称为该点的大地纬度，用 B 表示。规定从赤道面起算，由赤道面向北为正，从 0°至 90°称为北纬；由赤道面向南为负，从 0°至 90°称为南纬。

可由天文观测方法测得 P 点的天文经、纬度（λ、φ），再利用 P 点的法线与铅垂线的相对关系（称为垂线偏差）改算为大地经度、纬度（L、B）。在一般测量工作中，可以不考虑这种改化。

1.3.2.3 空间直角坐标系

以椭球体中心 O 为原点，起始子午面与赤道面交线为 X 轴，赤道面上与 X 轴正交的方向为 Y 轴，椭球体的旋转轴为 Z 轴，指向符合右手规则。在该坐标系中，P 点的点位用 OP 在这三个坐标轴上的投影 x，y，z 表示（图 1-7）。

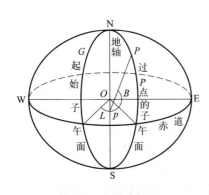

图 1-6 大地坐标系

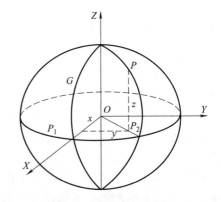

图 1-7 空间直角坐标系

1.3.2.4 独立平面直角坐标系

当测区范围较小时（如小于 100km²），常把球面投影面看作平面，这样地面点在投影面上的位置就可以用平面直角坐标来确定。测量工作中采用的平面直角坐标系如图 1-8（a）所示。规定：南北方向为纵轴 x 轴，向北为正；东西方向为横轴 y 轴，向东为正。坐标原

点有时是假设的,假设原点的位置应使测区内点的 x,y 值为正。测量平面直角坐标系与数学平面直角坐标系的区别见图 1-8。

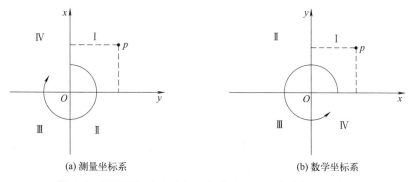

图 **1-8** 测量平面直角坐标系与数学平面直角坐标系的比较

1.3.2.5 高斯平面直角坐标系

(1) 高斯投影

高斯平面直角坐标系采用高斯投影方法建立。高斯投影由德国测量学家高斯于 1825~1830 年首先提出。1912 年,德国测量学家克吕格推导出了实用的坐标投影公式,所以又称高斯-克吕格投影。

如图 1-9 所示,设想有一个椭圆柱面横套在地球椭球体外面,使它与椭球上某一子午线(该子午线称为中央子午线)相切,椭圆柱的中心轴通过椭球体中心,然后用一定的投影方法,将中央子午线两侧各一定经差范围内的地区投影到椭圆柱面上,再将此柱面展开,即成为投影面。故高斯投影又称为横轴椭圆柱投影。

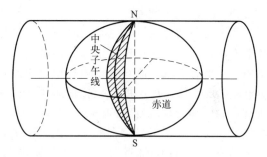

图 **1-9** 高斯投影

(2) 投影带

高斯投影中,除中央子午线外,各点均存在长度变形,且距中央子午线愈远,长度变形愈大。为了控制长度变形,将地球椭球面按一定的经度差分成若干范围不大的带,称为投影带。带宽一般分为经差 6°和 3°,分别称为 6°带、3°带。

6°带:如图 1-10 所示,从 0°子午线起,每隔经差 6°自西向东分带,依次编号 1,2,3,……,60,各带中间的子午线称为中央子午线,两相邻带之间的子午线为分界子午线。带号 N 与相应的中央子午线经度 L_0 满足如下关系式:

$$L_0 = 6N - 3 \tag{1-1}$$

3°带:以 6°带的中央子午线和分界子午线为其中央子午线。即自东经 1.5°子午线起,每隔经差 3°自西向东分带,依次编号 1、2、3、……、120,带号 n 与相应的中央子午线经度 l_0 的关系满足:

$$l_0 = 3n \tag{1-2}$$

高斯投影中,离中央子午线近的部分变形小,离中央子午线愈远则变形愈大。变形过大对于测图和用图都是不利的。实践证明 6°带投影后,变形能满足 1∶25000 或更小比例尺测图的精度,当进行 1∶10000 或更大比例尺测图时,要求投影变形更小,此时应采用 3°分带

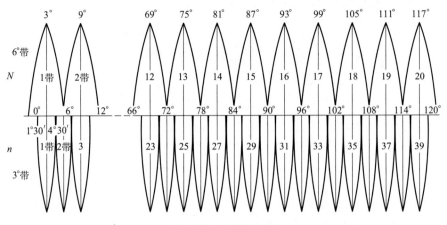

图 1-10 分带示意图

投影法。

在投影面上,中央子午线和赤道的投影都是直线。以中央子午线和赤道的交点 O 作为坐标原点,以中央子午线的投影为纵坐标轴 x,规定 x 轴向北为正;以赤道的投影为横坐标轴 y,y 轴向东为正,这样便形成了高斯平面直角坐标系,如图 1-11(a)所示。

1.3.2.6 国家统一坐标

我国目前的北京 54 坐标系和西安 80 坐标系均采用高斯投影,由于我国位于北半球,在高斯平面直角坐标系内,x 坐标均为正值,而 y 坐标值有正有负。为避免 y 坐标出现负值,规定将 x 坐标轴向西平移 500km,即所有点的 y 坐标值均加上 500km,如图 1-11(b)所示。此外为了便于区别某点位于哪一个投影带内,还应在横坐标值前冠以投影带带号,这种坐标称为国家统一坐标。

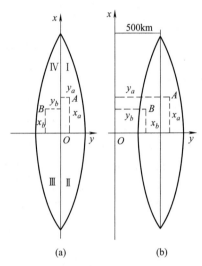

图 1-11 高斯直角坐标系

例如,P 点的高斯平面直角坐标 $x_P=3213324.122\text{m}$;$y_P=123.345\text{m}$。若该点位于第 20 带内,则 P 点的国家统一坐标表示为 $x_P=3213324.122\text{m}$;$y_P=20500123.345\text{m}$。

1.3.2.7 假定平面直角坐标

大地水准面虽然是曲面,但当测量区域很小时,可以用测区中心的切平面 P 来代替大地水准面,用直线 ab' 代替弧 ab,如图 1-12 所示。为避免坐标出现负值,一般将坐标原点选在测区西南角,以该地的子午线为 x 轴,向北为正,就构成了假定平面直角坐标系统。假定平面直角坐标系统适用于附近没有国家控制点的工业与民用建筑地区。

1.3.2.8 高程系统

地面点到大地水准面的铅垂距离(确定空间点的另一维元素)叫做该点的高程。为了建立全国统一的高程系统,必须确定一个高程基

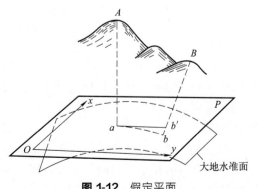

图 1-12 假定平面

准面。通常采用平均海水面代替大地水准面作为高程基准面。平均海水面的确定是通过验潮站多年验潮资料来求定的。我国确定平均海水面的验潮站设在青岛，根据青岛验潮站1950～1956年七年验潮资料求定的高程基准面，叫"1956年黄海平均高程面"，以此建立了"1956年黄海高程系"，我国自1959年开始，全国统采用"1956年黄海高程系"。

由于海洋潮汐长期变化周期为18.6年，经对1952～1979年验潮资料的计算，我国确定了新的平均海水面，称为"1985国家高程基准"。经国务院批准，我国自1987年开始采用"1985国家高程基准"。

为维护平均海水面的高程，必须设立与验潮站相联系的水准点作为高程起算点，这个水准点叫水准原点。我国水准原点设在青岛市观象山上，全国各地的高程都以它为基准进行测算。

1956年黄海平均海水面的水准原点高程为72.289m，"1985国家高程基准"的水准原点高程为72.260m。

如图1-5所示，地面点A、C沿铅垂线方向投影到大地水准面的距离H_A、H_C即为A、C两点的高程，也叫绝对高程或海拔。在偏远地区或离高程起算点较远的地区也可以用假定水准面作为高程起算面，A、C两点沿铅垂线方向到假定水准面的距离H'_A、H'_C叫相对高程。A、C两点的高程之差h_{AC}叫A、C之间的高差，可表示为：

$$h_{AC} = H_C - H_A \tag{1-3}$$

两点之间的高差与高程起算面无关，无论采用假定水准面还是大地水准面作为高程基准，其高差是不变的；两点之间的高差h_{AC}是有方向的，属于一维矢量，即：$h_{AC} = -h_{CA}$。

1.3.3 用水平面代替水准面的范围

用水平面来代替水准面只有测区很小时才允许，那么，这个区域的范围究竟多大呢？

如图1-13所示，A、B、C是地面点，它们在大地水准面上的投影点是a、b、c，用该区域的切平面来代替大地水准面后，地面点在水平面上的投影是a、b'和c'点，现分析由此产生的影响。

图1-13中，A、B两点在水准面上的距离为D，在水平面上的距离为D'，两者之间的差别ΔD，就是用水平面代替水准面后的差异。大地水准面是一个复杂的曲面，在推导公式时，近似地认为它是半径为R的球面，因此：

$$\Delta D = D' - D = R\tan\theta - R\theta = R(\tan\theta - \theta) \tag{1-4}$$

已知$\tan\theta = \theta + \frac{1}{3}\theta^3 + \frac{2}{15}\theta^5 + \cdots$，因$\theta$角很小，只读取前两项，并将其代入式（1-4），得：

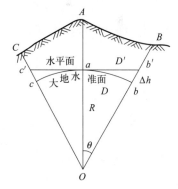

图1-13 水平面代替水准面

$$\Delta D = R\left(\theta + \frac{1}{3}\theta^3 - \theta\right)$$

把$\theta = \frac{D}{R}$代入上式得：

$$\Delta D = \frac{D^3}{3R^2} \tag{1-5}$$

或

$$\frac{\Delta D}{D} = \frac{D^2}{3R^2} \tag{1-6}$$

根据地球平均半径 $R = 6371 \text{km}$ 以及不同的距离 D 代入式（1-6），便得到表 1-1 的结果。

由表 1-1 可以看出，当 $D = 20 \text{km}$ 时，所产生的相对误差为 1/300000，这样小的误差，对一般精密测量来说也是允许的，所以在 20km 为半径的圆面积之内，可用水平面代替水准面。

表 1-1　水平面代替水准面对距离的影响

D/km	ΔD/cm	$\Delta D/D$	D/km	ΔD/cm	$\Delta D/D$
10	1	1/1000000	50	102	1/49000
20	7	1/300000	100	812	1/12000

关于用水平面代替水准面对高程的影响，仍以图 1-13 说明之。地面点 B 的高程应是铅垂距离 bB，用水平面代替水准面后，B 点的高程为 $b'B$。两者之差 Δh，即为对高程的影响。其值为：

$$\begin{aligned}\Delta h &= bB - b'B = ob' - ob \\ &= R\sec\theta - R = R(\sec\theta - 1)\end{aligned} \tag{1-7}$$

已知：

$$\sec\theta = 1 + \frac{1}{2}\theta^2 + \frac{5}{24}\theta^4 + \cdots$$

因 θ 值很小，故只取上式中两项，又知 $\theta = \frac{D}{R}$，代入式（1-7）中，则：

$$\Delta h = R\left(1 + \frac{\theta^2}{2} - 1\right) = \frac{D^2}{2R} \tag{1-8}$$

用不同的距离代入式（1-8）中，得到表 1-2 所列的结果。

表 1-2　水平面代替水准面对高程的影响

D/km	0.2	0.5	1	2	3	4	5
Δh/cm	0.31	2	8	31	71	125	196

从表 1-2 可以看出，用水平面代替水准面，对高程的影响（即地球曲率的影响）是很大的，距离 500m 就产生高程误差 2cm，即使是 200m 的距离，也有 0.31cm 的高程误差，这是不能允许的。因此，在高程测量中，即使距离很短，也应顾及地球曲率对高程的影响。

1.3.4　确定地面点位的三个基本要素

如图 1-14 所示，地面点在水平面上的投影是 a 和 b。在实际工作中，并不是直接测出它们的坐标和高程，而是通过实际观测得到水平角 β_1、β_2 和平距 D_1、D_2 以及点之间的高差，再根据已知点 Ⅰ、Ⅱ 的坐标、方向和高程，推算出 a、b 的坐标和高程，以确定它们的点位。

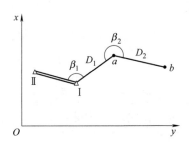

图 1-14　测量工作的三要素

由此可见，地面点间的位置关系是以距离、水平角和高程来确定的。所以高程测量、水平角测量和距离测量是测量学的基本内容。高程、水平角和距离是确定地面点位的三个基本要素。

1.4 测量工作的组织原则与程序

地球表面的外形是复杂多样的,在测量工作中将其分为地物和地貌两大类。地面上的物体和人工建筑物称为地物,如河流、湖泊、道路和房屋等;地面的高低起伏、倾斜缓急等称为地貌,如山岭、谷地和陡壁等。现介绍将地物和地貌测绘到图纸上的测量工作的组织原则和程序。

图 1-15(a)为一栋房屋,其平面位置由房屋轮廓线的一些折线所组成,如果能确定各个点的平面位置,这栋房屋的位置就确定了。图 1-15(b)是一条河流,它的边线虽然很不规则,但弯曲部分仍可看成是由折线所组成的。只要确定 7~13 各点的平面位置,这条河流的位置也就确定了。至于地貌,其地势起伏变化较复杂,但可以将它看成是由许多不同方向、不同坡度的平面交合而成的几何体,相邻平面的交线就是方向变化线和坡度变化线,只要确定这些方向变化线和坡度变化线的交点的平面位置和高程,地貌形态的基本情况也就反映出来了。因此不论地物或地貌,它们的形态都是由一些特征点的位置所决定的。测量时,主要就是测定这些特征点的平面位置和高程。

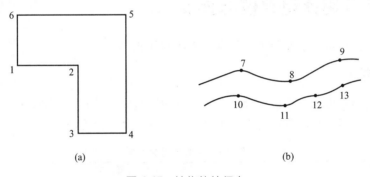

图 1-15 地物的特征点

测定特征点的位置,可以用不同的方法和工作程序,如图 1-16(a)所示,可以根据地物点 A 测定 B 点,再根据 B 点测定 C 点……依次把整个测区内地物和地貌特征点的位置测定出来。另一种方法如图 1-16(b)所示,先在测区内选择若干有控制意义的点 1、2、3 等作为控制点,较精确地测定其相对位置,再在控制点上去测定其周围的特征点,例如从控制点 1 上测定 A、B 等点,从控制点 2 上测定 B、F 等点,这称为"先控制后碎部""先整体

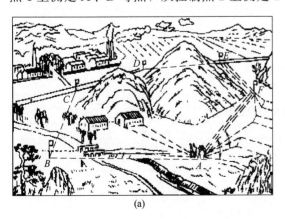
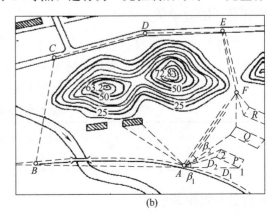

图 1-16 测量工作的程序

后局部"的原则。"先控制后碎部"的方法，由于在控制点上分别测量其周围的特征点、减少了误差的积累，并且可以同时在几个控制点上进行测量，加快测量进度，因此广泛应用于测量工作中，成为测量工作的组织原则之一。另外，从上述描述可知，当测定控制点的相对位置有错误时，就要影响碎部测量成果的质量；碎部测量中有错误时，以此资料绘制的地形图就不准确。因此，测量工作中必须重视检核工作，对上一步的测量工作未进行检核之前，不能进行下一步测量工作，故"前一步工作未作检核不进行下一步工作"就成为测量工作的组织原则之二。

总结来说，测绘工作的原则是在整体布局上"从整体到局部"；在步骤上"先控制后碎步"；在精度上"从高级到低级"。

测量工作的程序一般分两步进行。第一步是建立控制点，称为控制测量；第二步是测定特征点的位置，称为碎部测量。

测量工作有内业与外业之分。利用测量仪器在野外测出控制点之间或控制点与特征点之间的距离、水平角和高差，称为测量外业。将外业成果在室内进行整理、计算和绘图，称为测量内业。

1.5 测量常用计量单位与换算

测量中常用的计量单位有角度、长度、面积和体积单位。

1.5.1 角度单位

测量上常用的角度有六十进制的度、分、秒制，弧度制，百进制的新度、新分、新秒制三种形式。我国采用的角度单位为六十进制的度、分、秒。角度单位及换算见表1-3。

表1-3　角度单位及换算

60进制	弧度制
1圆周=360°	1圆周=2π
	1弧度=$180°/\pi=57.2985°=\rho°$
1°=60′	1弧度=$180°\times60′/\pi=3438′=\rho′$
1′=60″	1弧度=$180°\times60\times60′/\pi=206265″==\rho″$

西欧国家采用新度，新度制也称为百进制或梯度制。将圆周分成400等份，每一等份所对的圆心角值称为1度（g）。新度、新分、新秒常用g、c、cc表示，则1g=100c，1c=100cc。

1.5.2 长度单位

长度的国际单位制的基本单位为米（m），还有千米（km）、分米（dm）、厘米（cm）和毫米（mm）。英制中，常用单位为英里（mile，简写为mi）、英尺（foot，简写为ft）、英寸（inch，简写为in）。长度单位及换算见表1-4。

表1-4　长度单位及换算

公制	英制
1km=1000m	1km=0.6214mi=3280.8ft
1m=10dm=100cm=1000mm	1m=3.2808ft=39.37in

1.5.3 面积单位

国际上采用的面积单位为平方米（m^2）。

我国大面积的单位经常用平方千米（km²）、公顷（hm²）表示，农业上经常用市亩、分、厘作为面积单位。面积单位及换算见表 1-5。

表 1-5 面积单位及换算

公制	市制
$1km^2 = 1 \times 10^6 m^2$	$1km^2 = 1500$ 亩
$1m^2 = 100dm^2 = 1 \times 10^4 cm^2 = 1 \times 10^6 mm^2$	$1m^2 = 0.0015$ 亩 1 亩 $= 666.6666667m^2 = 0.06666667hm^2 = 0.1647$ 英亩

1.5.4 测量数据换算原则

测量数据在成果计算过程中，往往涉及凑整问题。为了避免凑整误差的积累而影响测量成果的精度，通常采用"四舍六进，逢五单进双舍"的凑整规则。例如当需要保留三位小数是时候，下面数据分别采取不同的方法，如表 1-6 所列。

表 1-6 数值取舍方法

原数值	取舍方法		取舍后的数值
1.7843	四舍		1.784
1.7846	六进		1.785
1.7835	五看单双	单进	1.784
1.7825		双舍	1.782

 ## 本章小结

本章主要阐述测量学的基本概念，测量学研究的对象和内容，测量学的发展历史，地面点的定位方法，各类坐标系的建立方法与区别以及测量的常用计量单位。通过本章的学习可以了解测绘学的基本概念和内容，掌握测绘学的应用范围和应用目的，了解测绘学的简史和发展现状，掌握测量工作的基准，熟悉测量工作的组织原则和程序，掌握测量常用的计量单位。

 ## 思考题与习题

1. 测量学的基本任务是什么？对你所学专业起什么作用？
2. 测绘与测设有何区别？
3. 何谓水准面？何谓大地水准面，它在测量工作中的作用是什么？
4. 何谓绝对高程和相对高程？何谓高差？
5. 表示地面点位有哪几种坐标系统？各有什么用途？
6. 测量学中的平面直角坐标系与数学中的平面直角坐标系有何不同？
7. 某点的经度为 118°45′，试计算它所在 6°带及 3°带的带号。试算其中央子午线的经度是多？
8. 用水平面代替水准面，对距离、水平角和高程有何影响？
9. 测量工作的原则是什么？
10. 确定地面点位的三个基本要素是什么？

CHAPTER 第 2 章

水 准 测 量

本章导读

高程测量是测量地面上各点高程的工作。高程测量根据所使用的仪器和施测方法不同,分为水准测量、三角高程测量、GPS 高程测量等。其中水准测量是高程测量中最基本和精度较高的一种测量方法,在国家高程控制测量、工程勘测和施工测量中被广泛采用。水准测量应用于建筑、道路、桥梁等各个建设领域,是测量的三大基本观测量之一。本章将着重介绍水准测量原理,微倾式水准仪的构造和使用,水准测量的施测方法、数据计算、成果检核等内容。本章内容将为后面章节的学习打下基础。

思政元素

珠峰测量是我国大国实力的体现,珠峰测量的方法就是我们测绘学中的水准测量,我们也在思考中加深对珠峰的认识、对专业的认识,更要深深体会测绘人"不怕牺牲、英勇无畏"的精神。

2.1 水准测量的原理和方法

2.1.1 水准测量原理

水准测量的原理是利用水准仪提供的一条水平视线,借助于带有分划的水准尺,直接测定地面上两点间的高差,然后根据已知点高程和测得的高差,推算出未知点的高程。

如图 2-1 所示,设地面 A 点为已知高程点,其高程为 H_A,称为后视点;B 点为前进方向上的高程待测点,称为前视点。在两点上竖立水准尺(称为测点),利用水准仪提供的水平视线,先在 A 尺上进行读数,记为 a,称为后视读数;然后在 B 尺上进行读数,记为 b,称为前视读数。则 A 至 B 点的高差 h_{AB} 为:

$$h_{AB} = a - b \quad (2-1)$$

若 $a>b$,h_{AB} 为正值,表示 B 点高于 A 点;反之,则 B 点低于 A 点。

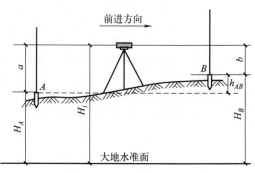

图 2-1 水准测量原理

2.1.2 计算未知点高程

2.1.2.1 高差法

利用实测高差 h_{AB} 计算未知点 B 高程的方法,称为高差法。

B 点的高程可按下式求得:

$$H_B = H_A + h_{AB} = H_A + (a-b) \tag{2-2}$$

高差的表示有方向性,由 A 点至 B 点的高差用 h_{AB} 表示,而 B 点至 A 点的高差用 h_{BA} 来表示,即 $h_{AB} = -h_{BA}$。

2.1.2.2 视线高法

在实际工作中,也可用水准仪的视线高 H_i 来计算前视点的高程。即:

仪器的视线高程: $H_i = H_A + a$

待定点的高程: $H_B = H_i - b = H_A + a - b \tag{2-3}$

这种利用仪器视线高程 H_i 来计算未知点 B 的高程的方法,称为视线高法。在施工测量中,有时安置一次仪器,需测定多个地面点高程,采用视线高法方便快捷、效率更高。

如图 2-2 所示,当 A、B 两点之间相距较远或者地势起伏较大时,往往安置一次仪器不可能测出其高差,则必须在两点之间加设若干个临时的立尺点,作为高程传递过程中的转点(用 TP 或 ZD 表示),并连续安置仪器、竖立水准尺,依次测定已知点、转点、待定点之间的高差,最后取其代数和,从而求得 A、B 两点之间的高差 h_{AB},其计算公式为:

$$h_{AB} = h_1 + h_2 + h_3 + \cdots h_n = \sum_1^n h_i = \sum_1^n a_i - \sum_1^n b_i \tag{2-4}$$

式中,$h_1 = a_1 - b_1$,$h_2 = a_2 - b_2$,…,$h_n = a_n - b_n$。

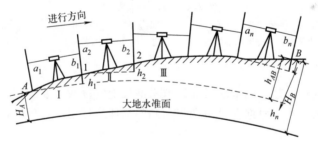

图 2-2 连续水准测量

由此可见,在实际的测量工作中,起点至终点的高差可由各段高差求和而得,也可利用所有后视读数之和减去所有前视读数之和而求得。

若已知 A 点的高程 H_A,则 B 点的高程 H_B 为:

$$H_B = H_A + h_{AB} = H_A + \sum_1^n h_i \tag{2-5}$$

2.2 水准测量的仪器与工具

水准测量所使用的仪器为水准仪,工具为水准尺和尺垫。

水准仪系列标准按其精度等级可分为 DS05、DS1、DS3、DS10 四种型号,其中 D、S 分别为大地测量、水准仪的汉语拼音第一个字母,数字表示仪器的精度等级。如:DS3 型水准仪的"3"表示该仪器每千米往返测量高差中数的偶然中误差为±3mm，在书写时可省略字母"D"。DS05、DS1型为精密水准仪，用于国家一、二等水准测量；DS3、DS10型为普通水准仪，常用于国家三、四等水准测量或等外水准测量。表2-1中列出了不同精度级别水准仪的用途。

表2-1 水准仪分级及主要用途

水准仪系列型号	误差[①]/mm	主要用途
DS05	≤±0.5	国家一等水准测量及地震监测
DS1	≤±1	国家二等水准测量及其他精密水准测量
DS3	≤±3	国家三、四等水准测量及一般工程水准测量
DS10	≤±10	一般工程水准测量

① 每千米往返测量高差中数的偶然中误差。

2.2.1 水准仪的构造（DS3型微倾式水准仪）

根据水准测量的原理，水准仪的主要作用是提供一条水平视线，并能照准水准尺进行读数。因此，水准仪主要由望远镜、水准器、基座三大部分组成。工程测量中一般常使用DS3型水准仪，其外形及各部件名称如图2-3所示。

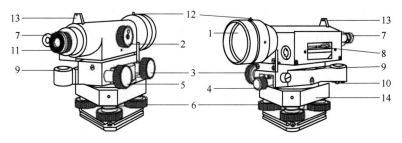

图2-3 DS3型水准仪

1—物镜；2—物镜对光螺旋；3—水平微动螺旋；4—水平制动螺旋；5—微倾螺旋；6—脚螺旋；7—符合气泡观察镜；8—水准管；9—圆水准器；10—圆水准器校正螺钉；11—目镜调焦螺旋；12—准星；13—缺口；14—轴座

2.2.1.1 望远镜

望远镜用来照准远处竖立的水准尺并读取水准尺上的读数，要求望远镜能看清水准尺上的分划和注记及读数标志。根据在目镜端观察到的物体成像情况，望远镜可分为正像望远镜和倒像望远镜。

如图2-4所示，望远镜由物镜、调焦透镜、十字分划板、目镜等组成。物镜、调焦透镜、目镜为复合透镜组，分别安装在镜筒的前、中、后三个部位，三者与光轴组成一个等效光学系统。转动调焦螺旋，调焦透镜沿光轴前后移动，改变等效焦距，看清远近不同的目标。

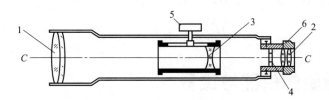

图2-4 望远镜的构造

1—物镜；2—目镜；3—物镜调焦透镜；4—十字丝分划板；5—物镜调焦螺旋；6—目镜调焦螺旋

十字丝分划板为一平板玻璃，上面刻有相互垂直的细线，称为十字丝。中间一条横线称为中横丝或中丝，上、下对称平行中丝的短线称为上丝和下丝，统称视距丝，用来测量距离。竖向的线称竖丝或纵丝，如图2-5所示。十字丝分划板压装在分划板环座上，通过校正螺丝套装在目镜筒内，位于目镜与调焦透镜之间。十字丝是照准目标和读数的标志。

图 2-5 十字丝分划板

物镜光心与十字丝交点的连线，称望远镜视准轴，用 CC 表示，为望远镜照准线。

望远镜的成像原理如图2-6所示，根据几何光学原理，远处目标 AB 反射的光线，经过物镜及调焦透镜的作用，在十字丝附近成一倒立实像。由于目标离望远镜的远近不同，通过转动调焦螺旋使调焦透镜在镜筒内前后移动，使其实像 ab 恰好落在十字丝分划板平面上，再经过目镜的作用，将倒立的实像 ab 和十字丝同时放大，这时倒立的实像成为倒立而放大的虚像 $a'b'$，即为望远镜中观察到的目标的影像。现代水准仪在调焦透镜后装有一个正像棱镜（如阿贝棱镜、施莱特棱镜等），通过棱镜反射，看到的目标影像为正像。这种望远镜称为正像望远镜。

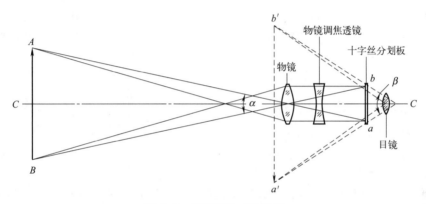

图 2-6 望远镜的成像原理

其放大的虚像 $a'b'$ 对眼睛的张角 β 与 AB 对眼睛的直接张角 α 的比值，称为望远镜的放大率，用 V 表示，即：

$$V = \frac{\beta}{\alpha} \tag{2-6}$$

通过望远镜能看到的物面范围大小称为视场，视场边缘对物镜中心形成的张角称为视场角，用 ω 表示。V、ω 是望远镜的重要技术指标，一般说来，V、ω 愈大，望远镜看得愈远，观察的范围愈大。《城市测量规范》（CJJ/T 8—2011）要求 DS3 型水准仪望远镜的放大倍数不得小于 28～32，ω 为 $1°30'$。

2.2.1.2 水准器

水准器是用来衡量仪器视准轴 CC 是否水平、仪器旋转轴（又称竖轴）VV 是否铅垂的装置，有管水准器（又称水准管）和圆水准器两种，前者用于精平仪器使视准轴水平；后者用于粗平使竖轴铅垂。

(1) 管水准器

如图2-7（a）所示，管水准器为内壁沿纵向研磨成一定曲率的圆弧玻璃管，管内注以乙醚和乙醇混合液体，两端加热融封后形成一气泡。水准管纵向圆弧的顶点 O，称为管水准器的零点。过零点相切于内壁圆弧的纵向切线，称为水准管轴，用 LL 表示。当气泡中心与零点重合时，称为气泡居中。

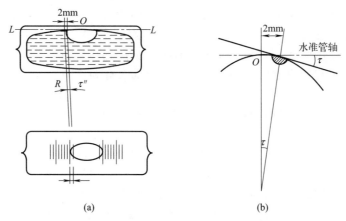

图 2-7 管水准器的构造与分划值

为了使望远镜视准轴 CC 水平,水准管安装在望远镜左侧,并满足 LL//CC,当水准管气泡居中时,LL 处于水平位置,CC 也就随之处于水平位置。这是水准仪应满足的重要条件。沿水准管纵向对称于 O 点间隔 2mm 弧长刻一分划线。两刻线间弧长所对的圆心角,称为水准管的分划值,见图 2-7(b),用 τ 表示。它表示气泡移动一格时,水准管轴倾斜的角值(″),即:

$$\tau = 2\text{mm} \cdot \frac{\rho}{R} \tag{2-7}$$

式中 ρ——206265″;

R——水准管内壁的曲率半径。

一般来说,τ 愈小,水准管灵敏度和仪器的安平精度愈高。DS3 型水准仪的水准管分划值为 20″/2mm。

为提高气泡的居中精度和速度,水准管上方安装了符合水准器棱镜系统,见图 2-8,将气泡同侧两端的半个气泡影像反映到望远镜旁的观察镜中。气泡不居中时,两端气泡影像错开,见图 2-9(a)。转动微倾螺旋,左侧气泡移动方向与螺旋转动方向一致,使气泡影像吻合,见图 2-9(b),表示气泡居中。这种水准器称为符合水准器。

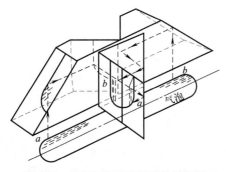

图 2-8 符合水准器棱镜系统结构图

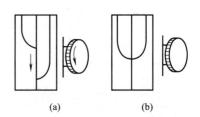

图 2-9 符合水准器示意图

(2) 圆水准器

如图 2-10 所示,圆水准器的顶面内壁被研磨成球面,内注混合液体。球面中央有一圆圈,其圆心称为圆水准器零点,过零点的球面法线 $L'L'$,称为圆水准器轴。圆水准器装在托板上,并使 $L'L'$ 平行于仪器旋转轴 VV,即 $L'L'//VV$,气泡居中时,$L'L'$ 与 VV 处于铅垂位置。气泡由零点向任意方向偏离 2mm,$L'L'$ 相对于铅垂线倾斜一个角值 τ',称为圆水器分划值。DS3 型水准仪的 τ' 为 $8'/2\text{mm}\sim10'/2\text{mm}$。

2.2.1.3 基座

基座由轴座、脚螺旋和连接板组成。仪器上部结构通过竖轴插入轴座中，由轴座支撑，用三个脚螺旋与连接板连接。整个仪器用中心连接螺旋固定在三脚架上。

此外，如图 2-3 所示，控制望远镜水平转动的有水平制动螺旋、水平微动螺旋，制动螺旋拧紧后，转动微动螺旋，仪器在水平方向作微小运动，以利于精确照准目标。微倾螺旋可调节望远镜在竖直面内的俯仰，以达到使视准轴水平的目的。

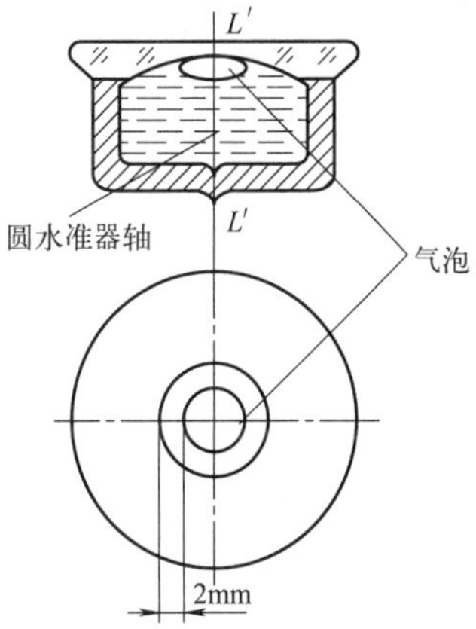

2.2.2 水准尺和尺垫

图 2-10 圆水准器构造

水准尺是水准测量时使用的标尺，其质量好坏直接影响水准测量的精度。因此，水准尺一般用优质木材、玻璃钢或铝合金制成，要求尺长稳定，分划准确。常用的水准尺有塔尺和直尺。其中直尺又分为单面分划和双面分划两种。

塔尺一般用玻璃钢、铝合金或优质木材制成。一般由 2~3 节尺段套接而成，全长多为 3m 或 5m，如图 2-11（a）所示。塔尺两面起点均为 0，属于单面尺。它携带方便，但尺端接头易损坏，常用于精度要求不高的等外水准测量。

直尺一般用不易变形的干燥优质木材制成，全长 3m，多为双面尺，如图 2-11（b）所示，常用于三、四等水准测量。双面尺以两把尺为一对使用，尺两面均有分划，一面为黑白相间，称黑面尺；另一面为红白相间，称红面尺。两面的最小分划均为 1cm，只在分米处有注记。

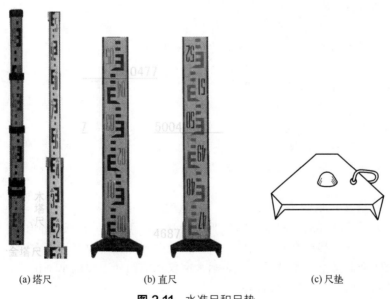

(a) 塔尺　　　　(b) 直尺　　　　(c) 尺垫

图 2-11 水准尺和尺垫

尺垫用平面为三角形的生铁铸成，如图 2-11（c）所示，下方有三个尖脚，可以安置在任何不平的硬性地面上或把脚尖踩入土中，使其稳定。尺垫平面上方中央有一凸起的半球，供立尺用。尺垫常安置于转点处，以防水准尺下沉。

2.2.3 水准仪的使用

安置水准仪前,首先应按观测者的身高调节好三脚架的高度,为便于整平仪器,还应使三脚架的架头面大致水平,并将三脚架的三个脚尖踩入土中,使脚架稳定;从仪器箱内取出水准器,放在三脚架架头上,立即使用中心螺旋旋入仪器基座的螺孔内,以防仪器从三脚架头上摔下来。

用水准仪进行水准测量的步骤为粗平→瞄准水准尺→精平→读数。

(1) 粗平

粗略整平(粗平)是使用仪器脚螺旋将圆水准器气泡调节到居中位置,借助圆水准器的气泡居中,使仪器竖轴大致铅直,视准轴粗略水平。具体做法是:先将脚架的两架脚踏实,操纵另一架脚左右、前后缓缓移动,使圆水准气泡基本居中(气泡偏离零点不要太远),再将此架脚踏实,然后调节脚螺旋使气泡完全居中。调节脚螺旋的方法如图 2-12 所示。在整平过程中,气泡移动的方向与左手大拇指转动方向一致,与右手大拇指转动方向相反;有时要按上述方法反复调整脚螺旋,才能使气泡完全居中。

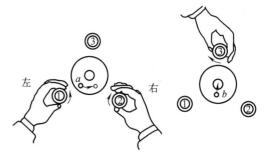

图 2-12 圆水准气泡整平

(2) 瞄准水准尺

首先进行目镜对光,即把望远镜对着明亮背景,转动目镜调焦螺旋使十字丝成像清晰。再松开制动螺旋,转动望远镜,用望远镜筒上部的准星和照门大致对准水准尺后,拧紧制动螺旋。然后从望远镜内观察目标,调节物镜调焦螺旋,使水准尺成像清晰。最后用微动螺旋转动望远镜,使十字丝竖丝对准水准尺的中间稍偏一点,以便进行读数。

在物镜调焦后,当眼睛在目镜端上下作少量移动时,有时会出现十字丝与目标有相对运动的现象,这种现象称为视差。产生视差的原因是目标通过物镜所成的像没有与十字丝平面重合(图 2-13)。由于视差的存在会影响观测结果的准确性,所以必须加以消除。

消除视差的方法是仔细地反复进行目镜和物镜调焦。直至眼睛上、下移动,读数不变为止。此时,从目镜端所见到的十字丝与目标的像都十分清晰。

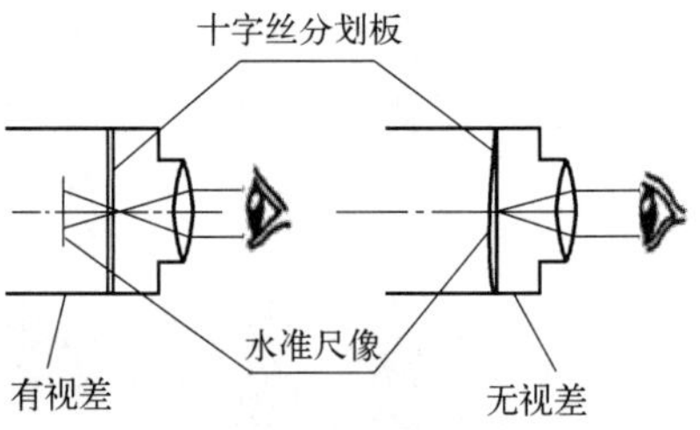

图 2-13 视差现象

(3) 精平

精确整平(精平)是调节微倾螺旋,使目镜左边观察窗内的符合水准器气泡的两个半边影像完全吻合,这时水准仪视准轴处于精确水平位置。精平时,由于气泡移动有一个惯性,所以转动微倾螺旋的速度不能太快。只有符合气泡两端影像完全吻合而又稳定不动后,才表示水准仪视准轴处于精确水平位置。带有水平补偿器的自动安平水准仪不需要这项操作。

(4) 读数

符合水准器气泡居中后,即可读取十字丝中丝截在水准尺上的读数。直接读出米、分米和厘米,估读出毫米(图 2-14)。现在的水准仪多采用倒像望远镜,因此读数时应从小往大,即从上往下读。也有正像望远镜,读数与此相反。

精确整平与读数虽是两项不同的操作步骤，但在水准测量的实施过程中，却把两项操作视为一体，即：精平后再进行读数。读数后还要检查管水准气泡是否完全符合，只有这样，才能取得准确的读数。

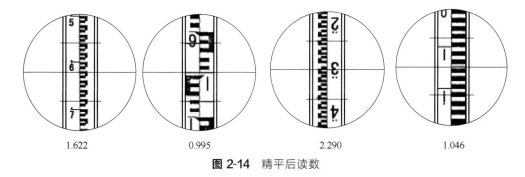

图 2-14　精平后读数

当改变望远镜的方向作另一次观测时，管水准气泡可能偏离中央，必须再次调节微倾螺旋，使气泡吻合才能读数。

2.3　水准测量的基本方法

2.3.1　水准点

为了统一全国的高程系统，国家有关专业测绘部门在全国各地埋设了许多固定的高程控制点，并根据1985年确定的黄海高程系——青岛水准原点，采用水准测量的方法测定了其高程，这些点称为水准点，简记为 BM。水准测量通常是从水准点引测其他点的高程。水准点有永久性和临时性两种。水准点的位置应选在土质坚硬、便于长期保存和使用方便的地点。

水准点按其精度标准分为不同的等级。国家水准点分为四个等级，即一等、二等、三等、四等水准点，按国家规范要求埋设永久性标石标志。地面水准点按一定规格埋设，一般用石料或钢筋混凝土制成，埋深到地面冻结线以下。国家水准点一般在标石顶部设置由不易腐蚀的材料制成的半球状标志，见图 2-15（a）；墙脚水准点应按规格要求设置在永久性建筑物上，见图 2-15（b）。这些点均需要长期保存，故称为永久性水准点。

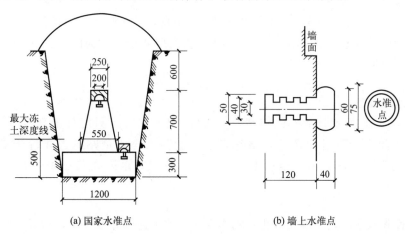

(a) 国家水准点　　　　　　(b) 墙上水准点

图 2-15　永久性水准点

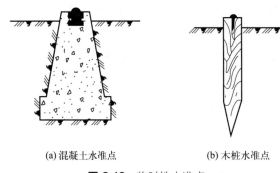

(a) 混凝土水准点　　(b) 木桩水准点

图 2-16　临时性水准点

地形测量中的图根水准点和一些建筑施工测量中使用的水准点，由于使用的时间较短，称为临时水准点；常采用临时性标志，可用混凝土标石埋设，见图 2-16（a），或用大木桩加一帽钉打入地下并用混凝土固定，见图 2-16（b），也可在地面上凸出的坚硬岩石或房屋四周水泥面、台阶等处用红油漆做出标记。

凡埋设完水准点后，必须绘出水准点与附近永久性建筑物的位置关系草图并写明其编号和高程值，即：点之记，以便于日后查找水准点时使用。

2.3.2　水准路线

在水准点之间进行水准测量所经过的路线称为水准路线。根据测区情况和需要，水准路线可布设成附合水准路线、闭合水准路线、支水准路线，如图 2-17 所示。

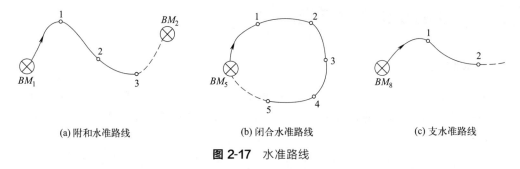

(a) 附和水准路线　　(b) 闭合水准路线　　(c) 支水准路线

图 2-17　水准路线

（1）附合水准路线

如图 2-17（a）所示，从一已知高程点 BM_1 出发，沿线测定待定高程点 1、2、3……的高程后，最后附合在另一个已知高程点 BM_2 上，这种水准测量路线形式称为附合水准路线。各站所测高差之和的理论值应等于由已知水准点的高程计算出的高差，即：

$$\sum h_{\text{理论}} = H_{BM_2} - H_{BM_1} \tag{2-8}$$

（2）闭合水准路线

如图 2-17（b）所示，从一已知高程点 BM_5 出发，沿线测定待测高程点 1、2、3……的高程后，最后闭合在起始点 BM_5 上，这种水准测量路线形式称为闭合水准路线。各站所测高差之和的理论值应等于 0，即：

$$\sum h_{\text{理论}} = 0 \tag{2-9}$$

（3）支水准路线

如图 2-17（c）所示，从一已知高程点 BM_8 出发，沿线测定待定高程点 1、2……的高程后，既不闭合又不附合在已知高程点上，这种水准测量路线形式称为支水准路线。支水准路线应进行往返观测，理论上，往测高差总和与返测高差总和应大小相等、符号相反，即：

$$\sum h_{\text{往}} = \sum h_{\text{返}} \tag{2-10}$$

当测区面积较大时，水准路线也可由多条单一水准路线相互连接，构成网状图形，称为水准网。

2.3.3 水准测量方法

水准测量一般是以水准点开始,测至待测高程点。当两点间相距不远,高差不大且无障碍物遮挡视线时,可在两点间安置一次水准仪,分别读出后视读数和前视读数,即可求出两点的高差与待测点的高程;但当两点相距较远,或者高差很大,或有障碍物遮挡视线时,则需分段连续观测。

2.3.3.1 一般要求

作业前应选择适当的仪器、水准标尺,并对其进行检验和校正。三等、四等水准测量和图根控制测量用 DS3 型仪器和双面尺,等外水准配单面尺。一般性水准测量采用单程观测,首级控制或支水准路线测量必须进行往返测量。等级水准测量的视距长度、路线长度等必须符合规范要求。测量时应尽可能采用中间法,即仪器安置在距离前、后视尺大致相等的位置。

2.3.3.2 实施过程(以一个测站为例)

如图 2-18 所示,设 A 点的高程 $H_A=48.145\text{m}$,欲测定 B 点的高程 H_B,其施测过程如下。

(1) 安置水准仪于 1 站,粗略整平,后视尺立于 BM_A,在路线前进方向选择一大致与 A 点与 1 点距离相等的稳定的适当地面点位置作 TP_1,作为临时的高程传递点,称为转点;放上尺垫并踏实,将前视尺立于其上。

(2) 照准 A 点水准尺,精平仪器,读取后视读数 a_1,填入记录手簿。

(3) 调转望远镜,照准前视 TP_1 点水准尺,精平仪器,读取前视读数 b_1,填入记录手簿。

(4) 两点间高差的计算:$h_1=a_1-b_1$。

第 1 测站观测完毕后,将仪器搬至第 2 站、第 3 站……连续进行设站施测,各测站的观测方法同第 1 测站,直至测至终点 B 为止。A、B 两点间的高差为各测站高差取和,参见式(2-4),并由式(2-5)计算出 B 点高程。施测全过程的读数记录、高差和高程计算与检核,均在水准测量手簿(表 2-2)中进行。

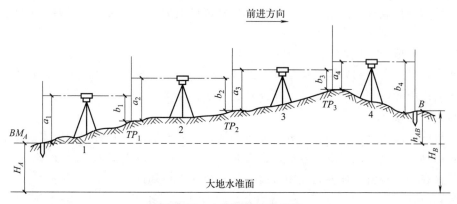

图 2-18 水准测量外业实施

2.3.3.3 水准测量检核

如上所述,B 点的高程是根据 BM_A 点的已知高程和转点之间的高差计算出来的。若其中测错任何一个高差,B 点的高程计算就不正确。因此,在水准测量外业实施的过程中必须采取措施进行检核。

表 2-2 水准测量手簿

日期：_____ 天气：_____ 小　组：_____
仪器：_____ 观测者：_____ 记录者：_____ 单位（　　）

测站	测点	水准尺读数		高差 h	高程 H	备注
		后视读数 a	前视读数 b			
1	BM_A	2.036		+0.489	48.145	
	TP_1		1.547			
2	TP_1	1.743		+0.307		
	TP_2		1.436			
3	TP_2	1.676		+0.642		
	TP_3		1.034			
4	TP_3	1.244		−0.521	49.062	
	B		1.765			
	∑			+0.917		
计算检核		$\sum a - \sum b = 6.699 - 5.782 = 0.917 \text{(m)} = \sum h = 0.917\text{m} = H_B - H_A = 0.917\text{m}$				

(1) 测站检核

为了检核前、后视读数的正确性，通常采用下列方法进行测站检核。不合格者不得搬站，等级水准测量尤其如此。

两次仪高法：又称变更仪高法。在一个测站上，观测一次高差 $h' = a' - b'$ 后，将仪器升高或降低 10cm 左右，再观测一次高差 $h'' = a'' - b''$。当两次高差之差（称为较差）满足：

$$\Delta h = h' - h'' \leqslant \Delta h_{允} \tag{2-11}$$

则取两次高差的平均值作为基本高差；否则应重测，直到满足要求为止。$\Delta h_{允}$ 称为允许值，《工程测量标准》（GB 50026—2020）等规范中查取，例如：等外水准测量要求 $\Delta h_{允} \leqslant \pm 6\text{mm}$。

双面尺法：在一个测站上，用同一个仪器高分别观测一对水准尺的黑面和红面的读数，获得两个高差 $h_{黑} = a_{黑} - b_{黑}$ 和 $h_{红} = a_{红} - b_{红}$，若满足：

$$\Delta h = h_{黑} - h_{红} \pm 100\text{mm} \leqslant \Delta h_{允} \tag{2-12}$$

则取两次观测高差的平均值作为结果；否则应重测。在《工程测量标准》（GB 50026—2020）、《城市测量规范》（CJJ/T 8—2011）等规范可根据工程要求查得限差，例如：四等水准测量 $\Delta h_{允} \leqslant \pm 5\text{mm}$。

(2) 计算检核

手簿中计算的高差和高程应满足式（2-4）及 $H_B - H_A = \sum h$ 的验算。否则表示计算有错，应查明原因并给予纠正。验算在手簿计算检核栏中进行（表 2-2）。

(3) 成果检核

上述检核只限于读数误差和计算误差，不能排除其他诸多误差对观测成果的影响，例如转点位置移动、标尺和仪器下沉等造成误差积累，即：实测高差值 $\sum h_{测}$ 与理论高差值 $\sum h_{理}$ 不相符，存在一个差值，称为高差闭合差，用符号 f_h 来表示：

$$f_h = \sum h_{测} - \sum h_{理} \tag{2-13}$$

因此，必须对高差闭合差进行检核，如果 f_h 满足要求，即：

$$f_h \leqslant f_{h允} \tag{2-14}$$

表示测量成果符合要求；否则应重测。式中，$f_{h允}$ 为允许高差闭合差。《工程测量规范》（GB 50026—2020）规定如下。

三等水准测量：平地 $f_{h允} = \pm 12\sqrt{L}\text{ mm}$；山地 $f_{h允} = \pm 4\sqrt{n}\text{ mm}$ (2-15)

四等水准测量：平地 $f_{h允}=\pm20\sqrt{L}$ mm；山地 $f_{h允}=\pm6\sqrt{n}$ mm (2-16)

图根水准测量：平地 $f_{h允}=\pm40\sqrt{L}$ mm；山地 $f_{h允}=\pm12\sqrt{n}$ mm (2-17)

式中，L 为往返测段附合或闭合水准路线长度，以 km 计；n 为测站数；$f_{h允}$ 以 mm 计。高差理论值 $\sum h_{理}$ 的计算方法，参见 2.3.4 相关内容。

2.3.4 水准测量的计算

水准测量外业结束之后，首先要检查外业手簿中的各项观测数据是否符合要求，各点间高差计算有无错误。经检核无误后，进行高差闭合差的计算与调整；最后计算出各待定点的高程。以上工作称为水准测量的内业。

2.3.4.1 高差闭合差 f_h 的计算

（1）闭合水准路线

由于路线的起点与终点为同一点，其理论高差值 $\sum h_{理}=0$，即代入式（2-13）得：

$$f_h = \sum h_{测} \tag{2-18}$$

然后按式（2-14）的要求进行外业成果的检核，验算 f_h 是否符合规范要求。只有当 f_h 值在规定的允许范围内，方能进行下一步高差闭合差改正数的计算。否则，应查明原因，甚至返工重新测量，直至达到要求为止。

（2）附合水准路线

由于路线的起、终点 A、B 均为已知点，两点间高差理论上应为：

$$\sum h_{理} = H_B - H_A \tag{2-19}$$

代入式（2-13）得：

$$f_h = \sum h_{测} - (H_B - H_A) \tag{2-20}$$

同理，按式（2-14）对外业的测量成果进行检核，合格后方能进行下一步计算。

（3）支线水准路线

由于路线进行往返观测，则高差的理论值为：

$$\sum h_{往} - (-\sum h_{返}) = 0 \tag{2-21}$$

代入式（2-13）得：

$$f_h = \sum h_{往} + \sum h_{返} \tag{2-22}$$

同理，也用上述方法对外业观测成果进行检核。

2.3.4.2 改正数 v 的计算（高差闭合差的调整）

对于闭合水准路线和附合水准路线，在满足 $f_h \leq f_{h允}$ 的条件下，允许对观测值 $\sum h_{测}$ 施加改正数，使之符合理论值。改正的原则是：将 f_h 反符号按测程 L 或测站 n 成正比分配。设路线有 i 个测段（1，2，3……），总里程或总测站数为 $\sum L$ 或 $\sum n$，则测段高差改正数为：

$$v_i = -f_h \times L_i / \sum L$$

或

$$v_i = -f_h \times n_i / \sum n \tag{2-23}$$

改正数凑整至 mm，并按式（2-24）进行验算：

$$\sum v_i = -f_h \tag{2-24}$$

若改正数的总和不等于闭合差的反数，则表明计算有错，应重算。如因凑整引起微小的不符值，则可将它分配在任一测段上。

2.3.4.3 改正后高差的计算

最后将实测高差 $h_{测}$ 加以调整，加入改正数 v_i 得到调整后的高差 h'_i，即：

$$h'_i = h_{i测} + v_i \tag{2-25}$$

调整后线路的总高差应等于它相应的理论值，以资检核。

对于支水准路线，在 $f_h \leqslant f_{h\text{允}}$ 的条件下，取其往返高差绝对值的平均值作为观测成果，高差的符号以往测为准。

2.3.4.4 高程的计算

设第 i 测段起点的高程为 H_{i-1}，则终点的高程为：

$$H_i = H_{i-1} + h_i' \tag{2-26}$$

从而可求得各测段终点的高程值。

【例 2-1】 某山区等外水准测量，在 BM_A、BM_B 水准点之间进行附合水准路线设站，各测段的实测高差及测站数如图 2-19 所示。该水准路线内业计算在表 2-3 中进行。

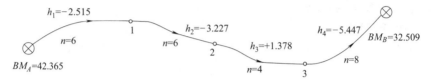

图 2-19 附合水准路线

表 2-3 附合水准路线测量成果内业计算

测点	测站数	实测高差/m	高差改正数/m	改正后的高差/m	高程/m	备注
BM_A					42.365	
	6	−2.515	−0.011	−2.526		
1					39.839	
	6	−3.227	−0.011	−3.238		山地等外
2					36.601	水准测量
	4	+1.378	−0.008	+1.370		
3					37.971	
	8	−5.447	−0.015	−5.462		
BM_B					32.509	
∑	24	−9.811	0.045	−9.856		
辅助计算	$f_h = +45\text{mm}$ $f_{h\text{容}} = \pm 12\sqrt{24} = \pm 58\text{mm}$					

2.4 水准仪的检验与校正

水准仪的主要轴线有：视准轴 CC、水准管轴 LL、仪器竖轴 VV 和圆水准器轴 $L'L'$ 以及十字丝横丝，见图 2-20。根据水准测量原理，水准仪必须提供一条水平视线，才能正确地测出两点间的高差。为此，水准仪各轴线间应满足的几何条件是：

① 圆水准器轴 $L'L'$ // 仪器竖轴 VV；
② 十字丝的中丝（横丝）⊥ 仪器竖轴 VV；
③ 水准管轴 LL // 视准轴 CC。

上述水准仪应满足的各项条件，在仪器出厂时已经过检验与校正而得到满足，但由于仪器在长期使用和运输过程中受到震动和碰撞等原因，使各轴线之间的关系会发生变化，若不及时检验校正，将会影响测量成果的质量。所以，在进行水准测量作业前，应对水准仪进行检验，如不满足要求，应及时对仪器加以校正。

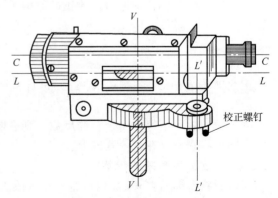

图 2-20 水准仪的主要轴线

2.4.1 圆水准器轴平行仪器竖轴的检验校正

检验方法：安置水准仪后，用脚螺旋调节圆水准器气泡居中，然后将望远镜绕竖轴旋转180°，如气泡仍居中，表示此项条件满足要求（圆水准器轴与仪器竖轴平行）；若气泡不居中，则应进行校正。

检验原理：如图 2-21 所示，当圆水准器气泡居中时，圆水准器轴处于铅垂位置；若圆水准器轴与竖轴不平行，那么竖轴与铅垂线之间出现倾角 δ，见图 2-21（a）。当望远镜绕倾斜的竖轴旋转 180°后，仪器的竖轴位置并没有改变，而圆水准器轴却转到了竖轴的另一侧。这时，圆水准器轴与铅垂线的夹角为 2δ，则圆气泡偏离零点，其偏离零点的弧长所对的圆心角为 2δ，见图 2-21（b）。

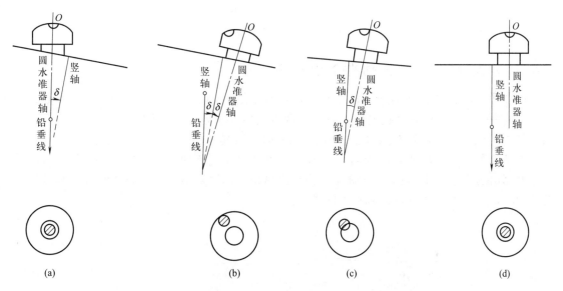

图 2-21 圆水准器检验校正原理

校正方法：根据上述检验原理，校正时，用脚螺旋使气泡向零点方向移动偏离长度的一半，这时竖轴处于铅垂位置，见图 2-21（c）。然后再用校正针调整圆水准器下面的三个校正螺钉，使气泡居中。这时，圆水准器轴便平行于仪器竖轴了，见图 2-21（d）。

圆水准器下面的校正螺钉构造如

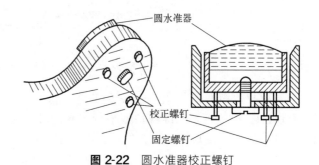

图 2-22 圆水准器校正螺钉

图 2-22 所示。校正时，一般要反复进行数次，直到仪器旋转到任何位置圆水准器气泡都居中为止。最后要注意拧紧固定螺钉。

2.4.2 十字丝横丝垂直仪器竖轴的检验与校正

检验方法：安置水准仪并整平后，先用十字丝横丝的一端对准一个点状目标，如图 2-23（a）中的 P 点，然后拧紧制动螺旋，缓缓转动微动螺旋。若 P 点始终在横丝上移动，见图 2-23（b），说明十字丝横丝垂直于仪器竖轴，条件满足；若 P 点移动的轨迹离开了横丝，见图 2-23（c）、(d)，则条件不满足，需要校正。

校正方法：校正方法因十字丝分划板座安置的形式不同而异。其中一种十字丝分划板的安置是将其固定在目镜筒内，目镜筒插入物镜筒后，再由三个固定螺钉与物镜筒连接。校正时，用螺丝刀放松三个固定螺钉，然后转动目镜筒，使横丝水平（图 2-23），最后将三个固定螺钉拧紧。

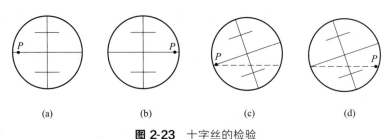

图 2-23 十字丝的检验

2.4.3 水准管轴平行视准轴的检验与校正

检验方法：如图 2-24 所示，在高差不大的地面上选择相距 80m 左右的 A、B 两点，打入木桩或安放尺垫。将水准仪安置在 A、B 两点的中点 Ⅰ 处，用变仪器高法（或双面尺法）测出 A、B 两点高差，两次高差之差小于 3mm 时，取其平均值 h_{AB} 作为最后结果。

由于仪器距 A、B 两点等距离，从图 2-24 可看出，不论水准管轴是否平行于视准轴，在 Ⅰ 处测出的高差 h_1 都是正确的高差。由于距离相等，两轴不平行误差 Δ 可在高差计算中自动消除，故高差 h 不受视准轴误差的影响。

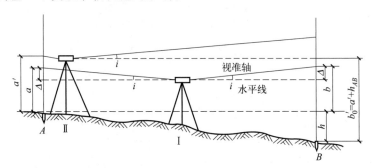

图 2-24 水准管轴平行视准轴的检验

然后将仪器搬至距 A 点 2～3m 的 Ⅱ 处，精平后，分别读取 A 尺和 B 尺的中丝读数 a' 和 b'。因仪器距 A 很近，水准管轴不平行于视准轴引起的读数误差可忽略不计，则可计算出仪器在 Ⅱ 处时，B 点尺上水平视线的正确读数为：

$$b_0' = a' + h_{AB} \tag{2-27}$$

实际测出的 b' 如果与计算得到的 b_0' 相等，则表明水准管轴平行于视准轴；否则两轴不平行，其夹角为：

$$i = \frac{b' - b_0'}{D_{AB}} \rho \tag{2-28}$$

式中，ρ 为 206265″。

对于 DS3 微倾式水准仪，i 角不得大于 20″，如果超限，则应对水准仪进行校正。

水准管的构造如图 2-25 所示，校正方法如下。仪器仍在 Ⅱ 处，调节微倾螺旋，使中丝在 B 尺上的中丝读数移到 b_0'，这时视准轴处于水平位置，但水准管气泡不居中（符合气泡不吻合)。用校正针拨动水准管一端的上、下两个校正螺钉,先松一个,再紧另一个,将水准管一端升高或降低,使符合气泡吻合(图 2-26)。再拧紧上、下两个校正螺钉。此项校正要反复进行,直到 i 角小于 $20''$ 为止。

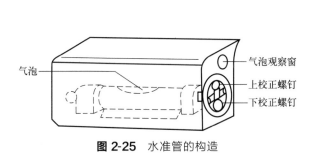

图 2-25 水准管的构造

上松下紧

图 2-26 水准管的校正

2.5 水准测量的误差

水准测量误差包括仪器误差、观测误差和外界条件影响三方面。

2.5.1 仪器误差

2.5.1.1 仪器校正后的残余误差

例如水准仪的水准管轴与视准轴不平行,虽经过校正但仍然残存少量误差,因而使读数产生误差。这项误差与仪器至立尺点的距离成正比。只要在测量中,使前、后视距离相等,在高差计算中就可消除或减少该项误差的影响。

2.5.1.2 水准尺误差

水准尺刻划不准确、尺长变化、弯曲等,都会影响水准测量的精度。因此,水准尺须经过检验才能使用。至于水准尺的零点误差,在成对使用水准尺时,可采取设置偶数测站的方法来消除;也可在前、后视中使用同一根水准尺来消除。

2.5.2 观测误差

2.5.2.1 水准管气泡居中误差

水准管气泡居中误差为由于水准管内液体与管壁的黏滞作用和观测者眼睛分辨能力的限制,致使气泡没有严格居中引起的误差。水准管气泡居中误差一般为 $\pm 0.15\tau''$(τ'' 为水准管分划值),采用符合水准器时,气泡居中精度可提高一倍。故由气泡居中误差引起的读数误差为:

$$m_I = \frac{0.15\tau''}{2\rho}D \tag{2-29}$$

式中,D 为水准仪到水准尺的距离,m。

2.5.2.2 读数误差

在水准尺上估读毫米数的误差,该项误差与人眼分辨能力、望远镜放大率以及视线长度有关。通常按式(2-30)计算:

$$m_V = \frac{60''}{V} \times \frac{D}{\rho''} \tag{2-30}$$

式中，V 为望远镜放大率；D 为视线长度，m；ρ 为一弧度对应的秒值，206265；$60''$ 为人眼能分辨的最小角度。

为保证估读数精度，各等级水准测量对仪器望远镜的放大率和最大视线长都有相应规定。

2.5.2.3 视差影响

当存在视差时，十字丝平面与水准尺影像不重合，若眼睛观察的位置不同，便会读出不同的读数，因此产生读数误差。操作中应仔细调焦，避免出现视差。

2.5.2.4 水准尺倾斜误差

水准尺倾斜将使尺上读数增大，其误差大小与尺倾斜的角度和在尺上的读数大小有关。例如，尺子倾斜 $3°30'$，视线在尺上读数为 1.0m 时，会产生约 2mm 的读数误差。因此，测量过程中，要认真扶尺，尽可能保持尺上水准气泡居中，将尺立直。

2.5.3 外界条件影响

2.5.3.1 仪器下沉

仪器安置在土质松软的地方，在观测过程中会产生下沉。由于仪器下沉，使视线降低，从而引起高差误差。若采用"后、前、前、后"的观测程序，可减小其影响。此外，应选择坚实的地面作测站，并将脚架踏实。

2.5.3.2 尺垫下沉

仪器搬站时，如果在转点处尺垫下沉，会使下一站后视读数增大，这将引起高差误差。所以转点也应选在坚实地面并将尺垫踏实，或采取往返观测的方法，取其成果的平均值，可以消减其影响。

2.5.3.3 地球曲率的影响

如图 2-27 所示，水准测量时，水平视线在尺上的读数 b，理论上应改算为相应水准面截于水准尺的读数 b'，两者的差值 c（km），称为地球曲率差，c 的计算公式为：

$$c = \frac{D^2}{2R} \tag{2-31}$$

式中，D 为水准仪到水准尺在水平面上的距离，km；R 为地球半径，取 6371km。

水准测量中，当前、后视距相等时，通过高差计算可消除该误差对高差的影响。

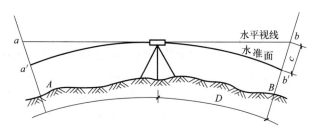

图 2-27 地球曲率差的影响

2.5.3.4 大气折光影响

由于地面上空气密度不均匀，使光线发生折射。因而水准测量中，实际上尺的读数不是一水平视线的读数，而是一向下弯曲视线的读数。两者之差称为大气折光差，用 γ 表示。在稳定的气象条件下，大气折光差约为地球曲率差的 1/7，即：

$$\gamma = \frac{1}{7}c = 0.07\frac{D^2}{R} \tag{2-32}$$

水准测量中，当前、后视距相等时，通过高差计算可消除该误差对高差的影响。精密水准测量还应选择良好的观测时间（一般认为在日出后或日落前两个小时为好），并控制视线高出地面一定距离，以避免视线发生不规则折射引起的误差。

地球曲率差和大气折光差是同时存在的，两者对读数的共同影响可用式（2-33）计算：

$$f = c - \gamma = 0.43 \frac{D^2}{R} \tag{2-33}$$

2.5.3.5 温度的影响

温度的变化不仅会引起大气的折光变化，还会造成水准尺影像在望远镜内十字丝面内上、下跳动，难以读数。当烈日直晒仪器时也会影响水准管气泡居中，造成测量误差。因此水准测量时，应撑伞保护仪器，还应选择有利的观测时间。

2.6 自动安平水准仪

自动安平原理见图 2-28。自动安平水准仪与微倾式水准仪的区别在于：自动安平水准仪没有水准管和微倾螺旋，而是在望远镜的光学系统中装置了补偿器。由于仪器不用调节水准管气泡居中，从而简化了操作，而且对于施工场地地面的微小震动、松软土地的仪器下沉以及大风吹刮等原因引起的视线微小倾斜，能迅速自动安平仪器，从而提高了水准测量的观测速度与精度。

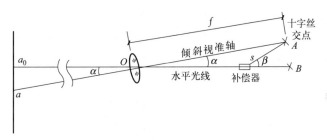

图 2-28 自动安平原理

2.6.1 视线自动安平原理

当圆水准器气泡居中后，视准轴仍存在一个微小倾角 α，在望远镜的光路上安置一补偿器，使通过物镜光心的水平光线经过补偿器后偏转一个 β 角，仍能通过十字丝交点，这样十字丝交点上读出的水准尺读数，即为视线水平时应该读出的水准尺读数。若要实现此功能，补偿器必须满足以下条件：

$$f \cdot \alpha = s \cdot \beta = AB \tag{2-34}$$

式中，f 为物镜的等效焦距；s 为补偿器到十字丝交点 A 的距离。

即：当视准轴存在一定的倾斜（倾斜角限度为 $\pm 10'$），在十字丝交点 A 处却能读到水平视线的读数 a_0，达到了自动安平的目的。

2.6.2 自动安平补偿器

补偿器的结构形式较多，我国生产的 DSZ3 型自动安平水准仪采用悬吊棱镜组，借助重力作用达到补偿。

图 2-29 为 DSZ3 自动安平水准仪的补偿结构构造。补偿器装在对光透镜和十字丝分划板之间，其结构是将一个屋脊棱镜固定在望远镜筒上，在屋脊棱镜下方用交叉金属丝悬吊着

两块直角棱镜。当望远镜有微小倾斜时,直角棱镜在重力 P 的作用下,与望远镜倾斜方向作相反的偏转。空气阻尼器的作用是使悬吊的两块直角棱镜迅速处于静止状态(在 1~2s 内)。

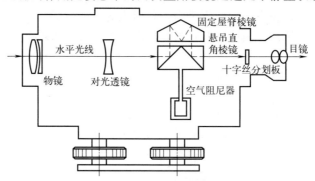

图 2-29 DSZ3 自动安平水准仪的补偿结构构造

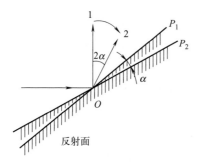

图 2-30 平面镜全反射原理

如图 2-30 所示,根据光线全反射的特性可知,在入射线方向不变的条件下,当反射面旋转一个角度 α 时,反射线将从原来的行进方向偏转 2α 的角度。补偿器的补偿光路即是根据这一光学原理设计的。

当仪器处于水平状态、视准轴水平时,水平光线与视准轴重合,不发生任何偏转。如图 2-31 所示,水平光线进入物镜后经第一个直角棱镜反射到屋脊棱镜,在屋脊棱镜内作三次反射,到达另一个直角棱镜,又被反射一次,最后水平光线通过十字丝交点 Z,这时可读到视线水平时的读数 a_0。

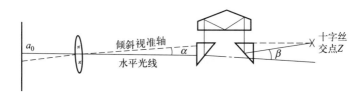

图 2-31 补偿器工作原理

当望远镜倾斜了一个小角 α 时(图 2-31),屋脊棱镜也随之倾斜 α 角,两个直角棱镜在重力作用下,相对望远镜的倾斜方向沿反方向偏转 α 角。这时,经过物镜的水平光线经过第一个直角棱镜后产生 2α 的偏转,再经过屋脊棱镜,在屋脊棱镜内作三次反射,到达另一个直角棱镜后又产生 2α 的偏转,水平光线通过补偿器产生两次偏转的和为 $\beta=4\alpha$。要使通过补偿器偏转后的光线经过十字丝交点 Z,将 $\beta=4\alpha$ 代式(2-34)得:

$$s = \frac{f}{4} \tag{2-35}$$

即:将补偿器安置在距十字丝交点 Z 的 $f/4$ 处,可使水平视线的读数 a_0 正好落在十字丝交点上,从而达到自动安平的目的。

2.6.3 自动安平水准仪的使用

使用自动安平水准仪时,首先将圆水准器气泡居中,然后瞄准水准尺,等待 2~4s 后,即可进行读数。有的自动安平水准仪配有一个补偿器检查按钮,每次读数前需按一下该按钮,确认补偿器能正常作用再读数。

2.7 精密水准仪与电子水准仪

2.7.1 精密水准仪

精密水准仪主要用于国家一等、二等水准测量和高精度工程测量中,例如建筑物沉降观测、大型桥梁施工的高程控制、精密机械设备安装等的测量工作。DS05 型和 DS1 型水准仪属于精密水准仪。图 2-32 为我国生产的 DS1 型精密水准仪。

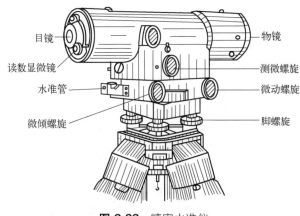

图 2-32 精密水准仪

2.7.1.1 精密水准仪的结构特点

精密水准仪与一般水准仪相比较,其特点是能够精密地使视线水平并能够进行精确的读数。为此,在结构上应满足以下要求。

① 水准器具有较高的灵敏度。如 DS1 水准仪的管水准器 τ 值为 $10''/2mm$。

② 望远镜具有良好的光学性能。如 DS1 水准仪望远镜的放大倍数为 38 倍,望远镜的物镜有效孔径 47mm,视场亮度较高。十字丝的中丝刻成楔形,能较精确地瞄准水准尺的分划。

③ 具有光学测微器装置。可直接读取水准尺一个分格(1cm 或 0.5cm)的 1/100 单位(0.1mm 或 0.05mm),提高读数精度。

④ 视准轴与水准轴之间的联系相对稳定。精密水准仪均采用钢构件,并且密封起来,受温度变化影响小。

2.7.1.2 精密水准仪的构造原理

精密水准仪的构造与 DS3 水准仪基本相同,也是由望远镜、水准器和基座三部分构成,其主要区别是装有光学测微器。此外,精密水准仪较 DS3 水准仪有更好的光学和结构性能,如望远镜放大率不小于 40 倍,符合水准管分划值较小,一般为 $8''/2mm \sim 10''/2mm$,同时具有仪器结构坚固,水准管轴与视准轴关系稳定,受温度影响小等特点。

精密水准仪应与精密水准尺配合使用。精密水准仪的光学测微器构造与读数如图 2-33 所示。它由平行玻璃板 P、传动杆、测微轮和测微尺组成。平行玻璃板 P 装置在水准仪物镜前,其转动的轴线与视准轴垂直相交,平行玻璃板与测微分划尺之间用带有齿条的传动杆连接。

测微分划尺有 100 个分格,与水准尺上的分格(1cm 或 0.5cm)相对应,若水准尺上的分划值为 1cm,则测微分划尺能直接读到 0.1mm。

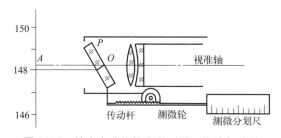

图 2-33 精密水准仪的光学测微器构造与读数

测微分划尺读数原理见图 2-33。当平行玻璃与水平的视准轴垂直时,视线不受平行玻璃的影响,对准水准尺的 A 处,即读数为 148（cm）$+a$。为了精确读出 a 的值,需转动测微轮使平行玻璃板倾斜一个小角,视线经平行玻璃板的作用而上、下移动,准确对准水准尺上 148cm 分划后,再从读数显微镜中读取 a 值,从而得到水平视线截取水准尺上 A 点的读数。

2.7.1.3 精密水准尺

精密水准仪必须配有精密水准尺。这种尺一般是在木质尺身的槽内,安有一根因瓦合金带。带上标有刻划,数字注在木尺上。

精密水准尺上的分划注记一般有两种形式。

一种是尺身上刻有左右两排分划,右边为基本分划（0～300cm 注记）,左边为辅助分划（300～600cm 注记）。基本分划的注记从零开始,辅助分划的注记从某一常数 K 开始,K 称为基辅差。K 值因生产厂家不同而异,其主要用途是观测数据的检核。Wild N_3 水准仪的精密水准尺采用的就是此分划值为 1cm 的形式,如图 2-34（a）所示。

另一种是尺身上两排均为基本划分,其最小分划为 10mm,但彼此错开 5mm。尺身一侧注记米数,另一种侧注记分米数。尺身标有大、小三角形,小三角形表示半分米处,大三角形表示分米的起始线。这种水准尺上的注记数字比实际长度增大了一倍,即 5cm 注记为 1dm。因此使用这种水准尺进行测量时,要将观测高差除以 2 才是实际高差。如:靖江 DS1 级水准仪和 Ni004 水准仪的精密水准尺采用的就是分划值为 0.5cm 的形式,如图 2-34（b）所示。

2.7.1.4 精密水准仪的操作方法与读数

精密水准仪的操作方法与一般水准仪基本相同,只是读数方法有些差异。在水准仪精平后,即:用微倾螺旋调节符合气泡居中（气泡影像在目镜视场内左方）,十字丝中丝往往不恰好对准水准尺上某一整分划线,这时就要转动测微轮使视线沿尺面上、下平行移动,十字丝的楔形丝正好精确夹住一个整分划线,被夹住的分划线读数为 m、dm、cm。此时视线上下平移的距离则由测微器读数窗中读出 mm。实际读数为全部读数的一半。如图 2-35（a）所示,从望远镜内直接读出楔形丝夹住的读数为 1.97m,再在读数显微镜内读出厘米以下的读数为 1.54mm。水准尺全部读数为 1.97+0.00154＝1.97154（m）,但实际读数为:1.97154÷2＝0.98577（m）。

测量时,无须每次将读数除以 2,而是将由直接读数算出的高差除以 2,求出实际高差值。

图 2-35（b）是基辅分划水准尺的读数图。楔形丝夹住的水准尺基本分划读数为 1.48m,测微尺读数为 6.50mm,全读数为 1.48650m。因此,水准尺分划值为 1cm,故读数为实际值,不需除以 2。

2.7.2 电子水准仪

电子水准仪又称数字水准仪,如图 2-36 所示,它是在自动安平水准仪的基础上发展起来的。电子水准仪采用条码标尺进行读数,各厂家因标尺编码的条码图案不同,故不能互换使用。目前照准标尺和调焦仍需目视进行。世界上第一台数字水准仪是徕卡公司于 1990 年推出的 NA3000 系列。

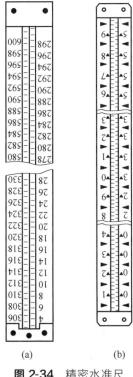

图 2-34 精密水准尺

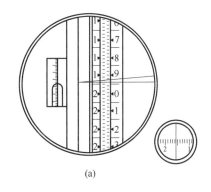

图 2-35 精密水准尺读数

电子水准仪的构造本书以南方 DL-2007（图 2-36）为例进行展示，各部分名称见图 2-37。

2.7.2.1 电子水准仪的测量原理

各厂家生产的条码水准尺都属于专利，条码图案不同，读数原理和方法也不相同，目前主要有相关法、几何法和相位法等。这里以南方 DL-2007 电子水准仪为例，说明其工作原理。

出厂时，仪器将对应标尺的条码作为参照信号存在仪器内。测量时，图像传感器捕获仪器视场内的标尺影像作为测量信号，然后与仪器的参考信号进行比较，便可求得视线高度。就像光学水准测量一样，测量时标尺要直立，正确读取标尺，即可得到相关数据。

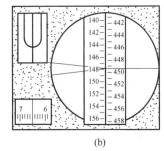

图 2-36 南方 DL-2007 电子水准仪

2.7.2.2 电子水准仪的特点

电子水准仪是以自动安平水准仪为基础构成的光、机、电及信息存储与处理的一体化水准测量系统。采用普通标尺时，又可像一般自动安平水准仪一样使用。不过这时的测量精度低于电子测量的精度。特别是精密电子水准仪，由于没有光学测微器，当成普通自动安平水准仪使用时，其精度更低。

电子水准仪与传统仪器相比有以下特点。

① 读数客观。不存在误差、误记问题，没有人为读数误差。

② 精度高。视线高和视距读数都是采用大量条码分划图像经处理后取平均值得出来的，因此削弱了标尺分划误差的影响。多数仪器都有进行多次读数取平均值的功能，可以削弱外界条件影响。不熟练的作业人员也能进行高精度测量。

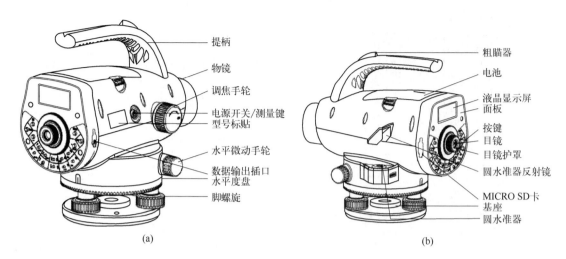

图 2-37 南方 DL-2007 电子水准仪构造

③ 速度快。由于省去了报数、听记、现场计算的时间以及人为出错的重测数量，测量时间与传统仪器相比可以节省 1/3 左右。

④ 效率高。只需调焦和按键就可以自动读数，减轻了劳动强度。视距还能自动记录、检核、处理并能输入电子计算机进行后处理，可实现内外业一体化。

2.7.2.3　电子水准仪的主要功能

目前的电子水准仪主要功能有标准模式（只测量，不计算）和线路测量模式（特定等级水准测量），这里以 DL-2007 为例，介绍主要功能。

(1) 标准测量模式

标准测量模式包含标准测量、高程放样、高差放样和视距放样。

标准测量是只用来测量标尺读数和距离而不进行高程计算；高程放样是由已知点 A 的高程 H_A 推算出的高程值 $H_A+\Delta H$，仪器可以根据输入的高程值 $H_A+\Delta H$ 来测出相应的地面点 B；高差放样是由已知 A 点到 B 点的高差 ΔH，仪器可以根据输入的高差值 ΔH 来测出相应的地面点 B；由已知 A 点到 B 点的距离 D_{AB}，仪器可以根据输入的距离值 D_{AB} 来测出相应的地面点 B。

(2) 线路水准测量模式

可进行二等、三等和四等水准测量。

仪器的具体使用及操作要点，详见各型号设备使用说明书，本书不做一一介绍。

本章小结

本章主要阐述水准测量的基本原理，DS3 型水准仪的构造，水准测量的实施，水准仪的检验与校正，水准测量误差的形成原因、消除方法及注意事项。通过本章的学习能了解水准仪的结构，掌握使用水准仪测量的实施方法和成果计算，熟悉水准仪的检验，了解水准测量误差的产生原因及水准测量的注意事项，掌握精密水准仪和电子水准仪的使用方法。

思考题与习题

1. 绘图说明水准测量的基本原理是什么？
2. 设 A 点为后视点，B 点为前视点，A 点的高程为 20.016m，当后视读数为 1.124m，前视读数为 1.428m，则 A、B 两点间的高差是多少？B 点的高程为何值？
3. 何为视准轴？何为视差？产生视差的原因是什么？怎样消除视差？
4. 圆水准器轴和水准管轴是如何定义的？在水准测量中各起到什么作用？何为水准管分划值？
5. 转点在水准测量过程中的作用是什么？
6. 水准测量时，应尽量使前后视距相等，即采用"中间法"，它能消除哪些误差？
7. 将图 2-38 中水准测量的观测数据填入表 2-4 的记录手簿表中，计算出各点间的高差及 B 点的高程，并进行计算校核。

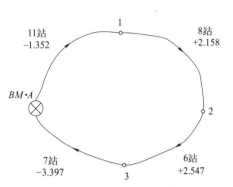

图 2-38 闭合水准路线

表 2-4 水准测量观测计算手簿

测点	测站数	实测高差/m	高差改正数/m	改正后的高差/m	高程/m	备注
BM.A					55.478	
1						
2						
3						
BM.A						
Σ						
辅助计算						

8. 图 2-39 所示为附合水准路线的观测成果和简图，计算出待定点 1、2 经过误差改正后的高程值。

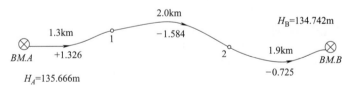

图 2-39 习题 8 附图

9. 仪器距水准尺的距离为 100m，水准管分划值为 $\tau=20''/2mm$，若精平后水准管有 0.3 格的误差，则由此引起的水准尺读数误差为多少？
10. 微倾式水准仪有哪几条轴线？各轴线间应满足的几何关系是什么？其中哪个条件是主要条件，为什么？
11. 简述三等、四等水准测量的测站的观测程序和检核方法。
12. 水准测量中容易产生哪些误差？为了提高观测精度，作业时应注意哪些问题和采取哪些措施？
13. 水准仪安置在 A、B 两点的中间，且距离点的距离均为 38m，用改变仪器高法两次测得 A、B 两点水准尺的读数分别为 $a_1=1.347m$，$b_1=1.565m$ 和 $a_1'=1.536m$，$b_1'=1.779m$。搬动仪器到 B 点附近，测得 B 点水准尺读数 $b_2=1.378m$，A 尺读数为 $a_2=1.267m$。画图并计算分析水准管轴是否平行于视准轴？为什么？若不平行，i 角值为何值？是否需要校正？怎样校正？

CHAPTER 第 3 章

角度测量

本章导读

角度测量是测量的基本工作之一，要确定地面点的相互位置关系，角度是一个重要的因素，不管是控制测量还是碎部测量，角度测量都是一项重要的测量工作。角度测量包括水平角测量和竖直角测量，水平角测量用于求算点的平面位置，竖直角测量用于测定高差或将倾斜距离转化为水平距离。本章将对经纬仪的应用进行详细讲解，重点介绍 DJ6 的构造，水平角和竖直角的测量原理，测量方法和数据计算等，为之后的学习打下基础。

思政元素

测绘人员的职责是神圣的，数据测量一点儿也不能马虎，角度无论大小，准确测量都是测绘人员的责任，测绘无小事，在测绘中要做到精益求精和严谨务实。

3.1 角度测量原理

3.1.1 水平角

地面上两条直线之间的夹角在水平面上的投影称为水平角。水平角测量原理如图 3-1 所示。A、B、O 为地面上的任意三点，通过直线 OA 和 OB 各作一铅垂面，并把 OA 和 OB 分别投影到水平投影面上，其投影线 Oa 和 Ob 的夹角$\angle aOb$，就是直线 OA 和 OB 之间的水平角 β，由此可见水平角 β 即为两条直线的水平投影线的夹角，可知水平角取值范围为 $0°\sim 360°$。

为了测量水平角，设想在过 OO' 的铅垂线上，水平地安置一个刻度盘，使得铅垂线穿过刻度盘中心，竖直面 $O'ObB'$ 和 $OO'A'a$ 与水平度盘的交线为 $O'B'$ 和 $O'A'$，若通过 $O'B'$ 和 $O'A'$ 的线在水平度盘上的度数为 b_1 和 a_1，则水平角 β 为：

$$\beta = b_1 - a_1 \tag{3-1}$$

3.1.2 竖直角

在同一竖直面内视线和水平线之间的夹角称为竖直角，或称垂直角。如图 3-2 所示，视线在水平线之上称为仰角，符号为"＋"；视线在水平线之下称为俯角，符号为"－"。竖直角的范围在$-90°\sim +90°$。图中竖直角α即为仰角。

在工程中，除了竖直角，也常常会用到天顶距。在竖直平面内，地面某点竖直方向与目标方向线的夹角即称为天顶距。图中以Z表示。天顶距与竖直角的关系为：

$$Z = 90° - \alpha \qquad (3-2)$$

如果在测站点O的铅垂方向上安置一个带有竖直刻度盘的测角仪器，使其水平视线通过竖盘中心，若设照准目标点A时视线的读数为n，水平视线的读数为m，则竖直角α为：

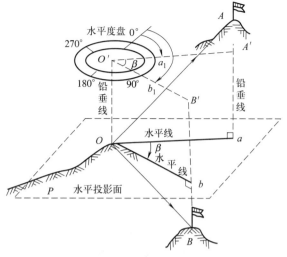

图 3-1 水平角测量原理

$$\alpha = n - m \qquad (3-3)$$

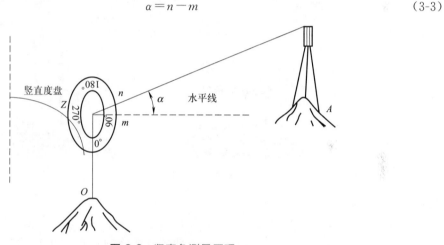

图 3-2 竖直角测量原理

由此可见，竖直角为目标方向线与水平线间的两方向值之差。

根据上述角度测量原理，测量角度的仪器需具备以下条件：能安置成水平放置并带有刻度盘刻划的圆盘——水平度盘，度盘的中心能位于待测角顶点的铅垂线上，且仪器能在水平方向上360°旋转；有一个与水平度盘垂直的带有刻度盘刻划的圆盘——竖直度盘，该度盘可以照准不同方向、不同高度的目标，并且它可以在竖直方向上旋转；该仪器还要具备读取方向值数据的能力。满足上述条件的测角仪器，就是经纬仪。

3.2 经纬仪的构造与使用

经纬仪是角度测量的常用仪器。

经纬仪按测角的精度划分为DJ07、DJ1、DJ2、DJ6、DJ15几个等级，其中D和J分别为"大地测量"和"经纬仪"的汉字拼音首字母，07、1、2、6、15分别为"经纬仪一个测回的方向中误差的秒数"。其中DJ07、DJ1和DJ2型经纬仪属于精密经纬仪，DJ6型经纬仪属于普通经纬仪。在地形测量和工程测量中，常用的是 DJ2 型和 DJ6 型经纬仪。

此外，经纬仪还分为光学经纬仪和电子经纬仪两类。本章主要介绍 DJ6 型光学经纬仪的基本构造。

3.2.1 DJ6 型光学经纬仪

各种型号的 DJ6 型（也可简称 J6）光学经纬仪的构造大致相同。图 3-3 为国产 DJ6 经纬仪，它主要由照准部、水平度盘、基座三部分组成。

3.2.1.1 照准部

照准部主要由望远镜、竖直度盘、水准器、读数设备及支架等组成。照准部的水准管用来精平仪器，使水平度盘处于水平位置，照准部的旋转轴称为竖轴，竖轴插入基座中，照准部的旋转使经纬仪绕竖轴在水平方向上旋转。

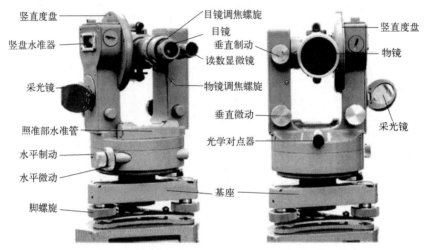

图 3-3 国产 DJ6 经纬仪

3.2.1.2 望远镜

望远镜是仪器的主要组成部分之一，被称为仪器的眼睛。它的主要作用是瞄准目标。经纬仪望远镜的构造和水准仪望远镜构造基本相同，由物镜、凹透镜、十字丝分划板和目镜组成，如图 3-4 所示。它和横轴固连在一起放在支架上，并要求望远镜视准轴垂直于横轴，当横轴水平时，望远镜绕横轴旋转的视准面是一个铅垂面。为了控制望远镜的俯仰程度，在照准部外壳上设置有一套望远镜水平制动螺旋和微动螺旋，以控制水平方向的转动。当拧紧望远镜的水平制动螺旋后，转动微动螺旋，望远镜可以作微小的转动。

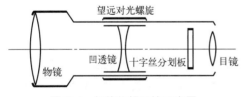

图 3-4 经纬仪望远镜示意图

3.2.1.3 水平度盘

水平度盘是用光学玻璃制成的圆盘，圆环上从 0°到 360°刻有等角度分划线，见图 3-5，分划值按顺时针方向进行注记。相邻两刻划线间弧长对应的圆心角称为度盘分划值，通常有 1°和 30′两种。度盘固定在轴套上，轴套套在轴座上。当照准部转动时，水平度盘并不随之转动，若需将水平度盘安置在某一读数的位置，可利用水平度盘变换手轮。按下度盘变换手轮下的保险手柄，将手轮推压进去并将度盘转到需要的读数上，此时松开手轮，退出调整即可。

3.2.1.4 竖直度盘

竖直度盘固定在横轴的一端,当望远镜转动时,读数指标线固定不动,而整个竖盘随望远镜一起转动(见图3-6),以此观测竖直角。另外在竖直度盘的构造中还设有竖盘指标水准管。每次读数前,都必须首先使竖盘水准管气泡居中,以使竖盘指标处于正确位置。目前光学经纬仪普遍采用竖盘自动归零装置代替竖盘指标水准管,省去每次读数前的水准管调节,节省了时间又提高了精度。

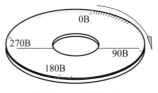

图 3-5 水平度盘

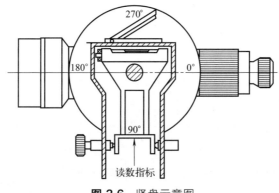

图 3-6 竖盘示意图

3.2.1.5 基座

基座(图3-7)是支撑仪器的底座。基座可借助中心螺母和三脚架使得中心连接螺旋将仪器与三脚架连接在一起。基座上有三个脚螺旋,转动脚螺旋可使照准部水准器气泡居中,用来整平仪器。

3.2.2 经纬仪读数设备及读数方法

DJ6型光学经纬仪的读数设备包括度盘、光路系统及测微器。经纬仪内部棱镜和透镜组将度盘和分微尺的影像放大和折射,反映到读数显微镜内,此时即可利用光学测微器进行读数。

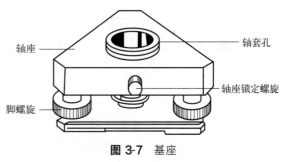

图 3-7 基座

分微尺测微器及其读数方法如下。度盘上两分划线所对的圆心角,称为度盘分划值。在读数显微镜内所见到的长刻划线和大号数字是度盘分划线及其注记,短刻划线和小号数字是分微尺的分划线及其注记。分微尺的长度等于度盘1°的分划长度,分微尺分成6大格,每大格又分成10小格,每小格格值为1′,可估读到0.1′,也就是6″。分微尺的0°分划线是其指标线,它所指度盘上的位置与度盘分划线所截的分微尺长度就是分微尺的读数值。读数时,以在分微尺上的度盘分划线为准,而后读取该度盘分划线与分微尺指标线之间的分微尺读数的分数,并估读到0.1′,也即6″,所以初学者要注意,DJ6型光学经纬仪测定的数值中,秒的读数一定为6的倍数。在图3-8中可见,视窗中有两个读数,其中注有"水平"或"H"的即为水平角读数,注记为"竖直"或"V"的为竖直角读数。图中水平度盘读数为180°06.4′,竖直度盘读数为75°57.2′。分微尺测微器的结构简单,读数方便,现广泛用于DJ6型光学经纬仪。

3.2.3 DJ2型光学经纬仪

DJ2型光学经纬仪的构造，除轴系和读数设备外基本上和DJ6型光学经纬仪相同。但因其照准部水准管的灵敏度较高，度盘格值更小，因此读数更为精密。

DJ2型光学经纬仪外形与DJ6型光学经纬仪略有不同，见图3-9。

从图3-9中可以看出，较之DJ6型光学经纬仪，DJ2型光学经纬仪在如下部件上有所不同。

(1) 水平度盘变换轮

DJ2型光学经纬仪中水平度盘变换手轮的作用是变换水平度盘的初始位置。水平角观测中，根据测角需要，对起始方向观测时，可先拨开手轮的护盖，再转动该手轮，把水平度盘的读数值配置为所规定的读数。

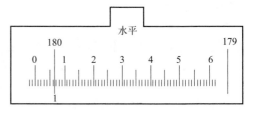
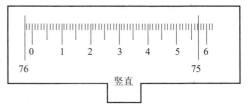

图 3-8 DJ6型光学经纬仪读数视窗

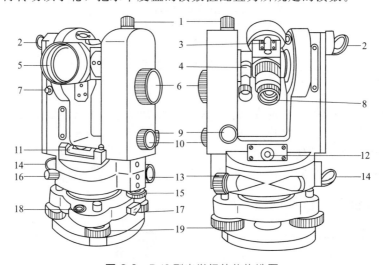

图 3-9 DJ2型光学经纬仪构造图

1—望远镜制动螺旋；2—竖直度盘照明镜；3—瞄准器；4—读数目镜；5—望远镜物镜；6—测微轮；7—补偿器按钮；8—望远镜目镜；9—望远镜微动螺旋；10—度盘换像手轮；11—照准部水准管；12—光学对中器；13—水平微动螺旋；14—水平度盘照明镜；15—水平度盘位置变换轮；16—水平制动螺旋；17—仪器锁定钮；18—基座圆水准器；19—脚螺旋

(2) 度盘换像手轮

与DJ6型光学经纬仪读数视窗可看到两个数值不同的是，DJ2型光学经纬仪的读数视窗只能看到一个数值，或水平角值或竖直角值。通过调节度盘换像手轮即可调整视窗。当手轮上指标线呈水平状态，此时读数视窗出现水平角读数；转动换像手轮，当手轮上的指标线呈竖直状态时，此时读数视窗出现的即为竖直角读数。

(3) 测微轮

仪器光路上设置固定光楔组和活动光楔组，活动光楔与测微尺分划相连。将度盘直径两端分划的影像同时反映到同一平面上，并被一横线分成正、倒像，一般正字注记为正像，倒字注记为倒像。

测微手轮是 DJ2 型光学经纬仪的读数装置。对于 DJ2 型经纬仪,其水平度盘(或竖直度盘)的刻划形式是把每度分划线间又等分刻成三格,格值等于 20′。测微尺上刻有 600 格,其分划影像见图中小窗。当转动测微手轮使分微尺由零分划移动到 600 分划时,度盘正、倒对径分划影像等量相对移动一格,故测微尺上 600 格相应的角值为 10′,一格的格值等于 1″。因此,用测微尺可以直接测定 1″ 的读数,从而起到了测微作用。

3.2.4 经纬仪的操作

利用经纬仪进行角度测量时,应将经纬仪安置在测点上(待测角的顶点),而后再进行观测。因此经纬仪操作包括为以下步骤:对中、整平、瞄准、读数。

(1) 对中

对中的目的是使仪器的竖轴与测站点的测点中心(标志中心)在同一铅垂线上。

进行对中时,先打开三脚架,放在测站点上,注意脚架的高度要适中,以便观测,使脚架头大致水平,架头的中心大致对准测站标志,然后踩紧三脚架,装上仪器,旋紧中心螺旋,调节光学对中器,在架头上移动仪器,使对中标志与地面标志大致重合,再旋紧中心螺旋,使仪器稳固。如果在脚架头上移动仪器还无法准确对中,那就要调整三脚架的脚位。这时要注意先把仪器基座放回到架头的中心,旋紧中心螺旋,防止摔坏仪器。调整脚位时应注意,当地面标志与对中标志相差不大时,可只动一个脚,并要同时保持架顶大致水平;如果相差较大,则需移动两个脚进行调整。

仪器上若有光学对中装置,可用光学对中器进行对中。先转动(拉出)对中器目镜,使测站标志影像清晰,之后按照上述方法操作完成对中。现有些仪器装有激光对中器,可打开激光对中器,旋转调节激光源使其成聚光的圆点,之后对中方法相同。若没有以上对中装置,可利用垂球进行对中,但此法受风力影响较大,而且脚架倾斜,对对中结果也会造成影响。

(2) 整平

整平的目的是使仪器竖轴铅垂,水平度盘处于水平位置。

整平可分为两步进行:利用脚架伸缩完成粗平,使得圆水准气泡居中;利用脚螺旋进行精平,使管水准气泡居中。具体操作方法如下。粗平时,伸缩脚架腿,使得圆水准气泡居中,伸缩时以圆水准气泡倾斜为准进行调节,圆水准气泡向升高脚架腿的一侧移动。精平时,如图 3-10(a)所示,转动照准部,使水准管与任意两个脚螺旋连线平行,双手对向转动与之平行的这两个脚螺旋,使气泡居中(气泡与左手拇指移动方向相同),再将照准部旋转 90°,如图 3-10(b)所示,旋转第三个脚螺旋使管水准气泡居中,若还有偏离,可松开连接脚架和仪器的固紧螺旋后平移基座使其对中后拧紧螺旋,此项工作按照以上方法反复操作,直到仪器在任意位置气泡均居中,如图 3-10 所示。

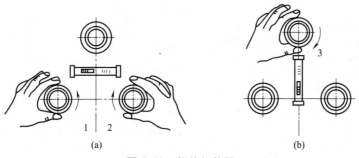

图 3-10 经纬仪整平

对中和整平称为经纬仪的安置。这里需要注意的是，整平与对中是相互影响的，需反复操作，直到达到既对中又整平为止。

(3) 瞄准

经纬仪安置好后，首先将望远镜照准明亮处，调节目镜调焦螺旋，使十字丝清晰，此操作称为目镜对光；然后旋松望远镜和照准部制动螺旋，用望远镜的光学瞄准器粗略照准目标，使目标像位于望远镜的视场内，旋紧望远镜和照准部的制动螺旋；再转动物镜对光螺旋，使目标影像清晰。最后通过转动望远镜和照准部的微动螺旋，使十字丝分划板的竖丝精确地对准目标（纵丝平分或夹住），如有视差，应重新对光，予以消除。

(4) 读数

打开读数反光镜，调节视场亮度，转动读数显微镜对光螺旋，使读数窗影像清晰可见。读数时，在度盘读数目镜中有两个读数窗口，标明"H"或"水平"的为水平度盘读数，标明"V"或"垂直"的为垂直度盘读数。两个度盘的读数方法相同，首先在分微尺的 0 与 6 之间找出度盘刻线（较长的竖线），此线端点处标注的数字就是度数；分的数值为度盘刻线至分微尺 0 线间整格数，秒的数值为度盘刻线在其小格内所占比例估读所得。具体读数方法如下。

瞄准目标后，先用换像手轮选择需要的度盘，打开相应度盘的进光反光镜，而后转动测微轮使主、倒像的分划线精确对齐，再进行读数。读数时先读正像度数，再数出正倒像之间的格数（一般正像在左边，倒像在右边），把格数乘以最小分划值的一半即为分，不足 $10'$ 的在测微器里读出，将各个读数相加即可得到整个读数值。

图 3-11（a）主、倒像未对齐，不可读数；图 3-11（b）为对齐后，此时读数值为 $30°20' + 8'00.0'' = 30°28'00.0''$。

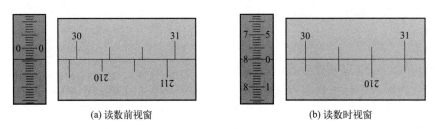

(a) 读数前视窗　　　　　　　　　(b) 读数时视窗

图 3-11　对径分划符合读数窗

目前生产出的 DJ2 型经纬仪为了简化读数，一般采用半数字化读数。常见的读数窗如图 3-12 所示。

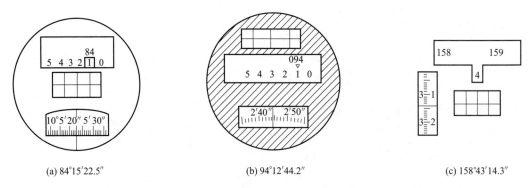

(a) $84°15'22.5''$　　　　(b) $94°12'44.2''$　　　　(c) $158°43'14.3''$

图 3-12　DJ2 型经纬仪的半数字化读数

3.3 水平角测量

水平角测量方法一般根据目标数量的多少和精度要求而定，常用的水平角测量方法有测回法和方向观测法。测回法常用于观测两方向之间的单角，是测角的基本方法，方向观测法用于在一个测站上观测两个以上的角度。

在观测时，为了提高精度，无论用哪种方法，一般要用盘左和盘右两个位置进行观测。当观测者对着望远镜目镜时，竖盘若在望远镜的左边称为盘左位置，又称正镜；若竖盘在望远镜的右边时称为盘右位置，又称倒镜。

3.3.1 测回法

如图 3-13 所示，设 O 为测站点，A、B 为观测目标，则 $\angle AOB$ 为观测角。在 O 点安置仪器，在 A、B 两点分别设置目标标志，用望远镜分别瞄准 A、B 处的标志（尽量瞄准底部）并读数，两读数之差即为待测角度。

具体操作如下：在测站 O 安置经纬仪，对中整平后，于盘左位置，观测目标 A，并读出水平角读数 a_{LA}，记入手簿（表 3-1）；然后顺时针转动照准部瞄准 B，并读出水平角读数 a_{LB}，记入手簿，以上完成上半测回，其盘左半测回角值即为：

$$\beta_左 = b_左 - a_左 \qquad (3-4)$$

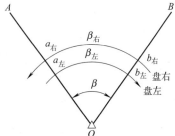

图 3-13 测回法水平角观测示意图

同理于盘右位置，先瞄准 B，读出读数为数 a_{RB}，记入手簿；然后逆时针转动照准部，并读出读数 a_{RA}，记入手簿，以上完成下半测回，其盘右半测回角值即为 $\beta_右 = b_右 - a_右$，上下半测回构成一测回。

一般规定，用 DJ6 型光学经纬仪进行观测，上、下半测回角值之差不超过 $40''$ 时，可取其平均值作为一测回的角值，即：

$$\beta = \frac{1}{2}(\beta_左 + \beta_右) \qquad (3-5)$$

表 3-1 测回法观测水平角记录表

测站	盘位	目标	水平度盘读数 (° ′ ″)	水平角 半测回角(° ′ ″)	水平角 测回角(° ′ ″)	备 注
O	左	A	0 01 24	60 49 06	60 49 03	60°49′03″
		B	60 50 30			
	右	A	180 01 00	60 49 00		
		B	240 50 30			

注意：表 3-1 为测回法观测水平角示意图，在记录过中应注意水平角观测顺序，并且，水平角计算总是以右目标减去左目标读数，如得为负数，为了符合水平角 0°~360° 的范围，则在右目标读数加上 360°再减即可，切不可倒过来减。

若需提高精度，常常做多个测回取平均值作为最终结果。为了减少度盘分划误差的影响，每测回起始方向的水平度盘读数值应配置在 $180°/n$ 的倍数（n 为测回数）。

3.3.2 方向观测法

方向观测法又称全圆观测法，当需观测三个以上的方向时，则需采用这种方法。

如图 3-14 所示，设 O 点为测站点，A、B、C、D 为观测目标，用方向观测法进行测量的步骤如下。

① 将仪器安置于 O 点，盘左位置，转动度盘变换手轮使水平度盘读数略大于 $0°$，瞄准起始方向 A，读取水平度盘读数 a，并记入方向观测法记录表（表 3-2）中。

② 按照顺时针方向转动照准部，依次瞄准 B、C、D 目标，并分别读取水平度盘读数为 b、c、d，并记入记录表中。

③ 最后回到起始方向 A，再读取水平度盘读数为 a'。这一步称为"归零"。a 与 a' 之差称为"归零差"，其目的是检查水平度盘在观测过程中是否发生变动。

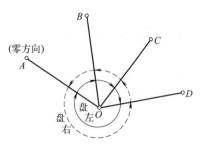

图 3-14 方向法观测

以上操作称为上半测回观测。

④ 盘右位置，按逆时针方向旋转照准部，依次瞄准 A、D、C、B、A 目标，分别读取水平度盘读数，记入记录表中，并算出盘右的归零差，称为下半测回。上、下两个半测回合称为一测回。

表 3-2　方向法水平角观测记录表

测站	测回数	目标	读数 盘左 (° ′ ″)	读数 盘右 (° ′ ″)	$2c=$左$-$(右$\pm180°$) (″)	平均读数$=\frac{1}{2}$[左+(右$\pm180°$)] (° ′ ″)	归零后方向值 (° ′ ″)	各测回归零方向的平均值 (° ′ ″)
1	2	3	4	5	6	7	8	9
O	1	A	0 02 06	180 02 00	+6	(0 02 06) 0 02 03	0 00 00	0 00 00
		B	51 15 42	231 15 30	+12	51 15 36	51 13 30	51 13 28
		C	131 54 12	311 54 00	+12	131 54 06	131 52 00	131 52 02
		D	182 02 24	2 02 24	0	182 02 24	182 00 18	182 00 22
		A	0 02 12	180 02 06	+6	0 02 09		
		Δ	+6	+6				
	2	A	90 03 30	270 03 24	+6	(90 03 32) 90 03 27	0 00 00	
		B	141 17 00	321 16 54	+6	141 16 57	51 13 25	
		C	221 55 42	41 55 30	+12	221 55 36	131 52 04	
		D	272 04 00	92 03 54	+6	271 03 57	182 00 25	
		A	90 03 36	270 03 36	0	90 03 36		
		Δ	+6	+12				

注意：归零差不能超过允许限值，DJ2 型经纬仪为 $12″$，DJ6 型经纬仪为 $18″$；同时，若做多个测回则对各测回间的 $2c$ 值变化范围（同一测回各方向的 $2c$ 最大值与最小值之差）有所要求，对于 DJ2 要求变化范围不大于 $18″$，对于此项 DJ6 不做要求。此外，在计算各测回归零方向的平均值之前，各测回同方向的归零后方向值之差，称为各测回方向差。对于 DJ6 各测回方向差限差为 $\pm24″$，对于 DJ2 各测回方向差限差为 $\pm12″$。

3.4　竖直角测量

3.4.1　竖盘构造

竖直度盘垂直固定在望远镜旋转轴的一端，随望远镜的转动而转动。竖直度盘的刻划与水平度盘基本相同，但其注字随仪器构造的不同分为顺时针和逆时针两种形式，如图 3-15 所示。

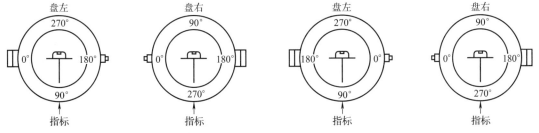

图 3-15 竖直度盘构造示意图

由图 3-15 可以看出，当望远镜视线水平，竖盘指标水准管气泡居中时，盘左位置的竖盘读数为 90°，盘右位置的竖盘读数为 270°。

3.4.2 竖直角计算

当经纬仪在测站上安置好后，首先应依据竖盘的注记形式，推导出测定竖直角的计算公式，竖盘注记不同则计算公式也不同，本书仅以竖盘顺时针注记为例进行说明。

采用盘左位置时，望远镜视线向上瞄准目标（仰角），如图 3-16 所示，则计算公式为：

$$\alpha_L = 90° - L \tag{3-6}$$

采用盘右位置时，如图 3-17 所示，竖直角计算公式如下：

$$\alpha_R = R - 270° \tag{3-7}$$

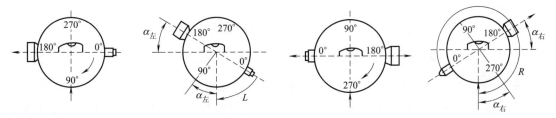

图 3-16 竖直角盘左仰角示意图　　**图 3-17** 竖直角盘右仰角示意图

盘左、盘右取平均值，即可得到一测回竖直角值 α，计算公式为：

$$\alpha = \frac{1}{2}(\alpha_L + \alpha_R) \tag{3-8}$$

以上公式同时适用于俯角，此时 α 为负值。

同理，可得出逆时针注记的竖盘垂直角的计算公式为：

$$\begin{cases} \alpha_L = L - 90° \\ \alpha_R = 270° - R \\ \alpha = \frac{1}{2}(\alpha_L + \alpha_R) \end{cases} \tag{3-9}$$

3.4.3 竖盘指标差

竖盘与读数指标之间的固定关系，取决于指标水准管垂直于成像透镜组的光轴（即光学指标）。上述竖直角计算公式都是在竖盘指标处在正确位置时导出的，即当视线水平，竖盘指标水准管气泡居中时，竖盘指标所指读数应为始读数。但当指标偏离正确位置时，这个指标线所指的读数就比始读数增大或减少一个角值 x，此值称为竖盘指标差。也就是说，竖盘指标差是竖盘指标位置不正确所引起的读数误差。图 3-18（a）和图 3-18（b）分别指示了竖盘指标差盘左和盘右的情况。竖盘指标差 x 本身有正负号，一般规定当竖盘指标偏移方向与竖盘注记方向一致时，x 取正号，反之 x 取负号。

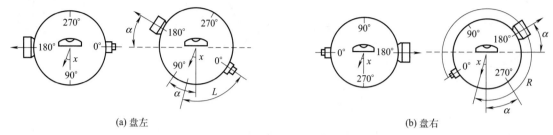

图 3-18 竖盘指标差

由于指标差 x 的存在，使得竖盘实际读数比应读读数偏大或偏小。图 3-18（a）为读数偏小 x，图 3-18（b）为读数偏大 x。由图可得如下公式：

$$\alpha_L = 90° - L + x = \alpha'_L + x \tag{3-10}$$

$$\alpha_R = R - 270° - x = \alpha'_R - x \tag{3-11}$$

将上述公式相加可得：

$$\alpha = \frac{1}{2}(\alpha'_L + \alpha'_R) \tag{3-12}$$

由此可知，在测量竖角时，用盘左、盘右两个位置观测取其平均值作为最后结果，可以消除竖盘指标差的影响。

同时若将上述两公式相减，可得出指标差 x 的计算公式：

$$x = \frac{1}{2}(\alpha'_R - \alpha'_L) = \frac{1}{2}(L + R - 360) \tag{3-13}$$

竖盘指标差 x 值对同一台仪器在某一段时间内连续观测的变化应该很小，可以视为定值。由于仪器误差、观测误差及外界条件的影响，竖盘指标差会发生变化，通常根据工程要求等级从《工程测量标准》（GB 50026—2020）等规范中查取指标差变化允许的范围。一般指标差变动范围不得超过 $±30″$，如果超限，须对仪器进行检校。

3.4.4 竖直角观测

利用前述方法对经纬仪进行对中整平，将仪器安置到测站。
① 将经纬仪置于盘左位置，转动水平或垂直微动螺旋，使十字丝精确对准待观测目标；
② 每次读数前，确定水准管气泡居中，读取读数，填入相应表格，完成上半测回；
③ 倒转望远镜置于盘右位置，方法同步骤①、②，完成下半测回；
④ 根据计算公式完成观测记录表（表 3-3）。

表 3-3 竖直角观测记录表

测站	目标	盘位	竖盘读数 (° ′ ″)	半测回竖直角 (° ′ ″)	一测回竖直角 (° ′ ″)	指标差 (″)	备注
O	M	左	78 18 18	+11 41 42	+11 41 51	+9	盘左
		右	281 42 00	+11 42 00			
	N	左	96 32 48	−6 32 48	−6 32 34	+14	
		右	263 27 40	−6 32 20			

3.5 经纬仪的检验与校正

从水平角测量的原理可知,测量水平角时,经纬仪的水平度盘必须处在水平位置。仪器整平后,望远镜俯仰转动时,视准轴绕横轴旋转所形成的平面应是一个竖直面。为了满足这些条件,在进行角度测量之前,应对经纬仪进行检验和校正。

经纬仪各主要部件的关系,可用其轴线来表示,如图 3-19 所示。

经纬仪各轴线应满足下列条件:
① 照准部水准管轴垂直于竖轴,即 $LL \perp VV$;
② 十字丝竖丝垂直于横轴;
③ 视准轴垂直于横轴,即 $CC \perp HH$;
④ 横轴垂于竖轴,即 $HH \perp VV$。
现将经纬仪的检验校正方法介绍如下。

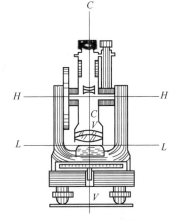

图 3-19 经纬仪的轴线

3.5.1 照准部水准管的检验与校正

目的:当照准部水准管气泡居中时,应使水平度盘水平,竖轴铅垂。

检验方法:将仪器安置好后,使照准部水准管平行于一对脚螺旋的连线,转动这对脚螺旋使气泡居中。再将照准部旋转 $180°$,若气泡仍居中,说明条件满足,即水准管轴垂直于仪器竖轴,否则应进行校正。如图 3-20 所示,(a)、(b)、(c) 均需要校正,(d) 则不需要。

校正方法:转动平行于水准管的两个脚螺旋,使气泡退回偏离零点的格数的一半,再用拨针拨动水准管校正螺钉,使气泡居中。

3.5.2 十字丝竖丝的检验与校正

目的:使十字丝竖丝垂直于横轴。当横轴居于水平位置时,竖丝处于铅垂位置。

检验方法:用十字丝竖丝的一端精确瞄准远处某点,固定水平制动螺旋和望远镜制动螺旋,慢慢转动望远镜微动螺旋。如果目标不离开竖丝,说明此项条件满足,即十字丝竖丝垂直于横轴,见图 3-21 (a),否则需要校正,见图 3-21 (b)。

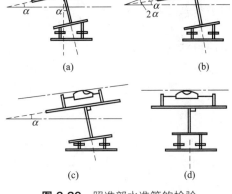

图 3-20 照准部水准管的检验

校正方法:要使竖丝铅垂,就要转动十字丝板座或整个目镜部分。图 3-22 所示就是十字丝板座和仪器连接的结构示意图。图中 2 是压环固定螺钉,3 是十字丝校正螺钉。校正时,首先旋松固定螺钉,转动十字丝板座,直至满足此项要求,然后再旋紧固定螺钉。

3.5.3 视准轴的检验与校正

目的:使望远镜的视准轴垂直于横轴。视准轴不垂直于横轴的倾角 c 称为视准轴误差,也称为 $2c$ 误差,它是由于十字丝交点的位置不正确而产生的。视准轴的检验和校正可采用横尺法,见图 3-23。

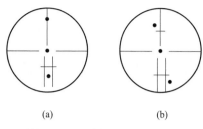

图 3-21 照准部水准管的检验

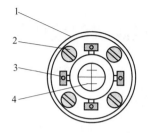

图 3-22 十字丝竖直的校正

1—望远镜筒；2—压环螺钉；
3—十字校正螺钉；4—十字丝下丝

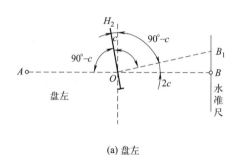

图 3-23 用横尺法检校视准轴示意图

检验方法：在平坦地面上选择一直线 AB，长为 $60\sim100\text{m}$，将经纬仪安置于中间 O 点，在 A 点竖立测量标志，在 B 点水平横置一根水准尺，使尺身垂直于视线 OB 并与仪器同高。

盘左位置，视线大致水平照准 A 点，固定照准部，然后纵转望远镜，在 B 点的横尺上读取读数 B_1，如图 3-23（a）所示。松开照准部，再以盘右位置照准 A 点，固定照准部。再纵转望远镜在 B 点横尺上读取读数 B_2，如图 3-23（b）所示。如果 B_1、B_2 两点重合，则说明视准轴与横轴相互垂直，否则需要进行校正。

校正方法：如图 3-23 所示，盘左时 $\angle AOH_2 = \angle H_2OB_1 = 90°-c$，则：$\angle B_1OB = 2c$。盘右时，同理 $\angle BOB_2 = 2c$。由此得到 $\angle B_1OB_2 = 4c$，B_1B_2 所产生的差数是四倍视准误差。校正时从 B_2 起在 $\frac{1}{4}B_1B_2$ 距离处得 B_3 点，则 B_3 点在尺上的读数值为视准轴应对准的正确位置。用拨针拨动十字丝的左右两个校正螺钉，如图 3-24 所示，注意应先松后紧，边松边紧，使十字丝交点对准 B_3 点的读数即可。

要求：在同一测回中，同一目标的盘左、盘右读数的差为两倍视准轴误差，以 $2c$ 表示。对于 DJ2 型光学经纬仪，当 $2c$ 的绝对值大于 $30''$ 时，就要校正十字丝的位置。c 值（$''$）可按式（3-14）计算：

$$c = \frac{B_1B_2}{4S} \cdot \rho \qquad (3-14)$$

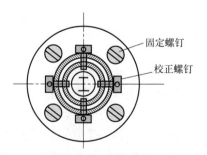

图 3-24 视准轴的校正

式中，S 为仪器到横置水准尺的距离；$\rho = 206265''$。

视准轴的检验和校正也可以利用度盘读数法按下述方法进行。

检验：选与视准轴近于水平的一点作为照准目标，盘左照准目标的读数为 $\alpha_左$，盘右再照准原目标的读数为 $\alpha_右$，如 $\alpha_左$ 与 $\alpha_右$ 不相差 $180°$，则表明视准轴不垂直于横轴，视准轴应进行校正。

校正：以盘右位置读数为准，计算两次读数的平均数 α，即

$$\alpha = \frac{\alpha_右 + (\alpha_左 \pm 180°)}{2} \quad (3\text{-}15)$$

转动水平微动螺旋将度盘读数值配置为读数 α，此时视准轴偏离了原照准的目标，然后拨动十字丝校正螺钉，直至使视准轴再照准原目标为止，即视准轴与横轴相垂直。

3.5.4 横轴的检验与校正

目的：使横轴垂直于仪器竖轴。

检验方法：如图 3-25 所示，在 20～30m 处的墙上选一仰角大于 30°的目标点 P，先用盘左瞄准 P 点，放平望远镜，在墙上定出 P_1 点；再用盘右瞄准 P 点，放平望远镜，在墙上定出 P_2 点，并通过公式计算 i'，对于 DJ6 型经纬仪，若 $i > 20''$，则需校正。

$$i = \frac{P_1 P_2}{2D \tan \alpha} \rho'' \quad (3\text{-}16)$$

式中，i 为横轴误差，$('')$；D 为仪器至 P 点的水平距离；α 为照准 P 点的竖角；$\rho = 206265''$。

校正方法：用十字丝交点瞄准 $P_1 P_2$ 的中点 M，抬高望远镜，并打开横轴一端的护盖，调整支承横轴的偏心轴环，抬高或降低横轴一端，直至交点瞄准 P 点。此项校正一般由仪器检修人员进行。

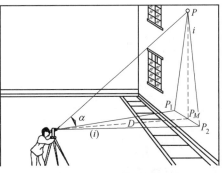

图 3-25 横轴的检验

3.5.5 竖盘指标水准管的检验与校正

目的：使竖盘指标差 x 为零，指标处于正确的位置。

检验方法：安置经纬仪于测站上，用望远镜在盘左、盘右两个位置观测同一目标，当竖盘指标水准管气泡居中后，分别读取竖盘读数 L 和 R，用公式计算出指标差 $x = (L + R - 360°)/2$。如果 x 超过限差，则须校正。

校正方法：按公式求得正确的竖直角 α 后，不改变望远镜在盘右所照准的目标位置，转动竖盘指标水准管微动螺旋，根据竖盘刻划注记形式，在竖盘上配置竖角为 α 值时的盘右读数 R'（$R' = 270° + \alpha$），此时竖盘指标水准管气泡必然不居中，然后用拨针拨动竖盘指标水准管上、下校正螺钉使气泡居中即可。

3.5.6 光学对中器的检验与校正

目的：使光学对中器视准轴与仪器竖轴重合。
光学对中器的检验方法如下。

(1) 装置在照准部上的光学对中器的检验

精确地安置经纬仪，在脚架的中央地面上放一张白纸，由光学对中器目镜观测，将光学对中器分划板的刻划中心标记于纸上，然后，水平旋转照准部，每隔 120°用同样的方法在白纸上作出标记点，如三点重合，说明此条件满足，否则需要进行校正。

(2) 装置在基座上的光学对中器的检验

将仪器侧放在特制的夹具上，照准部固定不动，而使基座能自由旋转，在距离仪器不小

于 2m 的墙壁上钉贴一张白纸，用上述同样的方法，转动基座，每隔 120°在白纸上作出一标记点，若三点不重合，则需要校正。

校正方法：在白纸的三点构成误差三角形，绘出误差三角形外接圆的圆心。由于仪器的类型不同，校正部位也不同。有的校正转向直角棱镜，有的校正分划板，有的两者均可校正。校正时均须通过拨动对点器上相应的校正螺丝，调整目标偏离量的一半，并反复 1～2 次，直到照准部转到任何位置测时，目标都在中心圈以内为止。

必须指出：光学经纬仪这六项检验校正的顺序不能颠倒，而且照准部水准管轴垂直于仪器的竖轴的检校是其他项目检验与校正的基础，这一条件不满足，其他几项检验与校正就不能正确进行。另外，竖轴不铅垂对测角的影响不能用盘左、盘右两个位置观测而消除，所以此项检验与校正也是主要的项目。其他几项，在一般情况下有的对测角影响不大，有的可通过盘左、盘右两个位置观测来消除其对测角的影响，因此是次要的检校项目。

3.6 角度测量误差分析

仪器本身误差和各项操作环节及外界环境影响都会给角度测量带来精度的影响，测量人员需要分析理解这些误差的影响，采取相应措施，将误差控制在允许的范围内。产生误差的原因很多，其中主要是：仪器误差、观测误差（仪器对中误差、照准点偏心误差、整平误差、照准误差、读数误差等），还有一些气候、温度等外界条件的影响。

3.6.1 仪器误差

仪器误差是指由于使用的仪器本身不够精密所造成的测定结果与实际结果之间的偏差，主要包括仪器校正后的残余误差及仪器制造和加工不完善而引起的误差。

消除或减弱上述误差的具体方法如下。

① 采用盘左、盘右观测取平均值的方法，可以消除视准轴不垂直于横轴、横轴不垂直于竖轴和水平度盘偏心差的影响。

② 采用在各测回间变换度盘位置观测，取各测回平均值的方法，可以减弱由于水平度盘刻划不均匀给测角带来的影响。

③ 仪器竖轴倾斜引起的水平角测量误差，无法采用一定的观测方法来消除。因此，在经纬仪使用之前应严格检校，确保水准管轴垂直于竖轴；同时，在观测过程中，应特别注意仪器的严格整平。

3.6.2 观测误差

3.6.2.1 仪器对中误差

在安置仪器时，由于对中不准确，使仪器中心与测站点不在同一铅垂线上，造成的测角误差称为对中误差。

如图 3-26 所示，A、B 为两目标点，O 为测站点，O' 为仪器中心，OO' 的长度称为测站偏心距，用 e 表示，其方向与 OA 之间的夹角 θ 称为偏心角。β 为正确角值，β' 为观测角值，由对中误差引起的角度误差 $\Delta\beta$ 为：

$$\Delta\beta = \beta - \beta' = \delta_1 + \delta_2 \qquad (3-17)$$

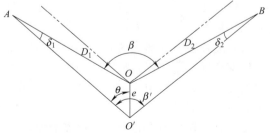

图 3-26 经纬仪对中误差

因 δ_1 和 δ_2 很小，故：

$$\delta_1 \approx \frac{e\sin\theta}{D_1}\rho$$

$$\delta_2 \approx \frac{e\sin(\beta'-\theta)}{D_2}\rho$$

$$\Delta\beta = \delta_1 + \delta_2 = e\rho\left[\frac{\sin\theta}{D_1} + \frac{\sin(\beta'-\theta)}{D_2}\right] \tag{3-18}$$

分析上式可知，对中误差对水平角的影响有以下特点：
① $\Delta\beta$ 与偏心距 e 成正比，e 愈大，$\Delta\beta$ 愈大；
② $\Delta\beta$ 与测站点到目标的距离 D 成反比，距离愈短，误差愈大；
③ $\Delta\beta$ 与水平角 β' 和偏心角 θ 的大小有关，当 $\beta'=180°$、$\theta=90°$ 时，$\Delta\beta$ 最大，此时：

$$\Delta\beta = e\rho\left(\frac{1}{D_1} + \frac{1}{D_2}\right) \tag{3-19}$$

例如，当 $\beta'=180°$，$\theta=90°$，$e=0.003\mathrm{m}$，$D_1=D_2=100\mathrm{m}$ 时：

$$\Delta\beta = 0.003\mathrm{m} \times 206265'' \times \left(\frac{1}{100\mathrm{m}} + \frac{1}{100\mathrm{m}}\right) = 12.4'' \tag{3-20}$$

对中误差引起的角度误差不能通过观测方法消除，所以观测水平角时应仔细对中，当边长较短或两目标与仪器接近在一条直线上时，要特别注意仪器的对中，避免引起较大的误差。一般规定对中误差不超过 3mm。

但是，对中误差对竖直角测量的影响很小，可以忽略不计。

3.6.2.2 目标偏心误差

水平角观测时，常用测钎、测杆或觇牌等立于目标点上作为观测标志，当观测标志倾斜或没有立在目标点的中心时，将造成测角的误差，称为目标偏心误差。

如图 3-27 所示，O 为测站，A 为地面目标点，AA' 为测杆，测杆长度为 L，倾斜角度为 α，则目标偏心距 e 为：

$$e = L\sin\alpha \tag{3-21}$$

目标偏心对观测方向影响为：

$$\varepsilon = \frac{e}{D}\rho = \frac{L\sin\alpha}{D}\rho \tag{3-22}$$

目标偏心误差对水平角观测的影响与偏心距 e 成正比，与距离成反比。为了减小目标偏心误差，瞄准测杆时，测杆应立直，并尽可能瞄准测杆的底部。当目标较

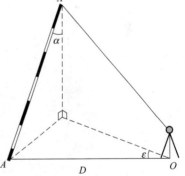

图 3-27 目标偏心误差

近，又不能瞄准目标的底部时，可采用悬吊垂线或选用专用觇牌作为目标。而竖直角观测时往往瞄准目标顶部，这与目标倾斜角度、方向及距离等都有关系，这项影响不容忽视。

3.6.2.3 整平误差

若仪器未能精确整平，气泡没有严格居中，竖轴就会偏离铅直位置，导致测量角度受到影响，称为整平误差。整平误差不能用观测方法来消除，此项误差的影响与观测目标高度相关，当目标与仪器高度相差较大时，必须精平仪器。

3.6.2.4 照准误差

通过望远镜瞄准目标时的实际视线与正确照准线之间的夹角称为照准误差，它与人眼的分辨能力和望远镜的放大倍率等因素有关。

因此，在观测中应尽量选择适宜的照准标志并仔细瞄准以将影响降到最低。

3.6.2.5 读数误差

读数误差主要取决于仪器的读数设备、照明情况、观测者的经验等。要减小读数误差，需选择合适的仪器以及使观测者掌握熟练的技术。

3.6.3 外界条件的影响

外界条件的影响因素众多且影响复杂，大气折光、风力、目标稳定性等都会影响测角的精度。大风会影响仪器的稳定；松软的土质可能使仪器下沉；强烈的光照会使水准管变形；温度的变化可能影响仪器的正常状态等，这些因素都直接影响测角的精度，因此要减小这些误差，需选择有利的观测时间，采取有效措施尽量，减小不利因素的影响。

3.7 电子经纬仪

随着电子技术的发展，19世纪80年代出现了能自动显示、自动记录和自动传输数据的电子经纬仪。这种仪器的出现标志着测角工作向自动化迈出了新的一步。

电子经纬仪与光学经纬仪相比，外形结构相似，但测角和读数系统有很大的区别。电子经纬仪测角系统主要有以下三种：

① 编码度盘测角系统，是采用编码度盘及编码测微器的绝对式测角系统；
② 光栅度盘测角系统，是采用光栅度盘及莫尔干涉条纹技术的增量式读数系统；
③ 动态测角系统，是采用计时测角度盘及光电动态扫描的绝对式测角系统。

图3-31是南方DT系列电子经纬仪。仪器两侧都设有操纵面板，由键盘和显示器组成。仅6个功能键即可实现各种测量功能。

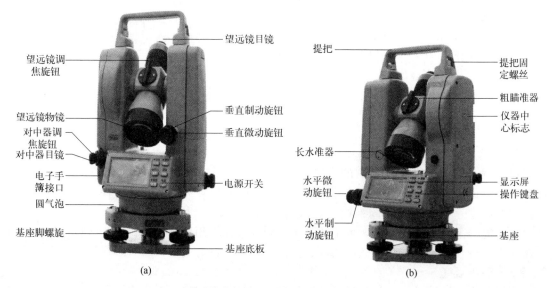

图3-28 南方DT系列电子经纬仪

电子经纬仪同光学经纬仪一样，可用于水平角、竖直角、视距测量，它的操作与光学经纬仪相同，分为对中、整平、照准和读数四步，其中读数为显示屏直接显示，无需人工读数。

电子经纬仪在测角前应注意开机后的自检，在确认自检通过后方可进行测量；仪器具有自动倾斜校正装置,当倾斜超过传感器工作范围时,会提示并且屏幕不再显示读数,需重新整平再测量。其他具体操作,每个厂家不尽相同,详见各自说明书。

若将电子经纬仪与光电测距仪联机,即构成电子速测仪,或称电子全站仪。电子经纬仪测角原理与全站仪相同,本书将在全站仪部分做详细的介绍。

本章小结

本章主要阐述水平角与竖直角的概念及测量的基本原理;经纬仪的等级与参数;经纬仪的构造与操作方法;水平角与竖直角的测量及角度计算方法;直线定向方法;经纬仪的检验与校正;角度测量的误差来源,简要介绍电子经纬仪的相关知识。通过本章的学习可以掌握角度测量原理;了解经纬仪的结构;掌握水平角及竖直角的测量原理及方法;熟悉经纬仪的检验;了解角度测量误差产生的原因。

思考题与习题

1. 什么是水平角?什么是竖直角?
2. 经纬仪安置的详细步骤是什么?
3. 什么是竖盘指标差,在观测中如何消除竖盘指标差的影响?
4. 目标偏心误差是什么?
5. 测回法观测水平角的步骤是什么?
6. 根据给出水平角观测记录,完成表 3-4。

表 3-4 水平角观测记录(测回法)

测站	目标	竖盘	水平度盘读数			半测回角值			平均角值			备注
			°	′	″	°	′	″	°	′	″	
B	C	左	347	16	30							
	A		48	34	24							
	C	右	167	15	42							
	A		228	33	54							

7. 根据给定垂直角观测记录,完成表 3-5。

表 3-5 竖直角观测记录

测站	目标	竖盘	竖盘读数			半测回垂直角			一测回垂直角			备注
			°	′	″	°	′	″	°	′	″	
A	B	左	72	36	12							
		右	287	23	44							
	C	左	88	15	52							
		右	271	44	06							
	D	左	102	50	32							
		右	257	09	20							

第 4 章

距离测量与直线定向

本章导读

距离测量是测量的基本工作之一，也是确定地面点平面位置必须测量的基本量。所谓距离是指确定空间两点在某基准面（参考椭球面或水平面）上的投影长度。就小范围而言，距离即测量地面两点之间的水平距离。仅测定两点之间的距离，是无法确定地面上两点之间的相对位置的，还必须确定此两点形成的直线与基准方向之间的关系，即确定一条直线与基准方向之间的夹角（水平角度）关系，这项工作称为直线定向。它为测绘坐标方位角计算、坐标的正反算提供了数学基础。

思政元素

距离测量与直线定向中，通过方位角计算时首先要确定北方向，不同的"北"对应着不同的方位角，人生亦然。人生中面向不同的"北"方向，会找到不同的人生道路。只有给自己明确的人生定位，人生才会释放出美丽的华章。"没有规矩，不成方圆"。距离测量的规矩，用来确定我们地球的形状。生活中的规矩，是为了创造富强、民主、文明、和谐、自由、平等、公正、法治、爱国、敬业、诚信、友善的社会主义核心价值观服务，为伟大的中华民族复兴服务，所以每个人都应该遵守社会法律和道德的规矩，提升个人修养，用自己的规矩，描绘美丽的祖国。

4.1 距离测量

4.1.1 距离测量概述

距离测量是指测量地面上两点连线长度的工作。通常需要测定的是水平距离，即两点连线投影在某水准面上的长度。它是确定地面点平面位置的要素之一。距离测量是测量工作中最基本的任务之一。通常需要测定的是水平距离，即两点连线投影在某水准面上的长度。

常用的距离测量方法有钢尺量距、视距测量和电磁波测距等方法。钢尺量距分为一般方法和精密测量方法；视距测量采用水准仪、经纬仪望远镜中的十字丝分划板上的视距丝配合水准尺或特制的视距尺根据光学原理来完成，精度较低；电磁波测距是以光和电子技术来测量距离，采用能发射电磁波的测距仪或全站仪，通过直接或间接测定电磁波的传播时间来进行，操作简单、精度高。

距离测量要确定的是地面点位的水平距离，而直接测得的往往是倾斜距离，需要将其换算成水平距离，可以通过直线定线的方法来进行。已知某直线的方向，通过该直线与过直线起点的标准方向之间的水平角来确定水平距离，这项工作称为直线定向。一般采用坐标纵轴方向作为标准方向，用坐标方位角来进行直线定向。

4.1.2 直线定线

在距离测量中，如果地面两点间距离过长或地势起伏较大时，为使量距工作方便，可将该距离分成几段进行丈量，在测量距离前需要确保各分段的端点位于一条直线上，以保证测量结果的准确，这种把各段端点标定在已知直线上的工作称为直线定线。

直线定线的方法与实际工作要求相关，不同工作有不同的精度要求，根据不同的精度要求可采用目估定线法和经纬仪定线法。

4.1.2.1 目估定线

当精度要求不高时，可用目估定线法。目估定线法也可分为两种，一种针对距离过长，且地势平坦的情况，一种针对地势起伏较大的情况。

（1）两点间定线

此种方法适用于精度要求不高，但是距离过长的测量。如图4-1所示，设A和B为地面上相互通视、距离待测的两点。现要在直线AB上定出1、2等分段点。先在A、B两点上竖立花杆，一人站在A杆后约1m处，自A点标杆的一侧通过目测瞄准B点标杆，指挥另一人左右移动花杆，直到在A点沿标杆的同一侧看见A、1、B三点处的花杆在同一直线上为止，用同样方法可定出其他的点。直线定线一般应由远及近，即先定出1点，再定出2点。

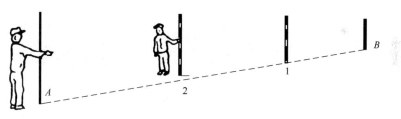

图 4-1 目估定线示意图

（2）逐渐趋近定线

当地势起伏较大，两点间不易通视时，可采用逐渐趋近定线，如图4-2所示。同两点间定线，先在A、B两点上竖立标杆，两人分别持标杆在C_1和E_1处站立，要求从C_1处可看到B、E_1、C_1位于同一直线上，这样可以确定E_1在C_1与B的直线上，用同样的方法可由C_1和A可以确定D_1，这样逐渐趋近，再确定E_2和D_2以及之后的点，直到最后确定A、D、C、E、B在同一直线上。

4.1.2.2 经纬仪定线

当精度要求较高时，目估定线无法满足精度，这时可用经纬仪来进行定线。如图4-3所示，将经纬仪安置于A点，瞄准

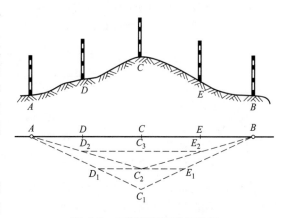

图 4-2 逐渐趋近定线示意图

B 点，固定照准部制动螺旋，松开望远镜制动螺旋，然后将望远镜向下俯视，并按经纬仪十字丝中心指挥另一个人，将十字丝交点投射到木桩上钉上小钉，以确定出点 1 的位置，同法标定出 2、3……点。

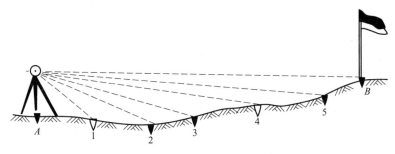

图 4-3　经纬仪定线示意图

4.2　钢尺量距

4.2.1　量距的基本工具

4.2.1.1　钢尺

钢尺携带方便，工具经济，测量简单，是水平距离测量中常用的工具。钢尺也称钢卷尺，是由薄钢制成的带尺，卷放在圆形尺盒内或金属架上，如图 4-4 所示。常用钢尺宽 10～15mm，厚 0.2～0.6mm；长度有 20m、30m 及 50m 几种。钢尺的基本分划为毫米，在每米及每分米处有数字注记。

图 4-4　钢尺

由于尺的零点位置不同，有端点尺和刻线尺的区别。端点尺是以尺的最外端尺扣环处作为零点起算，如图 4-5 所示。当做建筑测量时，这种尺方便丈量从建筑物墙边到待测点的距离，但精度较刻线尺稍低。

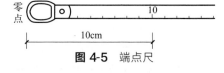

图 4-5　端点尺

另一种尺就是刻线尺，这种尺是以尺前端的分划刻线作为尺的起算零点，如图 4-6 所示。

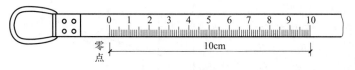

图 4-6　刻线尺

4.2.1.2　辅助工具

为了精确量距，除了钢尺外，还需要辅助工具，如花杆、测钎、垂球、温度计、弹簧秤、垂球架等，如图 4-7 所示。花杆是长 2m 或 3m 的圆木杆，杆上按 20cm 间隔涂上红白油漆，杆底部装有铁脚以便于插入地面，用以显示目标和定线，花杆又称标杆。测钎用粗铁丝做成，按每组 6 根或 11 根，套在一个大环上，在量距时用它标志尺端点的位置和计算所量整尺段数。在地面起伏较大时,常用垂球和垂球架作为垂直投点和瞄准的标志。钢尺精密量距时,还需配备温度计、弹簧秤等辅助工具。

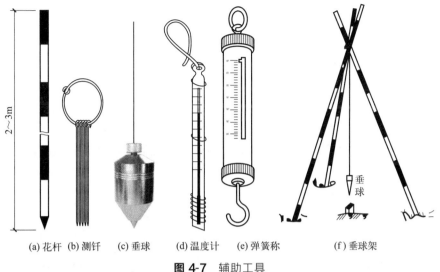

(a) 花杆 (b) 测钎 (c) 垂球 (d) 温度计 (e) 弹簧称 (f) 垂球架

图 4-7 辅助工具

4.2.2 钢尺量距的基本方法

4.2.2.1 平坦地区距离丈量

如图 4-8 所示,当地面比较平坦时,可以沿着地面直接用钢尺量距。量距前,先将待测距离的两个端点做出标记,清除直线上的障碍。丈量时,需前、后尺手同时进行,后尺手持尺的零端位于 A 点处,前尺手手持钢尺末端和一组测钎沿待测直线方向前进,至一整尺处时停下,由后尺手指挥,两人同时拉紧钢尺,当钢尺持平后,前尺手在 AB 直线上尺的末端处插下测钎,如此即完成第一个尺段的测量,以此方法可继续测量余下的各个整尺段,直至最后测到不足一个整尺段的长度,这个不足一整尺段的长度称为余尺段。丈量余尺段时,后尺手将尺的零端对准最后一根测钎,前尺手以 B 点为标志读出最后一根测钎至终点处的尺读数,这个尺读数称为余长,读至毫米。至此,完成整段距离的测量。两点间的水平距离即可用式(4-1)进行计算。

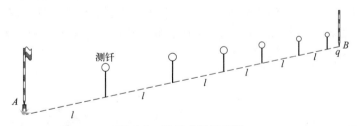

图 4-8 钢尺丈量示意图

$$D = nl + q \tag{4-1}$$

式中,D 为测段总长度,m;l 为钢尺长度,m;n 为整尺段数;q 为余长,m。

为了进行检核和提高量距精度,通常要进行往返丈量,称为一个测回。如图 4-8 所示,从 A 至 B 称为往测,从 B 至 A 称为返测。当量距精度符合要求时,取往返平均值作为丈量结果,见式(4-2)。有时为了节省时间,也可以采用单程双观测法,即用一根尺子单程丈量两次,但两次起始段的长度选择不同,如图 4-9 所示。

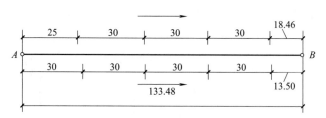

图 4-9 往测双次测量

测距的量距精度常用相对误差 K 来衡量，K 通常以分子为 1 的分数形式来表示，见式 (4-3)。相对误差的分母越大，说明量距的精度愈高；反之，精度愈低。在平坦地区钢尺量距的相对误差一般不应大于 1/3000；在量距困难地区，其相对误差不应大于 1/1000。

$$D_{平均}=\frac{1}{2}(D_{往}+D_{返}) \tag{4-2}$$

相对误差：$$K=\frac{|D_{往}-D_{返}|}{D_{平均}}=\frac{\Delta D}{D_{平均}}=\frac{1}{D_{平均}/\Delta D} \tag{4-3}$$

【例 4-1】 甲乙两组进行测量比赛，甲组丈量 AB 两点距离，往测为 267.398m，返测为 267.388m。乙组丈量 CD 两点距离，往测为 202.840m，返测为 202.828m。计算两组丈量结果，并比较其精度高低。

【解】 $D_{AB}=\frac{1}{2}(267.398+267.388)=267.393$（m）

$D_{CD}=\frac{1}{2}(202.840+202.828)=202.834$（m）

$K_{AB}=\frac{|267.398-267.388|}{267.393}=\frac{1}{26739}$，$K_{CD}=\frac{|202.840-202.828|}{202.834}=\frac{1}{16903}$

因为 $K_{AB}<K_{CD}$，所以 AB 段丈量精度高。

4.2.2.2 倾斜地面距离丈量

在倾斜地面上进行距离丈量，可以视地形和具体情况选择方法。当地势起伏不大时，可用平量法；当倾斜地面坡度比较均匀时，可用斜量法。

(1) 平量法

如图 4-10 所示，由 A 向 B 丈量，后尺手将尺的零点处对准 A，前尺手将钢尺抬高，使钢尺水平，然后用垂球尖将尺的末端对准地面，将垂球投影处插上测钎，用这种方法依次完成测量。为了减少垂球投点误差，可借助于垂球架上的垂球（见图 4-11）作为各段距离丈量的端点，这样可以提高平量法的精度。

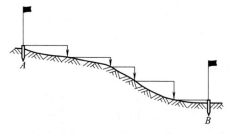

图 4-10 平量法示意图

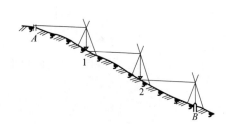

图 4-11 利用垂球架投点

(2) 斜量法

如图 4-12 所示，当用斜量法进行测量时，可以沿着斜坡 AB 量出距离 L，并测出垂直

角 α 或 AB 两点间高差 h，然后按式（4-4）计算出 AB 的水平距离。

$$D = L\cos\alpha = D = \sqrt{L^2 - h^2} \quad (4\text{-}4)$$

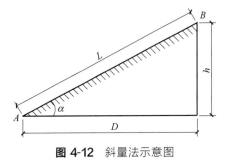

图 4-12 斜量法示意图

4.2.3 钢尺精密测距

当进行小区域控制测量时，需要用精密量距的方法丈量基线，并对其丈量结果进行各项改正。改正后可使其量距精度达到 1/40000～1/10000。

4.2.3.1 精密量距方法

(1) 清理场地

将沿丈量直线方向上的障碍物、杂草、土坎等影响丈量作业的障碍物清除掉。

(2) 经纬仪定线

在丈量前，根据丈量时所用的钢尺的长度确定尺段。一般每一尺段要比钢尺全长略短几厘米打一木桩，桩顶高出地面 20cm 左右，在桩顶钉上一块铁皮（或其他代用品），用经纬仪瞄准后，在桩顶的铁皮上用小刀划出十字线。

(3) 测量高差

精密丈量是沿桩顶进行的，但各桩顶不一定同高，需用水准仪测出相邻各桩顶间的高差，以便将倾斜距离改正成水平距离。

(4) 精密丈量

根据各级小三角测量的要求，可以用两根钢尺或一根钢尺往、返丈量。丈量前应把钢尺引张半小时左右，使钢尺的温度与空气温度一致。丈量的步骤如下。

① 如图 4-13 所示的 AB 直线，前尺手持尺零端至第一尺段的前点 1，将弹簧秤挂在钢尺前端。后尺手持尺的末端至 A 点。

② 用标准拉力（钢尺检定时的拉力）拉紧钢尺，使钢尺刻划边紧贴桩顶的十字刻划。

③ 当钢尺稳定后，前读尺员发出"预备"的口令，后读尺员则将钢尺整厘米刻划对准十字线中心，待稳定后，即发出"好"的口令，这时前、后读尺员同时读数，记录者立即计算尺段长度。

④ 按上述方法再读二次前、后尺的读数，但每次需移动后尺的整厘米刻划，三次尺段长度最大比较差不得超过容许限差。取三次结果的平均值作为尺段的结果。每测完一尺段，用温度计读取一次温度。

⑤ 前、后尺手拉尺，其余人在中间托尺，前进至第二尺段，按前法继续丈量至 B 点。如此丈量一次称为往测，然后进行返测。

精密丈量记录计算表见表 4-1。

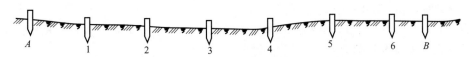

图 4-13 精密量距

表 4-1 精密丈量记录计算表

日期:2020 年 6 月　　　标准温度:20℃　　　钢尺检定长度:30.0025m
记录:×××
天气:晴　　　　　　　标准拉力:10kg　　　前尺手:×××

尺段编号	次数	前尺读数/mm	后尺读数/m	尺段长度/m	尺长改正数/mm	温度改正数	高差改正数	改正后的尺段长度/m
A—1	1	76.5	29.93	29.8535	+2.5	25.8℃	−0.152m	29.8582
	2	65.5	29.92	29.8545				
	3	86.0	29.94	29.6540		+2.1mm	−0.4mm	
	平均			29.8540				
	…	…	…	…	…	…	…	…
6—B	1	80.0	18.97	18.8900	+1.6	27.5℃	−0.065m	18.8924
	2	61.5	18.95	18.8885				
	3	50.5	19.84	18.8895		+1.6mm	−0.1mm	
	合计			18.8893				
总和								398.2830

4.2.3.2 尺段长度计算

钢尺在尺面上所注的名义长度与实际长度不符,就要加尺长改正。钢尺因拉力不同,尺长会发生变化,为减少这项误差,在丈量时采用标准拉力(一般 30m 钢尺加拉力 98N,50m 钢尺加拉力 147N)。钢尺在不同温度下也会发生长度变化,所以通常用一个尺长方程式来计算实际的尺长。尺长方程式的形式为:

$$l_t = l + \Delta l_d + \alpha l_0 (t - t_0) \tag{4-5}$$

式中,l_t 为钢尺在温度 t 时的实际长度,m;l 为测量长度,m;l_0 为钢尺的名义长度,m;Δl_d 为尺长改正数,等于钢尺检定时读出的实际长度减钢尺名义长度,m;α 为钢尺膨胀系数 $(1.15 \times 10^{-5} \sim 1.25 \times 10^{-5})$ m/(m·℃);t 为钢尺使用时的温度,℃;t_0 为钢尺检定时的温度(一般为 20),℃。

(1) 尺长改正

钢尺在标准拉力、标准温度条件下实际尺长为 l_t,尺的名义长度为 l_0,则尺长改正 Δl 为:

$$\Delta l = l_0 - l_t$$

对于非整尺段 d,尺长改正 Δl_d 为:

$$\Delta l_d = \frac{\Delta l}{l_0} \times d \tag{4-6}$$

如在表 4-1 中,非整尺段 6—B 的尺长改正为:

$$\Delta l_d = \frac{2.5}{30} \times 18.8893 = 1.6 \text{(mm)}$$

(2) 温度改正

检定时的温度为 t_0,丈量时的温度为 t,则由于温度引起的尺长变化称为温度改正 Δl_t,其值为:

$$\Delta l_t = \alpha l (t - t_0) \tag{4-7}$$

当 $t > t_0$ 时,Δl_t 为正;反之为负。

如表 4-1 中的 A—1 尺段,$t = 25.8℃$,$t_0 = 20℃$,$l = 29.8540$m,若其钢尺膨胀系数为 0.000125,则其温度改正数为:

$$\Delta l_t = 0.000125 \times 29.8540 \times (25.8 - 20) = 0.0021 \text{(m)} = +2.1 \text{(mm)}$$

(3) 倾斜改正

量得尺段的斜距为 L，高差为 h，如图 4-14 所示，欲将 L 换算成水平距离 D，则须加倾斜改正 Δl_h，为：

$$\Delta l_h = D - L = \sqrt{L^2 - h^2} - L = L\left(1 - \frac{h^2}{L^2}\right)^{1/2} - L$$

$$= L\left(1 - \frac{h^2}{2L^2} - \frac{h^4}{8L^4} - \cdots\right) - L$$

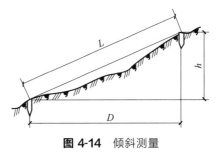

图 4-14 倾斜测量

$\frac{h^4}{8L^4}$ 之后的项数值较小，可忽略不计，上式即可变成：

$$\Delta l_h = -\frac{h^2}{2L} - \frac{h^4}{8L^3} \tag{4-8}$$

倾斜改正永远为负值，当 h 较小时，取式（4-8）的第一项即可。

表 4-1 中的 A—1 尺段的倾斜改正为：

$$\Delta l_h = -\frac{0.152^2}{2 \times 29.8540} = -0.4 \text{（mm）}$$

最后，将每尺段的丈量值，上加入三项改正数，求得该尺段的水平距离 d：

$$d = l' + \Delta l_d + \Delta l_t + \Delta l_h \tag{4-9}$$
$$D = L - \Delta l_d - \Delta l_t - \Delta l_h$$

将改正后的各个尺段加起来，求得 AB 往测或返测水平距离，取往、返测距的平均值，即得该距离的一个测回值。用式（4-3）计算测距精度。

4.2.3.3 钢尺量距注意事项

钢尺量距的误差来源较多，如尺长误差、温度误差、倾斜误差、拉力误差、钢尺倾斜和垂直误差等，这些误差的影响，在精密测距中是要考虑改正的，但是在一般精度丈量中如果严加注意，是可以忽略的。下面就来介绍一下钢尺量距的注意事项：

① 测距前对钢尺进行检查，分辨清楚钢尺的零端和末端；
② 测距时定线要准确，精度要求高时要用经纬仪定线；
③ 拉力要均匀，用检定时的拉力进行测量；
④ 不要拖拉钢尺，以免磨损。

4.3 视距测量

视距测量是当仪距离测量要求精度不高时，利用经纬仪、水准仪的望远镜内十字丝分划板上的视距丝在视距尺（水准尺）上读数，根据光学和几何学原理，同时测定仪器到地面点的水平距离和高差的一种方法。这种方法具有操作简便、速度快、不受地面起伏变化影响的优点，被广泛应用于碎部测量中。视距测量分视线水平和视线倾斜的两种情况。

4.3.1 视线水平时的距离

如图 4-11 所示，欲测定 A、B 两点间的水平距离 D 及高差 h，可在 A 点安置经纬仪，B 点立视距尺，设望远镜视线水平，瞄准 B 点视距尺，此时视线与视距尺垂直。若尺上 M、N 点成像在十字丝分划板上的两根视距丝 m、n 处，那么尺上 MN 的长度可由上、下视距丝读数之差求得。上，下丝读数之差称为视距间隔或尺间隔。

图 4-15 中 l 为视距间隔，p 为上、下视距丝的间距，f 为物镜焦距，δ 为物镜至仪器中心的距离。

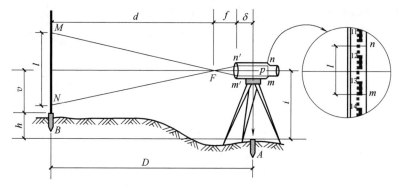

图 4-15 视线水平的视距测量

由相似三角形 $m'n'F$ 与 MNF 可得公式 $\dfrac{d}{f} = \dfrac{l}{p}$，即：

$$d = \frac{fl}{p} \tag{4-10}$$

由图 4-15 看出：

$$D = d + f + \delta \tag{4-11}$$

代入式（4-10）得：

$$D = \frac{f}{p}l + f + \delta \tag{4-12}$$

其中：

$$\begin{cases} \dfrac{f}{p} = K \\ f + \delta = C \end{cases} \tag{4-13}$$

代入式（4-12）中得到公式：

$$D = Kl + C \tag{4-14}$$

式中，K、C 为视距乘常数和视距加常数。现代常用的内对光望远镜的视距常数，设计时已使 K 接近于 100，C 接近于零。则式（4-14）可化简为：

$$D = Kl = 100l \tag{4-15}$$

高差为：

$$h = i - v \tag{4-16}$$

式中，i 为仪器高，是桩顶到仪器横轴中心的高度；v 为瞄准高，是十字丝中丝在尺上的读数，具体如图 4-16 所示。

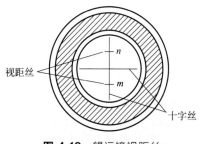

图 4-16 望远镜视距丝

4.3.2 视线倾斜时的距离

在地面起伏较大的地区进行视距测量时，必须使视线倾斜才能读取视距间隔，见图 4-13。由于视线不垂直于视距尺，故不能直接应用上述公式。如果能将视距间隔 MN 换算为与视线垂直的视距间隔 $M'N'$，这样就可按式（4-15）计算视距，也就是图 4-16 中的斜距 D'，再根据 D' 和竖直角 α 算出水平距离 D 及高差 h。因此解决这个问题的关键在于求出 MN 与 $M'N'$ 之间的关系。

图中 φ 角很小，为 $3°\sim 4°$，故可把 $\angle MM'E$ 和 $\angle NN'E$ 近似地视为直角，可得：

$$l'=M'N'=MN\cos\alpha=l\cos\alpha \tag{4-17}$$

则：

$$D'=Kl\cos\alpha \tag{4-18}$$

容易求得水平距离 D：

$$D=Kl\cos\alpha \times \cos\alpha \tag{4-19}$$

高差为：

$$h=D\tan\alpha+i-v \tag{4-20}$$

其实视线水平的时候 α 为 $0°$，$\sin 0°=0$，$\cos 0°=1$，代入式 (4-17)、式 (4-19)、式 (4-20) 就可得到式 (4-15)、式 (4-16)。其中视线水平的时候视距等于水平距离。

施测时，如图 4-17 所示，安置仪器于 A 点，量出仪器高 i，转动照准部瞄准 B 点视距尺，分别读取上、下、中三丝的读数 M、N、v，计算视距间隔 $l=M-N$。再使竖盘指标水准管气泡居中（如为竖盘指标自动补偿装置的经纬仪则无此项操作），读取竖盘读数，并计算竖直角 α。然后按式 (4-17)、式 (4-19)、式 (4-20) 用计算器计算出视距、水平距离和高差。

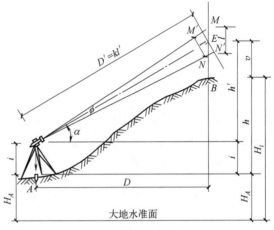

图 4-17 视线倾斜的视距测量

4.4 电磁波测距

钢尺量距外业工作繁重，对复杂地形操作较为繁琐，对远距离测量精度也不高而且费时费力，因此，随着光电技术的不断发展，电磁波测距技术应时而生。

4.4.1 电磁波测距概述

电磁波测距就是用电磁波（光波或微波）作为载波传输测距信号，以测量两点间距离的一种方法。电磁波测距仪以其测程远、精度高，受地形限制少，作业快、工作强度低的优点得到广泛应用。

如图 4-18 所示，光电测距仪先测量光波在待测距离 D 上往、返传播的时间 t_{2D}，再由

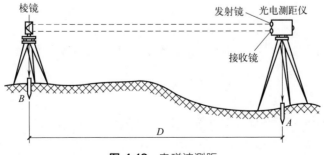

图 4-18 电磁波测距

式（4-21）计算出待测距离 D。

$$D = \frac{1}{2}ct_{2D} \tag{4-21}$$

式中，c 为光波在空气中的传播速度，具体值与波长、气温、气压和湿度有关；t_{2D} 按照测量方式的不同可分为脉冲式和相位式，其中脉冲式是通过脉冲计数直接测定时间；而相位式通过往返相位差间接测量距离，相位测量精度较高。

4.4.2 电磁波测距原理

4.4.2.1 脉冲式测距

由测线一端的仪器发射的光脉冲的一部分直接由仪器内部进入接收光电器件，作为参考脉冲；其余发射出去的光脉冲经过测线另一端的反射镜反射回来之后，也进入接收光电器件。测量参考脉冲同反射脉冲相隔的时间 t，即可由式（4-12）求出距离 D。目前卫星大地测量中用于测量月球和人造卫星的激光测距仪，都采用脉冲测距法。

4.4.2.2 相位式测距

相位式光电测距仪是用一种连续波（精密光波测距仪采用光波）作为"运输工具"（称为载波），通过一个调制器使载波的振幅或频率按照调制波的变化做周期性变化。测距时，将发射光强调制成正弦波的形式，通过测量正弦光波在待测距离上往、返传播的相位移来解算时间，进而求得待测距离 D。

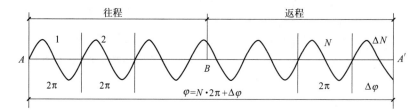

图 4-19 相位式测距示意图

设测距仪调制光的频率为 f，波长为 λ，角频率为 ω，光强变化一周期的相位差为 2π。从图 4-19 可以看出，接收的相位与发射的相位比较，延迟角为 φ：

$$\varphi = \omega t = 2\pi f t \tag{4-22}$$

则可知：

$$t = \frac{\varphi}{2\pi f} \tag{4-23}$$

同样，从图 4-19 可以看出，若 A 点发出的初相为 0，则经 B 点反射后接收到的相位变化值为：

$$\varphi = N \cdot 2\pi + \Delta\varphi \tag{4-24}$$

其中 N 为相位整周数，$\Delta\varphi$ 为不足一周的余数。将式（4-24）代入式（4-23）可得：

$$t = \frac{1}{2\pi f}(N \cdot 2\pi + \Delta\varphi) \tag{4-25}$$

将式（4-25）代入式（4-21），并考虑到 $c = \lambda f$ 可得：

$$D = \frac{c}{2f}\left(N + \frac{\Delta\varphi}{2\pi}\right) = \frac{\lambda}{2}(N + \Delta N) \tag{4-26}$$

由式（4-26）中，可以将 $\frac{\lambda}{2}$ 看成是光尺，N 相当于整尺段数，ΔN 相当于尺余数。测距仪中的相位计无法测出整周数 N，只能测出相位值尾数，即只有当 N 为 0 时，可测出距离。例如：10m 的测尺测得 10m 以内的距离，用 1000m 的测尺测得 1000m 以内的距离，通常仪器的测定相位精度为 1/1000，即测相结果有三位有效数字，也即可测距离越短，精度越高。电磁波测距频率与精度的关系见表 4-2。

表 4-2 电磁波测距频率与精度的关系

测尺频率	15MHz	1.5MHz	150kHz	15kHz	1.5kHz
测尺长度	10m	100m	1km	10km	100km
精度	1cm	10cm	1m	10m	100m

为解决扩大测程和提高精度的矛盾，既得到距离的单值解，同时具有高精度和远测程，相位式测距仪一般采用一组"测尺"共同测距，即用精测频率测定余长以保证精度，设置多级频率（粗测频率）来解算 N 而保证测程，从而解决"多值性"问题。例如：用 10m 的精测尺测得 5.82m；用 1000m 的粗测尺测得 785m；二者组合可得出 785.82m。

上述关于 ΔN 的测定以及测量中距离数字的衔接等均由仪器内部的逻辑电路自动完成。

利用上述原理的测距仪器有测距仪、全站仪等，本章简单介绍测距仪的使用方法，关于全站仪的测距应用在后面章节有详细讲解。

4.4.3 测距仪的应用

4.4.3.1 测距仪的分类

① 按测定 t 的方法，可分为：脉冲式测距仪、相位式测距仪。
② 按照载波的不同，可分为：激光测距仪、微波测距仪。
③ 按载波数，可分为：单载波测距仪、双载波测距仪、三载波测距仪。
④ 按测程，可分为：短程光电测距仪、中程光电测距仪、远程光电测距仪。

短程光电测距仪：测程在 3km 以内，测距精度一般在 1cm 左右。
中程光电测距仪：测程在 3～15km 的仪器称为中程光电测距仪，这类仪器适用于二等、三等、四等控制网的边长测量。
远程光电测距仪：测程在 15km 以上的光电测距仪，精度一般可达 $\pm(5+1\times 10^{-6})$ mm，能满足国家一等、二等控制网的边长测量。

⑤ 按照光电测距仪精度，可按 1km 测距中误差（m_D）划分为 3 级。
Ⅰ级：$|m_D|\leqslant 5\text{mm}$。
Ⅱ级：$5\text{mm}<|m_D|\leqslant 10\text{mm}$。
Ⅲ级：$10\text{mm}<|m_D|\leqslant 20\text{mm}$。

4.4.3.2 测距仪的标称精度

测距仪的标称精度 m_D 一般可表达为：

$$m_D=\pm(a+b\cdot D) \tag{4-27}$$

式中，a 为固定误差，mm；b 为比例误差系数，mm/km；D 为距离，km。

【例 4-2】 某测距仪的标称精度为 $\pm(3\text{mm}+5\times 10^{-6}D)$，欲用它观测一段 1000m 的距离，则测距中误差为多少？

【解】 $m_D = \pm(3\text{mm} + 5\times 10^{-6} \times 1\text{km}) = \pm 8\text{mm}$

4.4.3.3 激光测距仪及其应用的注意事项

① 在晴天和雨天作业要撑伞遮阳、挡雨，防止阳光或其他强光直接射入接收物镜，防止雨水浇淋测距仪主机而发生短路。

② 仪器用完后要注意关机；保存和运输中需注意防潮、防震、防高温；长久不用要定期通电干燥。

③ 电池要及时进行充电；当仪器不用时，电池仍需充电后再存放。

④ 激光测距仪不能对准人眼直接测量，防止对人体造成伤害。

⑤ 测线应离开地面障碍物一定高度，避免通过发热体和较宽水面上空，避开强电磁场干扰的地方。

⑥ 应在大气条件比较稳定和通视良好的条件下观测。

4.5 直线定向

确定地面上两点之间的相对位置，仅知道两点之间的水平距离是不够的，还必须确定此直线与标准方向之间的关系。确定一条直线与标准方向之间角度（水平角度）关系的这项工作称为直线定向。

4.5.1 标准方向的种类

(1) 真子午线方向

地球表面某点与地球旋转轴所构成的平面与地球表面的交线称为该点的真子午线，真子午线在该点的切线方向称为该点的真子午线方向。真子午线方向是用天文测量方法或用陀螺经纬仪测定的。

(2) 磁子午线方向

地球表面某点与地球磁场南北极连线所构成的平面与地球表面的交线称为该点的磁子午线。磁子午线在该点的切线方向称为该点的磁子午线方向，一般是以磁针在该点自由静止时所指的方向。磁子午线方向可用罗盘仪测定。

(3) 坐标纵轴方向

由于地球上各点的子午线互相不平行，而是向两极收敛，为了测量计算工作的方便，通常以平面直角坐系的纵坐标轴（轴）为标准方向。我国采用高斯平面直角坐标系，每6°带或3°带内都以该带的中央子午线的投影作为坐标纵轴，因此，该带内直线定向，就用该带的坐标纵轴方向作为标准方向。如采用假定坐标系，则用假定的坐标纵轴（轴）作为标准方向。

4.5.2 直线方向的表示方法

测量工作中，常采用方位角来表示直线的方向。由标准方向的北端起，顺时针方向旋转到某直线的夹角，称为该直线的方位角。方位角的角度范围为0°～360°。

如图4-20所示，若标准方向 ON 为真子午线，并用 A 表示真方位角，则 A_1、A_2、A_3、A_4 分别为直线 $O1$、$O2$、$O3$、$O4$ 的真方位角。若为磁子午线方向，则各方位角分别为相应直线的磁方位角；磁方位角用 A_m 表示。若为坐标纵轴方向，则各方位角分别为相应直线的坐标方位角，见图4-21，用 α 来表示。

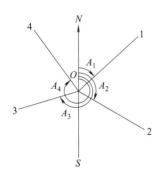 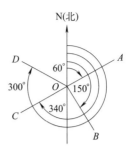

图 4-20 直线方位表示方法　　　图 4-21 坐标方位角

4.5.3 几种方位角之间的关系

4.5.3.1 真方位角与磁方位角之间的关系

由于地磁南北极与地球的南北极并不重合，因此，过地面上某点的真子午线方向与磁子午线方向常不重合，两者之间的夹角称为磁偏角，见图 4-22 中的 δ。磁针北端偏于真子午线以东称东偏，偏于真子午线以西称西偏。直线的真方位角 A 与磁方位角 A_m 之间可用式（4-28）进行换算：

$$A = A_m + \delta \tag{4-28}$$

式（4-28）中的 δ 值，东偏取正值，西偏取负值。我国磁偏角的变化在 $-10° \sim +6°$。

4.5.3.2 真方位角与坐标方位角之间的关系

中央子午线在高斯投影平面上是一条直线，作为该带的坐标纵轴，而其他子午线投影后为收敛于两极的曲线，如图 4-23 所示。地面点 M、N 等点的真子午线方向与中央子午线之间的角度，称为子午线收敛角，用 γ 表示。γ 角有正有负。在中央子午线以东地区，各点的坐标纵轴偏在真子午线的东边，γ 为正值；在中央子午线以西地区，γ 为负值。某点的子午线收敛角 γ，可用该点的高斯平面直角坐标为引数，在测量计算用表中查到。

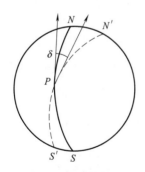 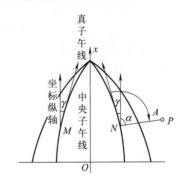

图 4-22 磁偏角 δ　　　图 4-23 子午线收敛角

也可用式（4-29）计算：

$$\gamma = (L - L_0)\sin B \tag{4-29}$$

式中，L_0 为中央子午线的经度；L，B 为计算点的经纬度。

真方位角 A 与坐标方位角之间的关系如图 4-23 所示，可用式（4-30）进行换算：

$$A = \alpha + \gamma \tag{4-30}$$

4.5.3.3 坐标方位角与磁方位角之间的关系

若已知某点的磁偏角 δ 与子午线收敛角 γ，则坐标方位角与磁方位角之间的换算式为：

$$\alpha = A_m + \delta - \gamma \tag{4-31}$$

4.6 坐标方位角

4.6.1 坐标方位角的定义

在直角坐标系中,通常以 x 轴作为标准方向,从这个标准方向的北端起,顺时针方向量到某直线的夹角,称为该直线的(正)坐标方位角,如图 4-24 所示。用 α 来表示,其角值范围为 $0°\sim360°$。

4.6.2 正、反坐标方位角

在测量工作中,一条直线有正、反两个方向,通常以直线前进的方向为正方向。如图 4-24 所示,直线 AB 的 A 是起点,B 是终点;通过起点 A 的坐标纵轴方向与直线 AB 所夹的坐标方位角 α_{AB},称为直线 AB 的正坐标方位角。过终点 B 的坐标纵轴方向与直线 BA 所夹的坐标方位角 α_{BA},称为直线 AB 的反坐标方位角(直线 BA 的正坐标方位角)。由图 4-24 中可以看出,一条直线正、反坐标方位角的数值相差 180°,即:

$$\alpha_{正} = \alpha_{反} \pm 180° \tag{4-32}$$

由于地面各点的真(或磁)子午线收敛于两极,并不互相平行,致使直线的反真(或磁)方位角不与正真(或磁)方位角相差 180°,给测量计算带来不便,故测量工作中常采用坐标方位角进行直线定向。

4.6.3 象限角与坐标方位角

4.6.3.1 象限角

测量上有时用象限角来确定直线的方向。所谓象限角,就是由标准方向的北端或南端起量至某直线所夹的锐角,常用 R 表示,角值范围 $0°\sim90°$。

4.6.3.2 坐标方位角与象限角的换算关系

坐标方位角和象限角均是表示直线方向的方法,它们之间既有区别又有联系。在实际测量中经常用到它们之间的互换,由图 4-25 可以推算出它们之间的互换关系,其换算见表 4-3。

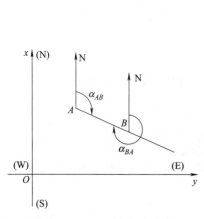

图 4-24 正、反坐标方位角

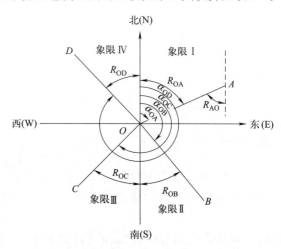

图 4-25 象限角与坐标方位角

表 4-3 坐标方位角和象限角的换算

直线方向	由坐标方位角 α 求象限角 R	由象限角 R 求坐标方位角 α	直线方向	由坐标方位角 α 求象限角 R	由象限角 R 求坐标方位角 α
第Ⅰ象限(北东)	$R=\alpha$	$\alpha=R$	第Ⅲ象限(南西)	$R=\alpha-180°$	$\alpha=180°+R$
第Ⅱ象限(南东)	$R=180°-\alpha$	$\alpha=180°-R$	第Ⅳ象限(北西)	$R=360°-\alpha$	$\alpha=360°-R$

【例 4-3】 某直线 AB，已知正坐标方位角 $\alpha_{AB}=334°31'48''$，试求 α_{BA}、R_{AB}、R_{BA}。

【解】 $\alpha_{BA}=334°31'48''-180°=154°31'48''$

$R_{AB}=360°-334°31'48''=25°28'12''\text{NW}$

$R_{BA}=180°-154°31'48''=25°28'12''\text{SE}$

4.6.4 距离、方位角与坐标之间的关系

4.6.4.1 距离与坐标的关系

当已知地面上 A、B 两点的坐标时，可以通过坐标反算（直角坐标→极坐标）的方法，求算出两点之间的水平距离 D，其计算公式为：

$$D_{AB}=\sqrt{(x_B-x_A)^2+(y_B-y_A)^2} \tag{4-33}$$

4.6.4.2 坐标方位角与坐标的关系

当已知地面上 A、B 两点的坐标时，可同样用坐标反算的方法，求出该直线的象限角 R_{AB}，其计算公式为：

$$R_{AB}=\arctan\left|\frac{y_B-y_A}{x_B-x_A}\right|=\arctan\left|\frac{\Delta y_{AB}}{\Delta x_{AB}}\right| \tag{4-34}$$

由于反正切函数的值域为 $[-\pi/2,\pi/2]$，而坐标方位角为 $[0°,360°]$，故该直线的坐标方位角应按不同象限分别进行讨论。

当 AB 直线位于第Ⅰ象限时，即：$x_B-x_A>0$ 且 $y_B-y_A>0$，坐标方位角计算公式与式（4-34）相同：

$$\alpha_{AB}=R_{AB}=\arctan\left|\frac{y_B-y_A}{x_B-x_A}\right| \tag{4-35}$$

当 AB 直线位于第Ⅱ象限时，即：$x_B-x_A<0$ 且 $y_B-y_A>0$，坐标方位角计算公式为：

$$\alpha_{AB}=180°-R_{AB}=180°-\arctan\left|\frac{y_B-y_A}{x_B-x_A}\right| \tag{4-36}$$

当 AB 直线位于第Ⅲ象限时，即：$x_B-x_A<0$ 和 $y_B-y_A<0$，坐标方位角计算公式为：

$$\alpha_{AB}=180°+R_{AB}=180°+\arctan\left|\frac{y_B-y_A}{x_B-x_A}\right| \tag{4-37}$$

当 AB 直线位于第Ⅳ象限时，即：$x_B-x_A>0$ 和 $y_B-y_A<0$，坐标方位角计算公式为：

$$\alpha_{AB}=360°-R_{AB}=360°-\arctan\left|\frac{y_B-y_A}{x_B-x_A}\right| \tag{4-38}$$

4.6.5 坐标方位角的推算

为了整个测区坐标系统的统一，测量工作中并不直接测定每条边的方位，而是通过与已

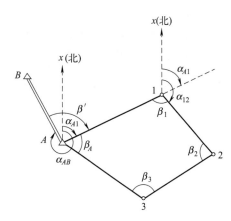

图 4-26 坐标方位角推算

知点（其坐标为已知）的联测，以推算出各边的坐标方位角。如图 4-26 所示，A、B 为已知点，AB 边的坐标方位角 α_{AB} 为已知，通过联测求得 AB 边与 $A1$ 边的连接角为 β'，测出了各点的右（或左）角 β_A、β_1、β_2 和 β_3，现在要推算 $A1$、12、23 和 $3A$ 边的坐标方位角。所谓右（或左）角是指位于以编号顺序为前进方向的右（或左）边的角度。

由图 4-26 可以看出：

$$\alpha_{A1} = \alpha_{AB} + \beta'$$
$$\alpha_{12} = \alpha_{1A} - \beta_{1(右)} = \alpha_{A1} + 180° - \beta_{1(右)}$$
$$\alpha_{23} = \alpha_{12} + 180° - \beta_{2(右)}$$
$$\alpha_{3A} = \alpha_{23} + 180° - \beta_{3(右)}$$
$$\alpha_{A1} = \alpha_{3A} + 180° - \beta_{A(右)}$$

将算得 α_{A1} 与原已知值进行比较，以检核计算中有无错误。计算中，如果 $\alpha + 180°$ 小于 $\beta_{(右)}$，应先加 360° 再减 $\beta_{(右)}$。

如果用左角推算坐标方位角，由图 4-26 可以看出：

$$\alpha_{12} = \alpha_{A1} - 180° + \beta_{1(左)}$$

计算中如果 α 值大于 360°，应减去 360°，同理可得：

$$\alpha_{23} = \alpha_{12} - 180° + \beta_{2(右)}$$

从而可以写出推算坐标方位角的一般公式为：

$$\alpha_{前} = \alpha_{后} \mp 180° \pm \beta \tag{4-39}$$

式（4-39）中，β 为左角时取正号，β 为右角时取负号。

本章小结

本章介绍了直线丈量的概念，丈量直线的基本方法钢尺丈量、视距测量和电磁测距的原理和方法、直线丈量质量的描述方法相对误差和测量精度等概念。接下来介绍了直线定向的定义、具体表达方法，同时进行了坐标方位角的详细讲述，为接下来的导向测量计算，坐标正反算建立理论基础。

思考题与习题

1. 在测量距离之前为什么要进行直线定线？如何进行？
2. 钢尺量距的基本要求是什么？
3. 用什么来评定量距的精度？
4. 用钢尺丈量 AB 两点间的距离，往测为 192.35m，返测为 192.43m，试计算量距的相对误差。
5. 用钢尺作一般距离丈量和精密丈量距离有哪些区别？
6. 一根 30m 的钢尺，在 98N 拉力、温度 20℃ 时的钢尺长度为 29.988m。现用它丈量两个尺段距离，用拉力 98N，丈量结果和丈量时的温度与高差见表 4-4，试求各尺段的实际长度。

表 4-4 丈量结果和丈量时的温度与高差

尺段	尺段长度/m	温度/℃	高差/m	尺段	尺段长度/m	温度/℃	高差/m
01	29.987	16	0.11	12	29.905	25	0.85

7. 请根据表 4-5 中直线 AB 的外业丈量成果，计算 AB 直线全长和相对误差。钢尺的尺长方程式为：
$$l = 30\text{m} + 0.005\text{m} + 1.25 \times 10 \times (t - 20℃) \times 50\text{m}$$
精度要求 $K = 1/10000$。

表 4-5 精密钢尺量距观测手簿

线段	尺段	尺段长度/mm	温度/℃	高度/m	尺长改正/mm	温度改正/mm	倾斜改正/mm	水平距离/m
往测 AB	A—1	29.391	10	+0.860				
	1—2	29.390	11	+1.280				
	2—3	29.680	11	−0.140				
	3—4	29.538	12	−1.030				
	4—B	29.899	13	−0.940				
	Σ往							
返测 BA	B—1	29.300	13	+0.860				
	1—2	29.922	13	+1.140				
	2—3	29.070	11	+0.130				
	3—4	29.581	11	−1.100				
	4—A	29.050	10	−1.060				
	Σ返							

8. 什么叫直线定向？为什么要进行直线定向？

9. 测量上作为定向依据的基本方向线有哪些？什么叫方位角？

10. 图 4-27 中，五边形的各内角为：$\beta_1 = 95°$，$\beta_2 = 130°$，$\beta_3 = 65°$，$\beta_4 = 128°$，$\beta_5 = 122°$，已知 1~2 边的坐标方位角为 30°，求其他各边的坐标方位角。

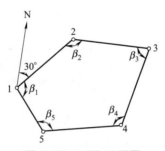

图 4-27 习题 10 附图

第 5 章 测量误差的基本知识

本章导读

本章主要介绍测量误差及分类、衡量观测精度的标准、误差传播定律、观测值的算术平均值及其中误差等内容。其中偶然误差的统计特性、中误差、误差传播定律、观测值中误差的计算是学习的重点和难点。

思政元素

> 2020 年,珠穆朗玛峰新的高度为 8848.86m,我国首次将 5G 和北斗结合,利用通信专网和北斗数据信息化管理平台,实现高寒高海拔环境下北斗二号、北斗三号卫星信号同时接收、实时解析和质量预评估。北斗与 GPS 数据融合有效提升了峰顶测量的精度和可靠性;北斗同 GPS 大地高成果一致性较好,精度均为 ±2.0cm。珠峰的高精度测量和平差,体现了我国测绘科技的飞速发展,代表着中华民族伟大复兴道路上测绘人的不屈表现。

5.1 测量误差概述

在实际的测量工作中,大量的实践表明,不论测量仪器多么精密,观测工作多么认真仔细,观测值之间总是存在着一些差异,例如重复观测两点的高差,或者是多次观测一个角或丈量若干次一段距离,其结果都互有差异。另一种情况是,当对若干个量进行观测时,如果已经知道在这几个量之间应该满足某一理论值,实际观测结果往往不等于其理论上的应有值,例如,一个平面三角形的内角和等于 180°,但三个实测内角的结果之和并不等于 180°,而是有一定差异。这些差异称为不符值。不符值是测量工作中经常而又普遍发生的现象,这是由于观测值中包含有各种误差的缘故。

5.1.1 测量误差产生的原因

观测误差产生的原因很多,概括起来主要有以下三方面。

(1) 测量仪器

任何的测量都是利用特制的仪器、工具进行的,由于每种仪器只具有一定限度的精确度,因此测量结果的精确度受到一定的限制,且各个仪器本身的结构不完善也会产生一定的误差，使测量结果产生不符值。例如：用普通水准尺进行水准测量时，就难以保证毫米位读数的正确性。

(2) 观测者

由于观测者感觉器官鉴别能力的局限性，在仪器操作过程中都会产生误差。同时，观测者的技术水平及工作态度也会对观测结果产生直接的影响。

(3) 外界观测条件

外界观测条件是指野外观测过程中，外界条件的因素，如天气的变化、植被的不同、地面土质松紧的差异、地形的起伏、周围建筑物的状况以及太阳光线的强弱、照射的角度大小等。

有风会使测量仪器不稳，地面松软可使测量仪器下沉，强烈阳光照射会使水准管变形，太阳的高度角、地形和地面植被等决定了地面大气温度梯度，观测视线穿过不同温度梯度的大气介质或靠近反光物体，都会使视线弯曲，产生折光现象。因此外界观测条件也是影响野外测量质量的一个重要因素。

测量仪器、观测者和外界观测条件是引起测量误差的主要因素，通常称这三方面因素为观测条件。不难看出，观测条件好，则观测成果的质量高；反之，观测条件差，则观测成果的质量低。同时，观测成果的质量高低也反映出观测条件的优劣。观测条件相同的各次观测，称为等精度观测。观测条件不同的各次观测，称为非等精度观测。任何观测都不可避免地会产生误差。为了获得观测值的正确结果，就必须对误差进行分析研究，以便采取适当的措施来消除或削弱其影响。

5.1.2 测量误差的分类

测量误差按其性质可分为系统误差、偶然误差和粗差。

(1) 系统误差

在相同的观测条件下做一系列的观测，如果误差的大小、符号上表现出系统性，或者误差在观测过程中按一定的规律变化，或者为某一常数，则这种误差称为系统误差。简言之，符合函数规律的误差称为系统误差。

例如，测距仪的乘常数误差所引起的距离误差与所测距离的长度成正比例，距离愈长，误差也愈大；测距仪的加常数误差所引起的距离误差为一常数，与距离的长度无关。这是由于仪器不完善或工作前未经检验校正而产生的系统误差。又如，用钢尺量距时的温度与鉴定尺长时的温度不一致，使所测得的距离产生误差；测角时因大气折光的影响而产生的角度误差等，这些都是由于外界条件所引起的系统误差。系统误差具有累积性，对测量结果影响很大，但可以通过施加改正，或采用一定的观测方法减弱或消除其影响。

(2) 偶然误差

在相同的观测条件下做一系列的观测，如果误差的大小、符号上表现出偶然性，把这种性质的误差称为偶然误差。偶然误差就其个体而言，无论是数值的大小或符号的正负都是不能事先预知的，但就其总体而言，具有一定的统计规律，因此，有时又把偶然误差称为随机误差。

例如，经纬仪测角时的照准误差、读数误差，水准测量时的瞄准水准尺误差、标尺读数误差等都属于偶然误差。

(3) 粗差

粗差即粗大的误差。在相同观测条件下做一系列的观测，其误差大大超过限差的要求。它产生的最普遍原因是观测时的仪器精度达不到要求、技术规格的设计和观测程序不合理，以及观测者粗心大意和仪器故障或技术上的疏忽等。例如，观测时大数读错，计算机输入数据错误，航测相片判读错误等。另外，现在的高新测量技术如全球卫星导航系统（GNSS）、地理信息系统（GIS）遥感（RS）以及其它高精度的自动化数据采集中，常常会有粗差混入信息之中。识别粗差源不是简单方法可以做到的，需要通过数据处理方法进行识别和消除其影响。

在实际工作中，系统误差、偶然误差和粗差共同作用于观测结果。因此要首先剔除粗差，同时将系统误差消减到最低程度，而后对偶然误差进行数据处理，即测量平差。测量平差的主要任务是：求出观测量的最可靠结果，评定测量成果的精度。

5.1.3 偶然误差的特性

从单个偶然误差来看，其出现的符号和大小没有一定的规律性，但对大量的偶然误差进行统计分析，就能发现其规律性，误差个数越多，规律性越明显。

例如，在相同的观测条件下，对 358 个三角形的内角进行了观测。由于观测值含有偶然误差，致使每个三角形的内角和都不等于 180°。设三角形内角和的真值为 X，观测值为 L，其观测值与真值之差为真误差 Δ。用式（5-1）表示：

$$\Delta_i = L_i - X \quad (i=1,2,\cdots,358) \tag{5-1}$$

由式（5-1）计算出 358 个三角形内角和的真误差，取误差区间的间隔 $d\Delta$ 为 $0.20''$，将这一组误差按其正负号与误差值的大小排列，统计误差出现在各区间内的个数 v_i，以及"误差出现在某个区间内"这一事件的频率 v_i/n（$n=358$），结果列于表 5-1 中。

从表 5-1 中可以看出，误差的分布情况具有以下性质：误差的绝对值有一定的限值；绝对值较小的误差比绝对值较大的误差多；绝对值相等的正负误差的个数相近。

偶然误差分布的情况，除了采用误差分布表的形式表达外，还可以利用图形来表达。例如，以横坐标表示误差的大小，纵坐标代表各区间内误差出现的频率除以区间的间隔值，即 $\dfrac{v_i/n}{d\Delta}$（此处间隔值均取 $d\Delta=0.2''$）。根据表 5-1 中的数据绘制出图 5-1。在图 5-1 中每个误差区间上的长条面积就代表误差出现在该区间内的频次。例如，图中画有斜线的长方条面积，就是代表误差出现在（$0.00''$，$+0.20''$）区间内的频率。这种图形通常称为直方图，它形象地表示了误差的分布情况。

由此可知，在相同观测条件下所得到的一组独立观测的误差，只要误差的总个数 n 足够多，则误差出现在各区间内的频率就总是稳定在某一常数（理论频率）附近，而且当观测个数愈多时，稳定的程度也就愈大。例如，就表 5-1 的一组误差而言，在观测条件不变的情况下，如果再继续观测更多的三角形，则可以预测，随着观测值个数愈来愈多，即当 $n \to \infty$ 时，各频率也就趋于一个完全确定的数值，这就是误差出现在各区间内的频率。这就是说，在一定的观测条件下，对应着一种确定的误差分布规律。

表 5-1 某测区三角形内角和的误差分布

误差的区间 /($''$)	Δ 为负值			Δ 为正值			备注
	个数 v_i	频率 v_i/n	$\dfrac{v_i/n}{d\Delta}$	个数 v_i	频率 v_i/n	$\dfrac{v_i/n}{d\Delta}$	
0.00~0.20	45	0.126	0.630	46	0.128	0.640	
0.20~0.40	40	0.112	0.560	41	0.115	0.575	$d\Delta=0.2''$等于区间左端值的误差算入该区间内
0.40~0.60	33	0.092	0.460	33	0.092	0.460	
0.60~0.80	23	0.064	0.320	21	0.059	0.295	
0.80~1.00	17	0.047	0.235	16	0.045	0.225	

续表

误差的区间 /(")	Δ 为负值			Δ 为正值			备注
	个数 v_i	频率 v_i/n	$\dfrac{v_i/n}{d\Delta}$	个数 v_i	频率 v_i/n	$\dfrac{v_i/n}{d\Delta}$	
1.00~1.20	13	0.036	0.180	13	0.036	0.180	$d\Delta=0.2''$等于区间左端值的误差算入该区间内
1.20~1.40	6	0.017	0.085	5	0.014	0.070	
1.40~1.60	4	0.011	0.055	2	0.006	0.030	
1.60 以上	0	0.000	0.000	0	0.000	0.000	
总和	181	0.505		177	0.495		

在 $n\to\infty$ 的情况下，由于误差出现的频率已趋于完全稳定，如果此时把误差区间间隔无限缩小，图 5-1 中各长条顶边所形成的折线将变成图 5-2 所示的光滑的曲线。这种曲线也就是误差的概率分布曲线，或称为误差分布曲线。由此可见，偶然误差的频率分布，随着 n 的逐步增大，都是以正态分布为极限的。大量实验统计结果证明了偶然误差具有如下特征。

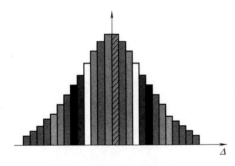

图 5-1 直方图

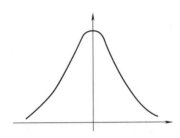

图 5-2 误差分布经验曲线

① 界限性：一定的观测条件下，偶然误差的绝对值不会超过一定的限度。
② 集中性：绝对值小的误差比绝对值大的误差出现的可能性大。
③ 对称性：绝对值相等的正误差与负误差出现的机会相等。
④ 抵偿性：当观测次数无限增多时，偶然误差的算术平均值趋近于零，可用式（5-2）表示：

$$\lim_{n\to\infty}\frac{[\Delta]}{n}=0 \tag{5-2}$$

$$[\Delta]=\Delta_1+\Delta_2+\cdots+\Delta_n \tag{5-3}$$

换句话说，偶然误差的理论平均值为零。

对于一系列的观测而言，不论其观测条件是好是差，也不论是对同一个量还是对不同的量进行观测，只要这些观测是在相同的条件下独立进行的，则所产生的一组偶然误差必然都具有上述的四个特性。

图 5-1 中的各长条的纵坐标为 $\dfrac{v_i/n}{d\Delta}$，其面积即为误差出现在该区间内的概率。如果将这个问题提到理论上来讨论，则以理论分布取代经验分布（图 5-2），此时，图 5-1 中各长条的纵坐标就是 Δ 的密度函数 $f(\Delta)$，而长条的面积为 $f(\Delta)d\Delta$，即代表误差出现在该区间内的概率，即 $P(\Delta)=f(\Delta)d\Delta$。概率密度表达式为：

$$f(\Delta)=\frac{1}{\sqrt{2\pi}\sigma}e^{-\frac{\Delta^2}{2\sigma^2}} \tag{5-4}$$

在测量数据处理中常常将数理统计中的标准差 σ 称为中误差，正态分布的密度函数的方差 σ^2 即为中误差的平方。

5.2 测量误差

评定测量成果的精度是测量平差的主要任务之一,精度就是指误差分布的密度或离散的程度。例如两组观测成果的误差分布相同,便是两组观测成果的精度相同;反之,若误差分布不同,则精度也就不同。为使人们对精度有一个数字概念,并且使该数字能反映误差的密集或离散程度,以易于正确地比较各观测值的精度,通常用以下几种精度指标,作为衡量精度的标准。

5.2.1 方程与中误差

在相同的观测条件下,对某一未知量进行一系列的观测,得到观测值 l_1, l_1, ……, l_n,设其真误差分别为 Δ_1, Δ_2, ……, Δ_n,可根据式(5-1)计算得出,定义该组观测值的方差和中误差为:

$$\sigma^2 = \lim_{n \to \infty} \frac{[\Delta\Delta]}{n} \tag{5-5}$$

$$\sigma = \lim_{n \to \infty} \sqrt{\frac{[\Delta\Delta]}{n}} \tag{5-6}$$

$$[\Delta\Delta] = \Delta_1^2 + \Delta_2^2 + \cdots + \Delta_n^2 \tag{5-7}$$

显然观测值的方差是一理论值,在实际测量工作中不可能观测无穷次,n 总是有限的,因此,定义该组观测值的中误差 m 为:

$$m = \pm\sqrt{\frac{[\Delta\Delta]}{n}} \tag{5-8}$$

【例 5-1】 某段距离用钢尺丈量了六次,其观测值列于表 5-2 中。该段距离用因瓦基线尺量得的结果为 49.982m,由于其精度很高,可视为真值。试求用 50m 普通钢尺丈量该距离一次的观测值中误差。

【解】 计算过程及结果见表 5-2。

表 5-2 真误差计算中误差

观测次序	观测值/m	Δ/mm	$\Delta\Delta$	计算
1	49.988	+6	36	
2	49.975	−7	49	
3	49.981	−1	1	$m = \pm\sqrt{\dfrac{131}{6}} = \pm 4.7 \text{(mm)}$
4	49.978	−4	16	
5	49.987	+5	25	
6	49.984	+2	4	
和			131	

【例 5-2】 设有两组等精度观测值,其真误差分别为:
第一组 $-3''$、$+3''$、$-1''$、$-3''$、$+4''$、$+2''$、$-1''$、$-4''$
第二组 $+1''$、$-5''$、$-1''$、$+6''$、$-4''$、$0''$、$+3''$、$-1''$
试求这两组观测值的中误差。

【解】 根据中误差公式(5-8)得

$$m_1 = \pm\sqrt{\frac{9+9+1+9+16+4+1+16}{8}} = \pm 2.9 \, ('')$$

$$m_2=\pm\sqrt{\frac{1+25+1+36+16+0+9+1}{8}}=\pm 3.3\,('')$$

比较 m_1 和 m_2 可知，第一组观测值的精度要比第二组高。

必须指出，在相同的观测条件下所进行的一组观测，由于它们对应着同一种误差分布，因此，对于这一组中的每个观测值，虽然各真误差彼此并不相等，有的甚至相差很大，但它们的精度均相同，即都为同精度观测值。

5.2.2 相对误差

对于某些观测结果，有时单靠中误差还不能完全反映观测精度的高低。例如，分别丈量了 100m 和 200m 两段距离，中误差均为 ±0.02m。虽然两者的中误差相同，但就单位长度而言，两者精度并不相同，后者显然优于前者。为了客观反映实际精度，常采用相对误差来衡量观测值的精度。

观测值中误差 m 的绝对值与相应观测值 S 的比值称为相对中误差。它是一个无量纲数，常用分子为 1 的分数表示，即：

$$K=\frac{|m|}{S}=\frac{1}{\dfrac{S}{|m|}} \tag{5-9}$$

上例中前者的相对中误差为 1/5000，后者为 1/10000，表明后者精度高于前者。

对于中误差有时也用相对误差来表示。例如，距离测量中的往返测较差与距离值之比就是相对真误差，即：

$$\frac{|D_{往}-D_{返}|}{D_{平均}}=\frac{1}{\dfrac{D_{平}}{\Delta D}} \tag{5-10}$$

5.2.3 容许误差

由偶然误差的第一特性可知，在一定的观测条件下，偶然误差的绝对值不会超过一定的限值。这个限值就是容许误差或称极限误差。

中误差不代表个别误差的大小，而代表误差分布的离散程度。由中误差的定义可知，它是代表一组同精度观测误差平方的平均值的平方根极限值，中误差愈小，即表示在该组观测中，绝对值较小的误差愈多。按正态分布表查得，在大量同精度观测的一组误差中，误差落在 $(-\sigma,+\sigma)$、$(-2\sigma,+2\sigma)$ 和 $(-3\sigma,+3\sigma)$ 的概率分别为：

$$\begin{cases}P(-\sigma<\Delta<+\sigma)\approx 68.3\%\\ P(-2\sigma<\Delta<+2\sigma)\approx 95.5\%\\ P(-3\sigma<\Delta<+3\sigma)\approx 99.7\%\end{cases} \tag{5-11}$$

式（5-11）反映了中误差与真误差间的概率关系，绝对值大于中误差的偶然误差，其出现的概率为 31.7%；而绝对值大于 2 倍中误差的偶然误差出现的概率为 4.5%；特别是绝对值大于 3 倍中误差的偶然误差出现的概率仅为 0.3%，这已经是概率接近于零的小概率事件。因此一般以 3 倍中误差作为偶然误差的极限值 $\Delta_{限}$，并称为极限误差。即：

$$\Delta_{限}=3m \tag{5-12a}$$

在测量工作中也可取 2 倍中误差作为观测值的容许误差，即：

$$\Delta_{容}=2m \tag{5-12b}$$

当某观测值的误差超过了极限误差或容许误差时，将认为该观测值含有粗差，而应舍去不用或重测。

与相对误差对应，真误差、中误差、容许误差都是绝对误差。

5.3 误差传播定律

当对某未知量进行了一系列观测，可以用得到的偶然误差来计算观测值的中误差，以衡量观测值的精度。但在实际工作中，有许多未知量不能直接测得，而是由一个或几个直接观测量，通过一定的函数式计算出来。例如，水准测量中，在一测站上测得后、前视读数分别为 a、b，则高差 $h=a-b$，这时高差 h 就是直接观测值 a、b 的函数。当 a、b 存在误差时，h 也受其影响而产生误差，这就是误差传播。阐述观测值中误差与观测值函数中误差之间关系的定律称为误差传播定律。

本节就和差函数、倍数函数、线性函数和一般函数，这四种常见的函数的观测值中误差与函数中误差之间的关系来讨论误差传播的情况。

5.3.1 和差函数

设有和函数：

$$z=x+y \tag{5-13}$$

由中误差定义得知函数 z 的中误差为：

$$m_z=\pm\sqrt{\frac{[\Delta_z\Delta_z]}{n}} \tag{5-14}$$

式中，n 为观测次数；Δ_z 为函数 z 的真误差。

若 x、y 为独立观测值，它们的中误差分别为 m_x 和 m_y，设真误差分别为 Δ_x 和 Δ_y，由于观测值中含有误差，其函数中也必然会产生误差，由式（5-13）可得：

$$z+\Delta_z=(x+\Delta_x)+(y+\Delta_y) \tag{5-15}$$

$$\Delta_z=\Delta_x+\Delta_y \tag{5-16}$$

若对 x、y 均观测了 n 次，则得到 n 个真误差关系式：

$$\Delta_{z1}=\Delta_{x1}+\Delta_{y1}$$
$$\Delta_{z2}=\Delta_{x2}+\Delta_{y2}$$
$$\cdots$$
$$\Delta_{zn}=\Delta_{xn}+\Delta_{yn}$$

将上列各式等号两边平方得：

$$\Delta_{z1}^2=\Delta_{x1}^2+\Delta_{y1}^2+2\Delta_{x1}\Delta_{y1}$$
$$\Delta_{z2}^2=\Delta_{x2}^2+\Delta_{y2}^2+2\Delta_{x2}\Delta_{y2}$$
$$\cdots$$
$$\Delta_{zn}^2=\Delta_{xn}^2+\Delta_{yn}^2+2\Delta_{xn}\Delta_{yn}$$

等式两边相加，并除以 n 得：

$$\frac{[\Delta_z\Delta_z]}{n}=\frac{[\Delta_x\Delta_x]}{n}+\frac{[\Delta_y\Delta_y]}{n}+\frac{2[\Delta_x\Delta_y]}{n} \tag{5-17}$$

由于 Δ_x 和 Δ_y 均为偶然误差，它们的正负误差出现机会相等。因此，乘积 $\Delta_x\Delta_y$ 的正负号出现的机会也是相等的。参照偶然误差的抵偿性，可得：

$$\frac{2[\Delta_x\Delta_y]}{n}\to 0$$

所以式（5-17）变成：

$$\frac{[\Delta_z\Delta_z]}{n}=\frac{[\Delta_x\Delta_x]}{n}+\frac{[\Delta_y\Delta_y]}{n} \tag{5-18}$$

按照中误差定义：

$$\frac{[\Delta_z\Delta_z]}{n}=m_z^2,\frac{[\Delta_x\Delta_x]}{n}=m_x^2,\frac{[\Delta_y\Delta_y]}{n}=m_y^2 \tag{5-19}$$

得：

$$m_z^2=m_x^2+m_y^2 \tag{5-20}$$

或：

$$m_z=\pm\sqrt{m_x^2+m_y^2} \tag{5-21}$$

当函数为差函数 $z=x+y$ 时，式（5-21）同样成立。

如果函数 z 为 n 个独立观测值 $x_1,x_2,\cdots,x_n$ 的代数和，即：

$$z=x_1\pm x_2\pm\cdots\pm x_n \tag{5-22}$$

设 n 个观测值的中误差分别为 $m_1,m_2,\cdots,m_n$，按照上面和函数的推导方法，很容易得到函数 z 的中误差为：

$$m_z=\pm\sqrt{m_1^2+m_2^2+\cdots+m_n^2} \tag{5-23}$$

由此得出结论：和、差函数的中误差，等于各个观测值中误差平方和的平方根。

当各观测值中误差均为 m 时，即：

$$m_1=m_2=\cdots=m_n=m$$

式（5-23）可写成：

$$m_z=\pm\sqrt{n}\,m \text{ 或 } m=\pm\frac{m_z}{\sqrt{n}} \tag{5-24}$$

即 n 个等精度观测值代数和的中误差，等于观测值中误差的 $\sqrt{n}$ 倍。

【例 5-3】 在 $\triangle ABC$ 中，观测了三个内角 $\angle A$、$\angle B$ 和 $\angle C$，它们的观测中误差分别为 $\pm 2''$、$\pm 3''$ 和 $\pm 4''$，求三角形闭合差的中误差。

【解】 三角形闭合差 f 为：

$$f=\angle A+\angle B+\angle C-180°$$

则 f 的中误差为：

$$m_f=\pm\sqrt{m_A^2+m_B^2+m_C^2}=\pm\sqrt{29}=\pm 5.4\ ('')$$

5.3.2 倍数函数

设有函数：

$$z=kx \tag{5-25}$$

式中，k 为常数；x 为直接观测值。

其中误差为 m_x，现在求观测值函数 z 的中误差 m_z。

设 x 和 z 的真误差分别为 Δ_x 和 Δ_z，由式（5-25）知它们之间的关系为：

$$\Delta_z=k\Delta_x \tag{5-26}$$

若对 x 共观测了 n 次，则：

$$\Delta_{z_i}=k\Delta_{x_i}\quad(i=1,2,\cdots,n)$$

将上式两端平方后相加,并除以 n,得:

$$\frac{[\Delta_z^2]}{n} = k^2 \frac{[\Delta_x^2]}{n} \tag{5-27}$$

按中误差定义可知:

$$m_z^2 = \frac{[\Delta_z^2]}{n}, \quad m_x^2 = \frac{[\Delta_x^2]}{n} \tag{5-28}$$

所以式(5-26)可写成:

$$m_z^2 = k^2 m_x^2 \tag{5-29}$$

$$m_z = k m_x \tag{5-30}$$

即观测值倍数函数的中误差,等于观测值中误差乘倍数(常数)。

【例 5-4】 设在 1:500 地形图上,量得两点间的长度 d 为 60.4mm,其中误差 $m_d = \pm 0.2$mm。试算出两点间的实地水平距离 D 及其中误差 m_D。

【解】 水平距离为:

$$D = 500 \times 60.4 = 30.2 \text{ (m)}$$

中误差为:

$$m_D = 500 \times (\pm 0.2) = \pm 0.1 \text{ (m)}$$

5.3.3 线性函数

设有线性函数:

$$z = k_1 x_1 \pm k_2 x_2 \pm \cdots \pm k_n x_n \tag{5-31}$$

式中,x_1,x_2,…,x_n 为独立观测值;k_1,k_2,…,k_n 为常数。

综合式(5-29)和式(5-31)可得:

$$m_z^2 = (k_1 m_1)^2 + (k_2 m_2)^2 + \cdots + (k_n m_n)^2 \tag{5-32}$$

$$m_z = \sqrt{(k_1 m_1)^2 + (k_2 m_2)^2 + \cdots + (k_n m_n)^2} \tag{5-33}$$

由此可知,线性函数中误差等于各常数与相应观测值中误差乘积平方和的平方根。

【例 5-5】 有一函数 $Z = 2x_1 + x_2 + 3x_3$,其中 x_1、x_2、x_3 的中误差分别为 ± 3mm、± 2mm、± 1mm,求函数 Z 的中误差。

【解】 根据式(5-33),函数 Z 的中误差为:

$$m_Z = \pm\sqrt{6^2 + 2^2 + 3^2} = \pm 7.0 \text{ (mm)}$$

5.3.4 一般函数

设有一般函数:

$$z = f(x_1, x_2, \cdots, x_n) \tag{5-34}$$

x_1,x_2,…,x_n 为独立观测值,已知中误差为 m_i ($i = 1, 2, \cdots, n$)。

当 x_i 具有真误差 Δ_i 时,函数 z 则产生相应的真误差 Δ_z,因为真误差 Δ 是一微小量,故将式(5-34)取全微分,将其化为线性函数,并以真误差符号"δ"代替微分符号"d",得:

$$\Delta_z = \frac{\partial f}{\partial x_1}\Delta_{x_1} + \frac{\partial f}{\partial x_2}\Delta_{x_2} + \cdots + \frac{\partial f}{\partial x_n}\Delta_{x_n} \tag{5-35}$$

其中 $\frac{\partial f}{\partial x_i}$ 是函数对 x_i 取的偏导数并用观测值代入算出的数值,它们是常数,因此,上

式变成了线性函数,根据式(5-35)得:

$$m_z^2 = \left(\frac{\partial f}{\partial x_1}\right)^2 m_1^2 + \left(\frac{\partial f}{\partial x_2}\right)^2 m_2^2 + \cdots + \left(\frac{\partial f}{\partial x_n}\right)^2 m_n^2 \tag{5-36}$$

式(5-36)为误差传播定律的一般形式。显然,由独立观测值的中误差求观测值函数中误差的关系式即为误差传播定律。该定律在测量成果精度计算中得到广泛的应用。

【例 5-6】 设测得 A、B 两点的倾斜距离 $L=(30.000\pm0.005)\text{m}$,$A$、$B$ 两点的高差 $h=(2.30\pm0.04)\text{m}$,试求水平距离 D 的中误差 m_D。

【解】 ① 列出函数式,代入观测值得:

$$D = \sqrt{L^2 - h^2}$$
$$D = \sqrt{30.000^2 - 2.30^2} = 29.912 \text{ (m)}$$

② 对各观测值求偏导数,并代入观测值的数值,得:

$$\frac{\partial D}{\partial L} = \frac{L}{\sqrt{L^2-h^2}} = \frac{30.000}{29.912}$$

$$\frac{\partial D}{\partial h} = \frac{h}{\sqrt{L^2-h^2}} = -\frac{2.30}{29.912}$$

③ 将偏导数值代入式(5-28),求 m_D 值:

$$m_D = \pm\sqrt{\left(\frac{30.000}{29.912}\right)^2 \times 0.005^2 + \left(\frac{2.30}{29.912}\right)^2 \times 0.04^2} = \pm 0.006 \text{ (m)}$$

【例 5-7】 在利用公式 $\Delta_y = D\sin\alpha$ 计算 Δ_y 时,已知边长 $D=156.11\text{m}$,坐标方位角 $\alpha=49°45'00''$,中误差 $m_D = \pm 0.06\text{m}$,$m_\alpha = \pm 20''$,试求 Δ_y 的中误差 m_{Δ_y}。

【解】 ① 列出函数式:

$$\Delta_y = D\sin\alpha$$

② 对观测值 D、α 求偏导数:

$$\frac{\partial \Delta_y}{\partial D} = \sin\alpha \quad \frac{\partial \Delta_y}{\partial \alpha} = D\cos\alpha$$

③ 求 Δ_y 的中误差,根据式(5-28),得:

$$m_{\Delta_y} = \pm\sqrt{\sin^2\alpha \, m_D^2 + (D\cos\alpha)^2 m_\alpha^2}$$

式中,m_α 应以弧度为单位,为此须将 m_α 除以一个弧度值 ρ ($\rho=206265''$),故上式可写为:

$$m_{\Delta_y} = \pm\sqrt{\sin^2\alpha \, m_D^2 + (D\cos\alpha)^2 \left(\frac{m_\alpha}{\rho}\right)^2}$$
$$= \pm\sqrt{\sin^2 49°45'00'' \times 0.06^2 + (156.11 \times \cos 49°45'00'')^2 \times \left(\frac{20''}{206265''}\right)^2}$$
$$= \pm 0.047 \text{ (m)}$$

5.4 算术平均值及其中误差

5.4.1 算术平均值

在相同的观测条件下,对某量进行多次重复观测,根据偶然误差特性,可取其算术平均值作为最终观测结果。

设对某量进行了 n 次等精度观测,观测值分别为 $l_1, l_2, \cdots, l_n$,其算术平均值为:

$$L=\frac{l_1+l_2+\cdots+l_n}{n}=\frac{[l]}{n} \tag{5-37}$$

若观测量的真值为 X,则观测值的真误差为:

$$\begin{cases} \Delta_1=l_1-X \\ \Delta_2=l_2-X \\ \cdots \\ \Delta_n=l_n-X \end{cases} \tag{5-38}$$

将式(5-38)各式两边相加,并除以 n,得:

$$\frac{[\Delta]}{n}=X-\frac{[l]}{n}$$

将式(5-37)代入上式,并移项,得:

$$L=X-\frac{[\Delta]}{n}$$

根据偶然误差的特性,当观测次数 n 无限增大时,则有:

$$\lim_{n \to \infty}\frac{[\Delta]}{n}=0$$

同时可得:

$$\lim_{n \to \infty}L=X$$

由式(5-37)可知,当观测次数 n 无限增大时,算术平均值趋近于真值。但在实际测量工作中,观测次数总是有限的,因此,观测值的算术平均值更接近于真值。将最接近于真值的算术平均值称为最或然值或最可靠值。

5.4.2 观测值改正数

观测量的算术平均值与观测值之差,称为观测值改正数,用 v 表示。当观测次数为 n 时,有:

$$\begin{cases} v_1=L-l_1 \\ v_1=L-l_1 \\ \cdots \\ v_n=L-l_n \end{cases} \tag{5-39}$$

将式(5-39)各式两边相加,得:

$$[v]=nL-[l]$$

将 $L=\frac{[l]}{n}$ 代入上式,得:

$$[v]=0$$

观测值改正数的重要特性:对于等精度观测,观测值改正数的总和为零。

5.4.3 由观测值改正数计算观测值中误差

按式(5-8)计算中误差时,需要知道观测值的真误差,但在测量中,常常无法求得观测值的真误差。一般用观测值改正数来计算观测值的中误差。

由真误差与观测值改正数的定义可得式(5-38)和式(5-39),将两式相加,整理后得:

$$\begin{cases} \Delta_1 = (L-X) - v_1 \\ \Delta_2 = (L-X) - v_2 \\ \cdots \\ \Delta_n = (L-X) - v_n \end{cases} \quad (5\text{-}40)$$

将式（5-40）各式两边同时平方并相加，得：

$$[\Delta\Delta] = n(L-X)^2 + [vv] - 2(L-X)[v] \quad (5\text{-}41)$$

因为 $[v]=0$，令 $\delta = L-X$，代入（5-41），得：

$$[\Delta\Delta] = [vv] + n\delta^2 \quad (5\text{-}42)$$

上式两边再除以 n，得：

$$\frac{[\Delta\Delta]}{n} = \frac{[vv]}{n} + \delta^2 \quad (5\text{-}43)$$

又因为 $\delta = L-X$，$L = \frac{[l]}{n}$，所以：

$$\delta = L - X = \frac{[l]}{n} - X = \frac{[l-X]}{n} = \frac{[\Delta]}{n}$$

故：

$$\delta^2 = \frac{[\Delta]^2}{n^2} = \frac{1}{n^2}(\Delta_1^2 + \Delta_2^2 + \cdots + \Delta_n^2 + 2\Delta_1\Delta_2 + 2\Delta_2\Delta_3 + \cdots + 2\Delta_{n-1}\Delta_n)$$

$$= \frac{[\Delta\Delta]}{n^2} + \frac{2}{n^2}(\Delta_1\Delta_2 + \Delta_2\Delta_3 + \cdots + \Delta_{n-1}\Delta_n)$$

5.5 加权平均值及其中误差

前面介绍的是在等精度条件下进行一系列观测，而在实际观测过程中，需要对某观测量在不同观测条件（非等精度条件）下进行一系列观测，例如：在测量过程中，采用不同精度的仪器进行观测；或者采用同精度仪器分别进行观测，但观测条件不相同。由此所得的观测值的精度也不尽相同。在求取观测值的最或然值（或平差值）不能简单按照上节介绍的按算术平均值和中误差的公式来计算。需要在计算最或然值的过程中，充分考虑各观测值的可靠程度及其质量。从测量平差的角度出发，对于精度较低的观测值，给予其较低的计算比重，而对于高精度的观测值，则给予较高的计算比重。我们通常称这种比重关系为权重。

5.5.1 观测值的权

在非等精度观测过程中，对于观测结果，事先给定一个衡量其可靠程度的值，我们称之为观测值的权。它是衡量精度的一个相对指标，权与观测值的精度成反比关系。

例如，采用同一精度的仪器，对某一未知量分两组观测，每组的观测次数不同，第一组观测 2 次，第二组观测 5 次，每次的观测中误差为 m，两组的观测值平均值及平均值中误差如表 5-3 所示。

表 5-3 不等精度观测值的中误差

组	观测值	观测值中误差	算术平均值	算术平均值中误差
第一组	L_1	m	$x_1 = \dfrac{L_1 + L_2}{2}$	$m_{x_1} = \dfrac{m}{\sqrt{2}}$
	L_2	m		
第二组	L_3	m	$x_2 = \dfrac{L_3 + L_4 + L_5 + L_6 + L_7}{5}$	$m_{x_2} = \dfrac{m}{\sqrt{5}}$
	L_4	m		

续表

组	观测值	观测值中误差	算术平均值	算术平均值中误差
第二组	L_5	m	$x_2 = \dfrac{L_3+L_4+L_5+L_6+L_7}{5}$	$m_{x_2} = \dfrac{m}{\sqrt{5}}$
	L_6	m		
	L_7	m		

由表 5-3 中两组观测值的算术平差值中误差可知，第一组观测量算术平差值的中误差大于第二组观测量算术平差值的中误差，因此相对于观测结果精度来说，第一组较第二组的精度低，因此其权值较小。

设有一系列观测值 L_i（$i=1,2,\cdots,n$），它们的方差为 m_i^2（$i=1,2,\cdots,n$），中误差为 m_i（$i=1,2,\cdots,n$），如果选定任意常数 m_0^2，则观测值的权定义为：

$$p_i = \frac{m_0^2}{m_i^2} \tag{5-44}$$

式中，m_i^2 为单位权方法，又称为比例因子。

由权的定义可以看出，权与中误差的平方成反比，中误差越小，精度就越高，相应的其权重就越大。设非等精度观测值的中误差分别为 m_1、m_1、$\cdots$、m_n，其相应的权分别为：

$$p_1 = \frac{m_0^2}{m_1^2},\ p_2 = \frac{m_0^2}{m_2^2},\ \cdots,\ p_n = \frac{m_0^2}{m_n^2} \tag{5-45}$$

各观测值权的比例关系为：

$$p_1 : p_2 : \cdots : p_n = \frac{m_0^2}{m_1^2} : \frac{m_0^2}{m_2^2} : \cdots : \frac{m_0^2}{m_n^2} \tag{5-46}$$

在测量工作中，若已知某量的权和单位权中误差，其中误差可由权的定义表示为：

$$m_i = m_0 \sqrt{\frac{1}{p_i}} \tag{5-47}$$

【例 5-8】 设对某未知量等精度观测了 n 次，求其算术平均值的权。

【解】 设一测回观测值的中误差为 m，则算术平均值的中误差 $m_{\bar{x}} = \dfrac{m}{\sqrt{n}}$，取 $m_0 = m$，则一测回观测值的权为：

$$p = \frac{m^2}{m^2} = 1$$

算术平均值的权为：

$$p_{\bar{x}} = \frac{m^2}{m^2/n} = n$$

5.5.2 加权平均值及其中误差的计算

(1) 加权平均值

非等精度观测时，各观测值的可靠程度不同，采用加权平均的方法，求解观测值的最或然值。

设对某一量进行了 n 次非等精度观测。观测值为：L_1，L_2，$\cdots$，L_n。中误差为：m_1，m_2，$\cdots$，m_n。权为：P_1，P_2，$\cdots$，P_n。则其加权平均值为：

$$x = \frac{P_1 L_1 + P_2 L_2 + \cdots + P_n L_n}{P_1 + P_2 + \cdots + P_n} = \frac{[PL]}{P} \tag{5-48}$$

(2) 加权平均值的中误差

非等精度观测值 L_i 的加权平均值见式（5-48）。

利用误差传播定律，则：

$$m_x^2 = \left(\frac{P_1}{[P]}\right)^2 m_1^2 + \left(\frac{P_2}{[P]}\right)^2 m_2^2 + \cdots + \left(\frac{P_n}{[P]}\right)^2 m_n^2 \tag{5-49}$$

又因为 $m_x^2 = \dfrac{C}{P_x}$，$m_i^2 = \dfrac{C}{P_i}$，代入式（5-49），化简得：

$$P_x = [P]$$

即加权平均值的权等于各观测值权之和。

本章小结

本章主要阐述了测量误差；测量误差精度指标；误差传播定律；算术平均值及其中误差；加权平均值及其中误差相关知识。通过本章的学习可以了解测量误差及分类，熟悉衡量观测精度的标准、掌握误差传播定律及其应用，掌握观测值的算术平均值及其中误差的计算、应用，掌握加权平均值及其中误差的计算、应用。

思考题与习题

1. 误差的来源有哪几个方面？
2. 何为系统误差？它具有哪些性质？如何消除或削弱它？
3. 何为偶然误差？它具有哪些性质？如何削弱它的影响？
4. 何为精度？衡量精度的指标有哪些？
5. 什么是等精度观测？什么是非等精度观测？权的定义和作用是什么？
6. 为什么说算术平均值是最可靠值？
7. 什么是观测值改正数？它有何特性？如何由观测值改正数计算观测值的中误差？
8. 误差传播定律是什么？
9. 在相同的观测条件下，对某段距离丈量了5次，各次丈量的长度分别为：135.413m、135.432m、135.424m、135.428m、135.415m。试求：

(1) 距离的算术平均值；
(2) 观测值的中误差；
(3) 算术平均值的中误差及其相对中误差。

10. 对某角等精度观测6测回，计算得其平均值的中误差为±0.6″，要求该角的中误差为±0.4″，还需要再增加观测几个测回？

CHAPTER 第 6 章

小地区控制测量

本章导读

控制测量是指在测区内,按测量任务所要求的精度,测定一系列控制点的平面位置和高程,建立起测量控制网,作为各种测量的基础。控制网具有控制全局、限制测量误差累积的作用,是各项测量工作的依据。对于地形测图,等级控制是扩展图根控制的基础,以保证所测地形图能互相拼接成为一个整体。对于工程测量,常需布设专用控制网,作为施工放样和变形观测的依据。

思政元素

通过学习小地区控制测量的知识,我们可以深刻认识到工程建设对我国经济发展所做出的巨大贡献。在测量工作中,必须做到一丝不苟、精益求精,这样才能使工程建设顺利进行,为国家的经济发展做出应有的贡献

6.1 控制测量概述

6.1.1 控制测量的定义与分类

测量工作必须遵守"从整体到局部,先控制后碎部"的原则,即进行任何的测量工作,首先都要进行控制测量,确定控制点坐标,然后根据控制点进行碎部测量或测设工作。控制测量的首要任务是建立控制网,它是由控制点按一定规律构成的几何图形。控制网分为平面控制网和高程控制网两种,控制测量便是为建立控制网而服务的。

在一定区域内,建立控制网,按测量任务所要求的精度,测定一系列地面标志点(控制点)的平面位置和高程,这种测量工作称为控制测量。控制测量按照工作内容进行分类,可以分为平面控制测量和高程控制测量,测定控制点平面位置(x,y)的工作称为平面控制测量。测定控制点高程(H)的工作称为高程控制测量。

6.1.2 控制测量的基本方法

(1) 平面控制测量方法

平面控制测量的主要任务是建立平面控制网,根据精度要求的不同与测量现场实际情况

的差异，进行平面控制测量的方法也各不相同，目前，常用的平面控制测量方法主要有三角测量、三边测量、导线测量和 GPS 卫星定位技术等方法。

（2）**高程控制测量方法**

高程控制测量方法有水准测量、三角高程测量和 GPS 高程测量等。用水准测量方法建立的控制网称为水准网。

6.1.3 国家控制网概况

6.1.3.1 国家平面控制网

在全国范围内建立的控制网称为国家控制网。它是全国各种比例尺测图的基本控制网，并为确定地球的形状和大小提供研究资料。国家控制网主要采用三角网，局部地区采用精密导线，按照精度从高到低可以分为一等、二等、三等、四等四个等级。国家平面控制网的低级点受高级点逐级控制。

一等三角锁是国家平面控制网的骨干，其作用是在全国范围内建立一个统一坐标系的框架，为其他等级控制网的建立以及研究地球的形状和大小提供资料。如图 6-1 所示，国家一等三角锁一般沿经纬线方向构成纵横交叉的网状，锁段长度一般为 200km，纵横锁段构成锁环。在山区，三角形的平均边长一般为 25km，平原地区三角形的平均边长一般为 20km。

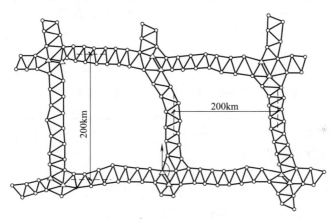

图 6-1 国家一等三角锁

二等三角网是在一等锁控制下布设的，它既是加密三、四等三角网的基础，同时又是地形测图的基本控制网。因此，必须兼顾精度和密度两个方面的要求。

我国二等三角网的布设有两种形式。

1958 年之前，采用两级布设二等三角网的方法。如图 6-2 所示，即在一等锁环内首先布设纵横交叉的二等基本锁，然后再在每个部分中布设二等补充网。此种方法布设的二等基本锁平均边长为 15～20km，二等补充网的平均边长为 13km。

1958 年后，改用二等全面网，即在一等锁环内直接布满二等网，如图 6-3 所示。采用此种方法布设的二等网平均边长为 13km 左右。

三、四等三角网是在一、二等网控制下布设的，是为了加密控制点，以满足测图和工程建设的需要。三、四等点以高等级三角点为基础，尽可能采用插网方法布设，即在高等级控制网内布设次一级的控制网，也可采用插点方法布设，即在高等级三角网内插入一个或两个低等级的新点，还可以越级布网，即在二等网内直接插入四等全面网。三等网的平均边长为 8km，四等网的边长在 2～6km 范围内变通。

随着科学技术的发展和现代化测量仪器的出现，三角测量这一传统定位技术已部分被卫

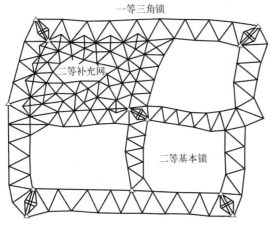
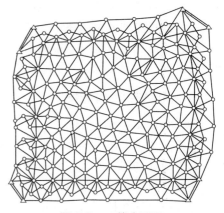

图6-2 1958年前国家二等三角网布设形式　　图6-3 二等全面网

星定位技术所代替。2009年发布和实施的《全球定位系统（GPS）测量规范》（GB/T 18314—2009）将GPS控制网分成A～E五级。A级、B级控制网用于建立国家一等、二等大地控制网。C级控制网用于建立三等大地控制网，以及建立区域、城市及工程测量的基本控制网等。D、E级控制网用于中小城市、城镇以及测图、地籍、土地信息、房产、物探、勘测、建筑施工等的GPS测量。在各大型工程建设中，GPS技术正在取代传统的三角测量成为平面控制网的首选方案。

由于全国性控制点的密度较小，远远不能满足大比例尺地形测图和工程建设测量的需要。因此，在进行大比例尺地形测图或进行工程建设时，需要根据任务要求对控制点进行加密，这些控制测量的工作通常都在小地区（面积小于$10km^2$）内进行，不用考虑地球曲率等因素的影响，方法相对较为简单，本章将重点对小地区控制测量进行讨论。

6.1.3.2　国家高程控制网

高程控制测量就是在测区布设高程控制点，即水准点，用精确方法测定它们的高程，构成高程控制网。进行高程控制测量的主要方法是水准测量，进而建立不同等级的高程控制网，即水准网。

在山区也可以采用光电测距三角高程测量。三角高程测量不受地形起伏的影响，工作速度快，但其精度较水准测量低，采取一定的观测方法可达到四等水准测量的精度要求。在平原地区，也可采用GPS方法代替四等水准测量。但在地形比较复杂或地质构造复杂的地区，采用GPS方法时，需进行高程异常改正。

国家水准测量同样按精度分为一、二、三、四等，逐级布设。一、二等水准测量用高精度水准仪和精密水准测量进行施测，其成果作为全国范围的高程控制、科学研究应用。三、四等水准测量除用于国家高程控制网的加密外，也在小地区用作建立高程控制网的依据。

6.1.4　工程测量控制网概况

工程测量控制网的布网原则与国家网相同，工程测量中也可直接应用国家控制测量成果，但对于种类繁多、测区面积悬殊的工程测量，国家控制测量的等级、密度等往往显得不适应。因此在《工程测量规范》（GB 50026—2020）中规定了工程测量控制网的布设方案和技术要求。

工程建设的不同阶段对控制网会提出不同的要求，工程测量控制网一般可分为测图控制网、施工控制网和变形观测专用控制网三类。

测图控制网是在工程设计阶段建立的用于测绘大比例尺地形图的测量控制网,其必须保证地形图的精度和各幅地形图之间的准确拼接。施工控制网是在工程施工阶段建立的用于工程施工放样的测量控制网。变形观测专用控制网是在工程竣工后的运营阶段建立的以监测建筑物变形为目的的控制网。由于建筑物变形的量级一般都很小,为了能精确地测出其变化,要求变形监测网具有较高的精度。

6.1.4.1 工程平面控制测量

工程测量平面控制网与国家网相比具有的特点为:工程测量控制网等级多;各等级控制网的平均边长较相应等级的国家网的边长短,即点的密度大;各等级控制网均可作为首级控制;各等级控制网分别作为首级网和加密网时,对其起算边的精度要求也不相同。《工程测量规范》(GB 50026—2020)中对三角测量、导线测量的技术要求分别见表 6-1 和表 6-2。

表 6-1 三角网的主要技术要求

等级	测角中误差 /(″)	三角形最大闭合差/(″)	平均边长 /km	起始边相对中误差	最弱边相对中误差	测回数		
						DJ1	DJ2	DJ6
二等	≤±1.0	≤±3.5	9	≤1/250000	≤1/120000	12		
三等	≤±1.8	≤±7	4.5	≤1/150000	≤1/70000	6	9	
四等	≤±2.5	≤±9	2	≤1/100000	≤1/40000	1	6	
一级	≤±5.0	≤±15	1	≤1/40000	≤1/20000		2	4
二级	≤±10.0	≤±30	0.5	≤1/20000	≤1/10000		1	2

表 6-2 导线测量的主要技术要求

等级	闭合环或附合导线长度/km	平均边长/m	测距中误差/mm	测角中误差/(″)	导线全长相对闭合差	测回数			方位角闭合差/(″)
						DJ1	DJ2	DJ6	
三等	14	3000	≤±20	≤±1.5	≤1/55000	6	10		≤±3.6$\sqrt{n}$
四等	9	1500	≤±18	≤±2.5	≤1/35000	4	6		≤±5$\sqrt{n}$
一级	4	500	≤±15	≤±5	≤1/15000		2	4	≤±10$\sqrt{n}$
二级	2.4	250	≤±15	≤±8	≤1/10000		1	3	≤±16$\sqrt{n}$
三级	1.2	120	≤±15	≤±12	≤1/5000		1	2	≤±24$\sqrt{n}$

注:n 为测站数。

6.1.4.2 工程高程控制网

工程和城市高程控制网一般利用水准测量的方法来建立,特殊条件下也可以采用精密三角高程测量的方法来建立。工程和城市高程控制网是各种大比例尺测图、城市工程测量和城市地面沉降观测的高程控制基础,又是工程建设施工放样和监测工程建筑物垂直形变的依据,其应与国家水准点进行联测,以求得高程系统的统一,在此基础上,可以根据具体的需要,依据相应的测量规范较为灵活地实施测量工作。

各等级的水准网在布设时应遵循以下原则。

(1) 从高到低、逐级控制

国家水准网采用由高到低,从整体到局部,逐级控制,逐级加密的方式布设。一等水准网是国家高程控制网的骨干,同时也为相关地球科学研究提供高程数据;二等水准网是国家高程控制网的全面基础;三、四等水准网直接为地形测图和其他工程建设提供高程控制点。

(2) 水准点分布应满足一定的密度

国家各等级的水准路线上,每隔一定距离应埋设稳固的水准标石,以便于长期保存和使用,设置水准标石的类型和间距应符合相应测量规范的要求。

(3) 水准测量达到足够的精度

足够的测量精度是保证水准测量成果使用价值的头等重要问题,特别是一等水准测量应当用最先进的仪器、最完善的作业方法和最严格的数据处理,以期达到尽可能高的精度。

(4) 水准网应定期复测

国家一等水准网应定期复测，复测周期主要取决于水准测量精度和地壳垂直运动速率，一般为 15～20 年复测一次。二等水准网根据实际需要可以进行不定期的复测。

6.2 导线测量

6.2.1 导线测量概述

测区内相邻控制点连接而构成的折线，称为导线。导线测量就是依次测定各导线边上和转折角的值，再根据起算数据，推算各导线点坐标。导线上的控制点，包括已知点和待定点，称为导线点。连接各导线点的折线边称为导线边。导线边之间所夹的水平角称为导线角，其中，与已知方向相连接的导线角称为连接角，也称定向角，不与已知方向相连接的导线角称为转折角。导线角按其位于导线前进方向的左侧或右侧而分别称为左角或右角。

导线测量中，由于各点上方向数较少，因此受通视要求的限制较少，易于选点定点。而且，导线网的图形非常灵活，选点时可以根据具体情况随时改变方案。鉴于以上优点，导线测量是建立小地区平面控制网和图根控制网较为常用的一种方法。根据测区的不同情况和要求，导线可以布设成闭合导线、附合导线和支导线三种形式。

6.2.1.1 闭合导线

从一高级控制点，即已知点开始，经过若干导线点，最后又回到起始点，形成闭合多边形，这种导线称为闭合导线，如图 6-4 所示。闭合导线本身存在着严密的几何条件，具有较强的检核作用，常用于较为开阔的面状区域的控制测量。

6.2.1.2 附合导线

从一高级控制点开始，经过各个导线点，附合到另一高级控制点上，形成连续折线，这种导线称为附合导线，如图 6-5 所示。附合导线由本身的已知条件构成对观测成果的校核作用，常用于带状区域的控制测量。

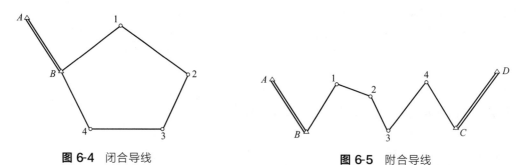

图 6-4 闭合导线 　　　　图 6-5 附合导线

6.2.1.3 支导线

支导线是指从一高级控制点开始，既不闭合到起始点，又不附合到另一高级控制点的导线。如图 6-6 中的 5、6 两点。支导线没有检核条件，不易发现错误，一般不宜采用，通常只在导线点不能满足局部测图需要的时候才增设支导线，并且导线边数一般不能超过 4 条。

在较大区域内进行控制测量时，单一导线往往满足不了工作的需要，因此常布设成相互联系的多条导线，形成网状结构，这种由多条导线构成的控制网称为导线网，如图 6-7 所示。导线网有较多的检核条件，整体精度相对较高，但是计算较为复杂。

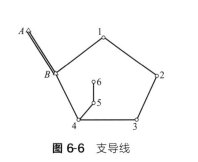

图 6-6 支导线

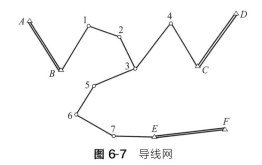

图 6-7 导线网

用导线测量的方法建立小地区平面控制网通常分为一级导线、二级导线和三级导线，每一级导线都有相应的技术参数，具体参数见表 6-2。用于大比例尺地形图测绘的图根导线的要求主要与地形图的比例尺有关。

6.2.2 导线测量的外业工作

导线测量的外业工作主要包括选点、测边、测角三项工作。

6.2.2.1 选点

选点就是在测区内选定导线点的位置，并建立标志。实地踏勘选点之前，应收集测区内已有的各种比例尺的地形图和已有的高等级控制测量成果，并了解控制点标志的保存完好情况。同时还应了解有关测区的气象、地址、行政区划、交通状况、风俗习惯等信息，为后续工作打下良好的基础。

收集资料之后，应先把高等级的控制点展绘在地形图上，然后在图上初步拟定导线点的位置和导线的布设形式。图上设计完成后，再到实地进行踏勘，最后选定导线点的位置。如果测区内没有可供参考的地形图，可以直接到实地踏勘，根据测区的基本情况直接在实地拟定导线的布设方案，并确定导线点的位置。

在进行实地选点时，应注意以下几个方面：

① 要确保相邻导线点之间通视良好，尽量远离障碍物，以便于测距和测角；
② 导线点应选在土质坚实、易于保护之处，以利于点位的稳定和仪器的安置；
③ 导线点要有一定的密度，并且应选在视野开阔处，便于实施碎部测量；
④ 为了确保测距、测角的精度，导线点应尽可能地远离强磁场、高电压、重水汽的环境；
⑤ 导线边长要大致相等，不能相差过于悬殊；
⑥ 要以《城市测量规范》(CJJ/T 8—2011) 为基础，严格达到其中的各项标准。

导线点选定后，要根据导线的不同等级采用不同的方式在地面上把点标定出来。导线点的标志分为临时性标志和永久性标志两种。临时性标志一般多用于图根控制网，若土质较为松软，可以在点位上打一较大木桩，然后在木桩顶端钉一钢钉，作为点的标志，若地面为柏油或水泥等较为坚实的表面，可以直接在地面上钉入一个钢钉，以钢钉作为点的标志。如果导线点需要长期保存，则需要建立永久性标志。永久性标志一般埋设于地下，标志由混凝土桩或石桩构成，在桩的顶部浇注一铜帽或钢筋，在铜帽或钢筋的顶端刻"十"字，以"十"字中心作为点的标志。临时性标志和永久性标志的埋设形式与水准点类似，在第 2 章中已详细介绍，请参见图 2-15 和图 2-16。

无论是临时性标志还是永久性标志，导线点埋设后，要在桩上或附近用红油漆写明点号或编号，同时还要做好点之记，以便于查找与使用控制点。所谓的点之记指的是记载等级控制点位置和结构情况的资料。这些资料包括：点名、等级、点位略图及与周围固定地物的相关尺寸等。点之记中的点位略图如图 6-8 所示。

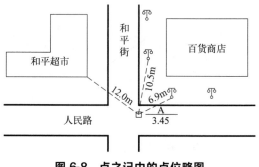

图 6-8　点之记中的点位略图

6.2.2.2　测边

目前，导线的边长一般利用光电测距仪或全站仪直接测量导线点间的水平距离。对于图根导线或精度要求不高的时候，也可以采用钢尺量距的方法进行测量，若采用钢尺丈量，钢尺必须经过检定，而且要进行往返丈量，取往返测量的平均值作为最终成果，一般要求钢尺量距的相对误差不大于 1/3000。

6.2.2.3　测角

导线测量需要测定每一个转折角和连接角的水平角值，对于闭合导线，应测其内角，而对于附合导线，一般应测其左角。测角时应采用测回法进行测量，不同等级的测角要求已列于表 6-2 中。图根导线中，一般采用 DJ6 级光学经纬仪或普通全站仪施测一个测回，若盘左、盘右测得的角值相差不大于 40″，取其平均值作为最终结果。

6.2.3　导线测量的内业计算

导线测量内业计算的目的是分配外业测量中产生的各项误差，计算各导线点的平面坐标 (x, y)，并评定其测量精度。

内业计算之前，应该全面检查导线测量的外业记录，看其数据是否完整，有无记错、算错等情况，成果是否符合相应等级的精度要求，起算数据是否准确等。然后绘制导线略图，把各项数据标注在图上的相应位置。导线略图如图 6-9 所示。

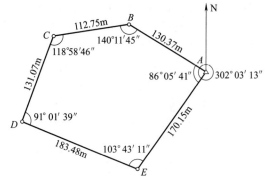

图 6-9　导线略图

6.2.3.1　内业计算中数字取位的要求

导线的内业计算必须合理地对数字进行取位，既不能因取位过少而损失测量精度，又不能因取位过多而增大内业计算量。通常情况下，对于四等及以下的导线，角值取至秒（″），边长与坐标值取至毫米（mm）。而图根导线，角值取至秒（″），边长和坐标值取至厘米（cm）。

6.2.3.2　内业计算的基本公式

（1）方位角计算

方位角的计算在本书第 4 章中已详细介绍，此处不再赘述，相关公式参见本书 4.5、4.6 节。

（2）坐标计算

根据直线起点的坐标、直线长度及其坐标方位角计算直线终点的坐标，称为坐标正算。如图 6-10 所示，已知直线 AB 起点 A 的坐标为 (x_A, y_A)，AB 的边长和坐标方位角分别为 D_{AB} 和 α_{AB}，需要计算直线 AB

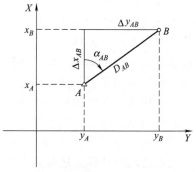

图 6-10　坐标增量计算

终点 B 的坐标 (x_B, y_B)。

直线两端点 A、B 的坐标之差称为坐标增量，分为 x 坐标增量和 y 坐标增量，分别用 Δx_{AB} 和 Δy_{AB} 表示。由图 6-10 可以看出坐标增量的计算公式为：

$$\begin{cases} \Delta x_{AB} = x_B - x_A = D_{AB}\cos\alpha_{AB} \\ \Delta y_{AB} = y_B - y_A = D_{AB}\sin\alpha_{AB} \end{cases} \tag{6-1}$$

6.2.3.3 闭合导线的坐标计算

现以图 6-10 所示的图根导线中的实测数据为例，结合"闭合导线坐标计算表"，说明闭合导线坐标计算的步骤。

(1) 准备工作

将检核后的外业距离观测数据、角度观测数据以及已知坐标、已知坐标方位角等起算数据填入"闭合导线坐标计算表"（表 6-3）中的相应栏内，起算数据要用下划双线标明。

(2) 角度闭合差的计算与调整

由几何原理可知，多边形内角和的理论值为：

$$\sum\beta_{理} = (n-2) \times 180° \tag{6-2}$$

式中，n 为多边形内角数。

由于观测角不可避免地含有误差，致使实测的内角和并不等于理论值。实测的内角和 $\sum\beta_{测}$ 与理论内角和 $\sum\beta_{理}$ 之差称为闭合导线角度闭合差，用 f_β 表示，即：

$$f_\beta = \sum\beta_{测} - \sum\beta_{理} \tag{6-3}$$

各级导线对角度闭合差的容许值 $f_{\beta容}$ 有着不同的规定，具体值参见表 6-2。本例为图根导线，图根导线的角度闭合差容许值为 $f_{\beta容} = \pm 60''\sqrt{n}$。若角度闭合差超限，则需要重新检测角度。反之，则可以对角度闭合差进行分配，分配时按照"反符号平均分配"的原则进行，即角度闭合差以相反符号平均分配到每个内角中去。如果不能均分，闭合差的余数应依次分配给角值较大的几个内角（见表 6-3 的第 3 列）。

将角度观测值加上改正数后便得到导线内角改正之后的角值，改正之后的内角和应等于理论值，将此作为计算的检核条件之一（见表 6-3 的第 4 列）。

(3) 推算各边的坐标方位角

角度闭合差调整完成后，用改正之后的角值，根据起始边的已知坐标方位角，推算各导线边的坐标方位角，并将推算出的导线各边的坐标方位角填入表 6-3 的第 5 列。

闭合导线各边坐标方位角的推算完成后，要推算出起始边的坐标方位角，它的推算值应与原有的已知坐标方位角值相等，以此作为一个检核条件，如果不等，应重新检查计算。

(4) 坐标增量的计算

利用各导线边的边长观测值和坐标方位角，按照式（6-1），分别计算每一条导线边两端点间的坐标增量，填入表 6-3 中第 7 列和第 8 列每一栏的下半部分。

(5) 坐标增量闭合差的计算与调整

从图 6-11（a）可以看出，闭合导线所有的 x 坐标增量与 y 坐标增量代数和的理论值都应为零，即：

$$\begin{cases} \sum\Delta x_{理} = 0 \\ \sum\Delta y_{理} = 0 \end{cases} \tag{6-4}$$

实际上由于边长的测量误差和角度闭合差调整后的残存误差，往往使实测的坐标增量代数和 $\sum\Delta x_{测}$ 和 $\sum\Delta y_{测}$ 不等于零，从而产生了纵坐标增量闭合差 f_x 和横坐标增量闭合差 f_y，如图 6-11（b）所示：

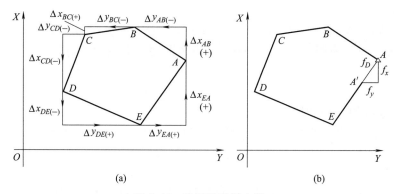

图 6-11 坐标增量闭合差

$$\begin{cases} f_x = \sum \Delta x_{测} \\ f_y = \sum \Delta y_{测} \end{cases} \quad (6\text{-}5)$$

从图 6-11（b）中可以看出，由于 f_x 和 f_y 的存在，使得导线不能闭合，推算得到的 A' 点与起始点 A 之间的长度 f_D 称为导线全长闭合差，即：

$$f_D = \sqrt{f_x^2 + f_y^2} \quad (6\text{-}6)$$

单纯通过 f_D 的大小无法准确衡量导线测量的精度，所以一般利用导线全长相对闭合差 K 来衡量。所谓的导线全长相对闭合差是导线全长闭合差 f_D 与导线全长 $\sum D$ 之比，以分子为 1 的分数形式来表示，即：

$$K = \frac{f_D}{\sum D} = \frac{1}{\dfrac{\sum D}{f_D}} \quad (6\text{-}7)$$

以导线全长相对闭合差 K 来衡量导线的精度，K 值的分母越大，精度越高。不同等级的导线对导线全长相对闭合差有不同的容许值 $K_{容}$，可参见表 6-2。本例为图根导线，图根导线中导线全长相对闭合差容许值为 $K_{容} = 1/2000$。若 $K > K_{容}$ 则成果不符合精度要求，需检查外业成果，或返工重测。反之则符合精度要求，需要对坐标增量闭合差进行调整。

进行坐标增量闭合差调整时，一般按照"与导线边长成正比反符号"的原则进行分配，即将 f_x 和 f_y 反其符号按边长成正比分配到各边的纵、横坐标增量中去，以 V_{xi}、V_{yi} 分别表示第 i 边的纵、横坐标增量改正数，即：

$$\begin{cases} V_{xi} = -\dfrac{f_x}{\sum D} \times D_i \\ V_{yi} = -\dfrac{f_y}{\sum D} \times D_i \end{cases} \quad (6\text{-}8)$$

坐标增量改正数应与导线边长观测值保留相同的小数位数，并且纵、横坐标增量改正数之和应分别等于纵、横坐标增量闭合差的相反数，即：

$$\begin{cases} \sum V_x = -f_x \\ \sum V_y = -f_y \end{cases} \quad (6\text{-}9)$$

计算得出的坐标增量闭合差改正数值分别填入相对应的坐标增量栏内的右上方（见表 6-3 的第 7、8 列），同时，应将纵、横坐标增量闭合差、导线全长闭合差、导线全长相对闭合差、导线全长相对闭合差容许值的计算过程填入表 6-3 的"辅助计算"一栏内，以便于衡量精度指标。

表 6-3 闭合导线坐标计算表

点号	观测角(内角) /(° ′ ″)	改正数 /(″)	改正角 /(° ′ ″)	坐标方位角 /(° ′ ″)	距离 D /m	增量计算值 Δx/m	增量计算值 Δy/m	改正后增量 Δx/m	改正后增量 Δy/m	坐标值 x/m	坐标值 y/m	点号
1	2	3	4	5	6	7	8	9	10	11	12	13
A										<u>500.00</u>	<u>1000.00</u>	A
				302 03 13	130.37	−1 69.19	−1 −110.50	69.18	−110.51			
B	140 11 45	−13	140 11 32							569.18	889.49	B
				262 14 45	112.75	−1 −15.21	−1 −111.72	−15.22	−111.73			
C	118 58 46	−13	118 58 33							553.96	777.76	C
				201 13 18	131.07	−1 −122.18	−2 −47.44	−122.19	−47.46			
D	91 01 39	−12	91 01 27							431.77	730.30	D
				112 14 45	183.48	−2 −69.46	−2 169.82	−69.48	169.80			
E	103 43 11	−12	103 42 59							362.29	900.10	E
				35 57 44	170.15	−1 137.72	−2 99.92	137.71	99.90			
A	86 05 41	−12	86 05 29							<u>500.00</u>	<u>1000.00</u>	A
				302 03 13								B
总和	540 01 02	−62	540 00 00		597.45	+0.06	+0.08					

辅助计算

$\Sigma\beta_{测}=540°01'02''$
$-\Sigma\beta_{理}=540°00'00''$

$f_\beta=+62''$
$f_{\beta容}=\pm60''\sqrt{n}=\pm60''\sqrt{5}=\pm134''$

$f_x=\Sigma\Delta x_{测}=+0.06(m), f_y=\Sigma\Delta y_{测}=+0.08(m)$
导线全长闭合差 $f_D=\sqrt{f_x^2+f_y^2}=+0.10(m)$
导线全长相对闭合差 $K=\dfrac{f_D}{\Sigma D}=\dfrac{0.01}{597.45}\approx\dfrac{1}{6000}<K_{容}=\dfrac{1}{2000}$

坐标增量闭合差调整之后，将各边的增量值加上相应的改正数，即可得到各边改正之后的纵、横坐标增量，将其填入表 6-3 的第 9、10 列。

改正之后的纵、横坐标增量的代数和应分别等于零，以此作为一个重要的计算检核条件。

(6) 计算各导线点的坐标

根据起点 A 的已知坐标以及改正后的坐标增量值，利用式（6-10）依次推算各点的坐标：

$$\begin{cases} x_{前} = x_{后} + \Delta x_{改} \\ y_{前} = y_{后} + \Delta y_{改} \end{cases} \quad (6\text{-}10)$$

由此计算得到的坐标值填入表 6-3 的第 11、12 两列。最后，还应该推算起始点 A 的坐标，其值应与原有的已知值相等。

6.2.3.4 附合导线的坐标计算

附合导线的坐标计算步骤与闭合导线基本相同，仅在角度闭合差的计算与调整以及坐标增量闭合差的计算方面稍有不同。以下仅介绍不同之处。

(1) 角度闭合差的计算与调整

如图 6-12 所示的附合导线中，A、B、G、H 四点的坐标已知，可以得出起始边 AB 和终边 GH 的坐标方位角 α_{AB} 和 α_{GH}。而根据起始边的 α_{AB} 和导线的连接角与转折角可以推算得到终边的坐标方位角 α'_{GH}，即：

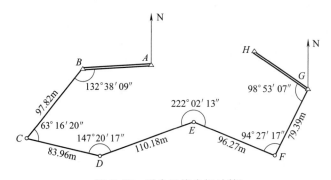

图 6-12 附合导线坐标计算

$$\begin{aligned}
\alpha_{BC} &= \alpha_{AB} + 180° + \beta_A \\
\alpha_{CD} &= \alpha_{BC} + 180° + \beta_B \\
\alpha_{DE} &= \alpha_{CD} + 180° + \beta_C \\
\alpha_{EF} &= \alpha_{DE} + 180° + \beta_D \\
\alpha_{FG} &= \alpha_{EF} + 180° + \beta_E \\
+ \quad \alpha'_{GH} &= \alpha_{FG} + 180° + \beta_G \\
\hline
\alpha'_{GH} &= \alpha_{AB} + 6 \times 180° + \sum \beta_{测}
\end{aligned}$$

由此可以写成观测左角时的一般公式：

$$\alpha'_{终} = \alpha_{始} + n \times 180° + \sum \beta_{测} \quad (6\text{-}11)$$

若观测右角，同样可以得到式（6-12）：

$$\alpha'_{终} = \alpha_{始} + n \times 180° - \sum \beta_{测} \quad (6\text{-}12)$$

求得终边的坐标方位角后，与其已知值相减，即可得到附合导线的角度闭合差，即：

$$f_\beta = \alpha'_终 - \alpha_终 \tag{6-13}$$

附合导线角度闭合差的调整与闭合导线略有不同，当角度闭合差在容许范围内时，如果观测的是左角，则将角度闭合差反符号平均分配到各左角中；如果观测的是右角，则将角度闭合差同符号平均分配到各右角中。

(2) 坐标增量闭合差的计算

附合导线的坐标增量代数和的理论值应等于终、始两点的已知坐标值之差，即：

$$\begin{cases} \sum \Delta x_理 = x_终 - x_始 \\ \sum \Delta y_理 = y_终 - y_始 \end{cases} \tag{6-14}$$

则附合导线坐标增量闭合差为：

$$\begin{cases} f_x = \sum \Delta x_测 - \sum \Delta x_理 = \sum \Delta x_测 - (x_终 - x_始) \\ f_y = \sum \Delta y_测 - \sum \Delta y_理 = \sum \Delta y_测 - (y_终 - y_始) \end{cases} \tag{6-15}$$

附合导线的导线全长闭合差、导线全长相对闭合差计算以及坐标增量闭合差的调整方法与闭合导线相同。

图 6-12 所示的附合导线坐标计算的全过程见表 6-4 的算例。

6.2.3.5 支导线的坐标计算

支导线中没有检核条件，因此没有角度闭合差与坐标增量闭合差的产生，导线的转折角和坐标增量均不需要进行改正，支导线的计算步骤为：

① 根据观测的连接角与转折角推算各边的坐标方位角；
② 根据各边的坐标方位角和边长计算坐标增量；
③ 根据各边的坐标增量推算各点的坐标。

6.2.4 查找导线测量粗差的基本方法

导线测量的内业工作完成后，如果角度闭合差 f_β 或导线全长相对闭合差 K 超过容许值时，应首先检查内业计算是否有错误，若无错误，则说明外业测得的某一个或多个角度、边长有错误，需要对错误的角度、边长重新进行测量。而通过以下方法进行计算，可以判断出哪一个角度或哪一条边含有粗差，可以有针对性地进行外业补测，节约时间，提高工作效率。

6.2.4.1 角度错误的查找方法

如图 6-13 所示，假设闭合导线 ABCDE 中的 D 角测错，其错误值为 x，其余观测量均正确无误。由图可以看出，在 D 点之后的 E、A 两点由于此错误，均绕 D 点旋转了 x 角，而移至 E'、A' 点。AA' 即为由于 D 角测错而产生的闭合差。由于其余观测量都正确无误，所以三角形 △ADA' 是等腰三角形，其底边 AA' 的垂直平分线通过定点 D。由此可见，当角度闭合差超限时，在闭合差 AA' 的中点做垂线，如果该垂线通过或非常接近某个导线点，则该点发生错误的可能性较大。

如果是如图 6-14 所示的附合导线，则可以分别从导线的两个端点 B 和 C 开始，按角度和边长把导线展绘到图上，则所绘的两条导线的交点 4 即为测错角度的导线点。同理，这种方法也适用于闭合导线。

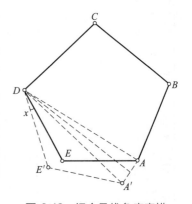

图 6-13 闭合导线角度查错

表 6-4　附合导线坐标计算表

点号	观测角(内角) /(° ′ ″)	改正数 /(″)	改正角 /(° ′ ″)	坐标方位角 /(° ′ ″)	距离 D /m	增量计算值 Δx/m	增量计算值 Δy/m	改正后增量 Δx/m	改正后增量 Δy/m	坐标值 x/m	坐标值 y/m	点号
1	2	3	4	5	6	7	8	9	10	11	12	13
A				267 30 28						627.04	1752.88	A
B	132 38 09	−7	132 38 02	220 08 30	97.82	−74.78 −1	−63.06 −1	−74.79	−63.07	623.73	1676.83	B
C	63 16 20	−6	63 16 14	103 24 44	83.96	−19.47 −1	81.67 −1	−19.48	81.66	548.94	1613.76	C
D	147 20 17	−7	147 20 10	70 44 54	110.18	36.33 −1	104.02 −1	36.32	104.01	529.46	1695.42	D
E	222 02 13	−7	222 02 06	112 47 00	96.27	−37.28 −1	88.76 −1	−37.29	88.75	565.78	1799.43	E
F	94 27 17	−7	94 27 10	27 14 10	79.39	70.59	36.33	70.58	36.32	528.49	1888.18	F
G	98 53 07	−7	98 53 00	306 07 10						599.07	1924.5	G
H										642.19	1865.41	H
总和	758 37 23	−41	758 36 42		467.62	−24.61	247.72	−24.66	247.67			

辅助计算

$$\alpha'_{GH} = 306°07'51''$$
$$-\alpha'_{GH} = 306°07'10''$$
$$f_\beta = +41''$$
$$f_{\beta容} = \pm 60''\sqrt{6} = \pm 147''$$

$$\sum \Delta x_{测} = -24.61(\text{m}),\ \sum \Delta y_{测} = 247.72(\text{m})$$
$$x_G - x_B = -24.66,\ y_G - y_B = 247.67$$
$$f_x = 0.05,\ f_y = 0.05$$

导线全长闭合差 $f_D = \sqrt{f_x^2 + f_y^2} = 0.07$
导线全长相对闭合差 $K = f_D / \sum D \approx 1/6500$
导线全长各许相对闭合差 $K_容 = 1/2000$

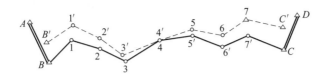

图 6-14 附合导线角度查错

如果误差比较小，用以上的图解法难以准确显示角度测错的点，这时可以从导线的两端开始分别计算各点的坐标，若某点的两个坐标值相同或相近，则该点就是角度测错的导线点。

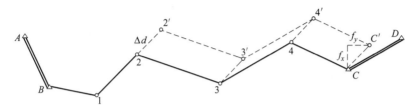

图 6-15 导线测距查错

6.2.4.2 边长错误的查找方法

如图 6-15 所示，假设 12 边的距离测量有误，相差 Δd，这使得 2、3、4、C 各点均按照 12 方向平移了 Δd 的距离至 $2'$、$3'$、$4'$、C' 点。

从图上可以看出，闭合差 CC' 的坐标方位角与量错边的坐标方位角极为接近。因此，查找错误时，先计算闭合差的坐标方位角 α'：

$$\alpha' = \arctan \frac{f_y}{f_x} \tag{6-16}$$

然后寻找坐标方位角值接近 α' 的导线边，则该边即为丈量有错误的边。

以上的查找错误方法，仅适用于只有一个角度或一条边产生错误的情况。

6.3 小三角测量

三角测量是进行平面控制测量的一种经典方法，其原理是将地面上所选的控制点相互连接成三角形而形成三角网，如图 6-16 所示，此时，控制点称为三角点。观测时，测量网中所有三角形的内角，再根据已知点的坐标或已知边长，利用正弦定理求得所有三角形的边长，根据已知坐标方位角和角度观测值推算出所有边的坐标方位角，进而计算得到所有三角点的坐标值。所谓小三角测量，是指在面积小于 $15 km^2$ 的测区内建立边

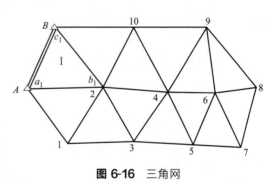

图 6-16 三角网

长较短的三角测量。其特点是边长短，计算时不用考虑地球曲率的影响，并按近似法处理观测成果。

6.3.1 小三角网的布设形式

根据测区的地形条件、已有高等级控制点的分布情况以及工程要求，小三角网可以布设

成单三角锁、中点多边形、大地四边形、线形三角锁四种形式，分别如图 6-17～图 6-20 所示。

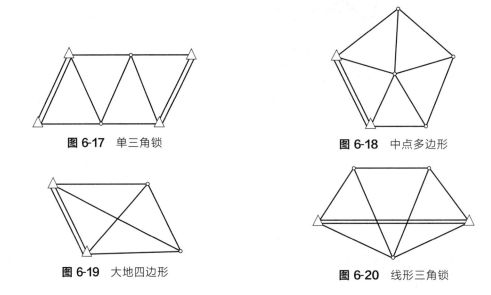

图 6-17　单三角锁　　　　　　图 6-18　中点多边形

图 6-19　大地四边形　　　　　图 6-20　线形三角锁

6.3.2　小三角测量的外业工作

小三角测量的外业工作包括踏勘选点、建立标志、测量起始边、测量水平角四项工作。

(1) 踏勘选点

首先利用测区原有的地形图在图上进行方案的设计，然后到实地进行踏勘，根据实际情况确定点位。为了保证测量精度，要求小三角网具有一定的图形强度，因此选点时应注意以下问题：

① 起始边应选在平坦而坚实的地段，以便于量距；

② 点位应选在地势较高、视野开阔、土质坚实的地方，以便于测角、测图和保存点位；

③ 三角形应尽量接近于等边三角形，其内角不应小于 30°，最大不应超过 120°，边长应满足相应等级的要求。

(2) 建立标志

确定点位后应及时建立测量标志。根据三角网的等级与精度要求建立临时性标志或永久性标志。临时性标志和永久性标志与导线测量中的标志类似。

(3) 测量起始边

起始边长是推算三角形边长、用于坐标计算的起始数据，要求精度比较高，所以要求采用精密光电测距的方法进行测量，并加入相应的改正数。

(4) 测量水平角

测角是三角测量的主要工作。如果测站上只有一个水平角，则采用测回法进行观测。如果测站上有三个或三个以上的方向时，应采用方向观测法测量。测角中误差可按式（6-17）计算：

$$m_\beta = \pm \sqrt{\frac{[\omega\omega]}{3n}} \tag{6-17}$$

式中，ω 为三角形闭合差，n 为三角形个数。

6.3.3 小三角测量的内业计算

小三角测量的内业计算目的是计算各个三角点的坐标，即根据已知数据和观测数据，结合图形条件，通过科学的数据处理合理分配误差，求出观测值的最或然值，最后通过最或然值求出三角点的坐标值，同时对观测精度进行评定。三角测量平差计算分为严密平差和近似平差两种方法，对小三角测量可以采用近似法进行计算。

下面结合实例说明小三角测量近似平差的计算方法和步骤。如图 6-21 所示的单三角锁，A 点坐标值和 AB 边的坐标方位角已知。AB 边长 D_0 和 FG 边长 D_5 用精确方法丈量，也作为已知条件。另外，观测了所有三角形的内角。欲求出 A 点以外的所有三角点的平面坐标。

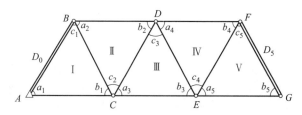

图 6-21 单三角锁算例

6.3.3.1 绘制略图、统一编号

从三角锁的起始边向终边方向对三角形进行统一编号，如图 6-21 中的Ⅰ、Ⅱ、Ⅲ、Ⅳ、Ⅴ。另外，对三角形的三个内角作如下规定：已知边所对角用 b 表示，待定边所对角用 a 表示，b 和 a 是用来向前推算边长的，所以又叫传距角，它们所对的边叫传距边。第三个角叫间隔角，用 c 表示，它所对边叫间隔边。根据上述规定，用 a_i、b_i、c_i 把所有三角形内角标出，并将其角值填入。

6.3.3.2 三角形闭合差的计算与调整

三角形的内角和应等于 180°，否则，其差值即为三角形闭合差，用 f 表示：

$$f_i = a_i + b_i + c_i - 180° \tag{6-18}$$

式中，f_i 为第 i 个三角形的角度闭合差。

若 f_i 不超过规范中的规定，则将 f_i 反符号平均分配给相应三角形的三个观测角，并计算第一次改正角 a_i'、b_i'、c_i'，即：

$$\begin{cases} a_i' = a_i - \dfrac{f_i}{3} \\ b_i' = b_i - \dfrac{f_i}{3} \\ c_i' = c_i - \dfrac{f_i}{3} \end{cases} \tag{6-19}$$

此时，必须满足：

$$a_i' + b_i' + c_i' = 180°00'00'' \tag{6-20}$$

以此作为检核。三角形闭合差的计算与调整的结果填入计算表。

6.3.3.3 边长闭合差的计算与调整

用第一次改正的传距角 a_i'、b_i' 和起始边长度 D_0，按正弦定理，可以推算出各传距边的长度 D_i'：

$$\begin{cases} D'_1 = D_0 \dfrac{\sin a'_1}{\sin b'_1} \\ D'_2 = D'_1 \dfrac{\sin a'_2}{\sin b'_2} = D_0 \dfrac{\sin a'_1}{\sin b'_1} \times \dfrac{\sin a'_2}{\sin b'_2} \\ \cdots \\ D'_5 = D_0 \dfrac{\sin a'_1}{\sin b'_1} \times \dfrac{\sin a'_2}{\sin b'_2} \times \dfrac{\sin a'_3}{\sin b'_3} \times \dfrac{\sin a'_4}{\sin b'_4} \times \dfrac{\sin a'_5}{\sin b'_5} \end{cases} \quad (6\text{-}21)$$

若第一次改正角和丈量的边 D_0、D_n 是正确的,则理论上应该是:

$$D'_5 = D_5 \quad (6\text{-}22)$$

而实际上存在测量误差,致使 $D'_5 \neq D_5$,其差值称为边长闭合差,用 W_D 表示,式(6-21)代入式(6-22)即为:

$$W_D = \dfrac{D_0 \times \sin a'_1 \times \sin a'_2 \times \sin a'_3 \times \sin a'_4 \times \sin a'_5}{D_5 \times \sin b'_1 \times \sin b'_2 \times \sin b'_3 \times \sin b'_4 \times \sin b'_5} - 1 \quad (6\text{-}23)$$

鉴于 D_0、D_5 丈量精度较高,其误差可以忽略不计,因此可以认为边长闭合差主要是由 a'_i 和 b'_i 的误差引起。若将第一次改正角 a'_i、b'_i 再加上第二次改正数 v_{a_i}、v_{b_i} 则可使边长条件得到满足,即:

$$\dfrac{D_0 \times \sin(a'_1 + v_{a_1}) \times \sin(a'_2 + v_{a_2}) \times \cdots \times \sin(a'_5 + v_{a_5})}{D_5 \times \sin(b'_1 + v_{b_1}) \times \sin(b'_2 + v_{b_2}) \times \cdots \times \sin(b'_5 + v_{b_5})} - 1 = 0 \quad (6\text{-}24)$$

现令式(6-23)右边第一项为 f_0,式(6-24)左边第一项为 f,又考虑到 v_{a_i} 和 v_{b_i} 都很小,所以将式(6-24)按泰勒级数展开,取至第一项,则式(6-24)变成:

$$\begin{aligned} f = f_0 &+ \dfrac{\partial f}{\partial a'_1} \times \dfrac{v_{a_1}}{\rho''} + \dfrac{\partial f}{\partial a'_2} \times \dfrac{v_{a_2}}{\rho''} + \cdots + \dfrac{\partial f}{\partial a'_5} \times \dfrac{v_{a_5}}{\rho''} \\ &+ \dfrac{\partial f}{\partial b'_1} \times \dfrac{v_{b_1}}{\rho''} + \dfrac{\partial f}{\partial b'_2} \times \dfrac{v_{b_2}}{\rho''} + \cdots + \dfrac{\partial f}{\partial b'_5} \times \dfrac{v_{b_5}}{\rho''} \end{aligned} \quad (6\text{-}25)$$

式中:

$$\begin{cases} \dfrac{\partial f}{\partial a'_i} = f_0 \times \cot a'_i \\ \dfrac{\partial f}{\partial b'_i} = -f_0 \times \cot b'_i \end{cases} \quad (6\text{-}26)$$

将式(6-24)、式(6-25)代入式(6-23),经整理得:

$$\sum_{i=1}^{5} \dfrac{v_{a_i}}{\rho''} \times \cot a'_i - \sum_{i=1}^{5} \dfrac{v_{b_i}}{\rho''} \times \cot b'_i + W_D = 0 \quad (6\text{-}27)$$

考虑到误差的均等性,又要满足三角形角度闭合条件,则必然是:

$$v_{a_i} = -v_{b_i} = -\dfrac{W_D \rho''}{\sum\limits_{i=1}^{5} \cot a'_i + \sum\limits_{i=1}^{5} \cot b'_i} \quad (6\text{-}28)$$

若令经过两次改正后三角形三内角值为 A_i、B_i、C_i,则有:

$$\begin{cases} A_i = a'_i + v_{a_i} \\ B_i = b'_i + v_{b_i} \\ C_i = c_i \end{cases} \quad (6\text{-}29)$$

边长闭合差的计算与调整的结果填入计算表。

6.3.3.4 各三角形的边长计算

根据 D_0、A_i、B_i、C_i 按正弦公式即可求得三角形各边长,并以计算得到的 FG 长度与实测的 D_5 相等作检核。

6.3.3.5 三角点的坐标计算

在三角网中,各边长已求出,再根据起始边的方位角和 A_i、B_i、C_i 即可求得各边的坐标方位角。进而根据已知点的坐标值求得各三角点的坐标。

6.4 交会定点

当导线点或小三角点的密度不能满足大比例尺测图或工程施工的要求时,需要利用已有的控制点进行控制点的加密。加密时,可以采用前方交会、侧方交会、后方交会和测边交会等多种方法。

6.4.1 前方交会

如图 6-22 所示,已知 A、B 两点的坐标分别为 (x_A, y_A) 和 (x_B, y_B),在 A、B 两点上分别设站观测 P 点,测得水平角 α 和 β,通过解算三角形计算出未知点 P 的坐标 (x_P, y_P),这便是前方交会的基本原理。

前方交会的计算步骤如下。

(1) 计算已知边的边长和坐标方位角

根据已知点坐标计算已知边的边长 S_{AB} 和坐标方位角 α_{AB}:

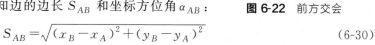

图 6-22 前方交会

$$S_{AB} = \sqrt{(x_B - x_A)^2 + (y_B - y_A)^2} \tag{6-30}$$

$$\alpha_{AB} = \arctan \frac{y_B - y_A}{x_B - x_A} \tag{6-31}$$

(2) 推算 AP 和 BP 边的边长和坐标方位角

根据正弦定理可以得到:

$$\begin{cases} S_{AP} = \dfrac{S_{AB} \sin\beta}{\sin\gamma} \\ S_{BP} = \dfrac{S_{AB} \sin\alpha}{\sin\gamma} \end{cases} \tag{6-32}$$

式中,$\gamma = 180° - (\alpha + \beta)$。

由图 6-22 可以得出 AP 和 BP 边坐标方位角为:

$$\begin{cases} \alpha_{AP} = \alpha_{AB} - \alpha \\ \alpha_{BP} = \alpha_{BA} + \beta \end{cases} \tag{6-33}$$

(3) 计算 P 点坐标

分别由 A 点和 B 点坐标推算 P 点的坐标,并作计算检核:

$$\begin{cases} x_P = x_A + S_{AP} \cos\alpha_{AP} \\ y_P = y_A + S_{AP} \sin\alpha_{AP} \end{cases} \tag{6-34}$$

$$\begin{cases} x_P = x_B + S_{BP} \cos\alpha_{BP} \\ y_P = y_B + S_{BP} \sin\alpha_{BP} \end{cases} \tag{6-35}$$

除了上述公式外,还可以利用余切公式(又称变形的戎格公式)直接计算 P 点坐标，即：

$$\begin{cases} x_P = \dfrac{x_A \cot\beta + x_B \cot\alpha + (y_B - y_A)}{\cot\alpha + \cot\beta} \\ y_P = \dfrac{y_A \cot\beta + y_B \cot\alpha - (x_B - x_A)}{\cot\alpha + \cot\beta} \end{cases} \quad (6\text{-}36)$$

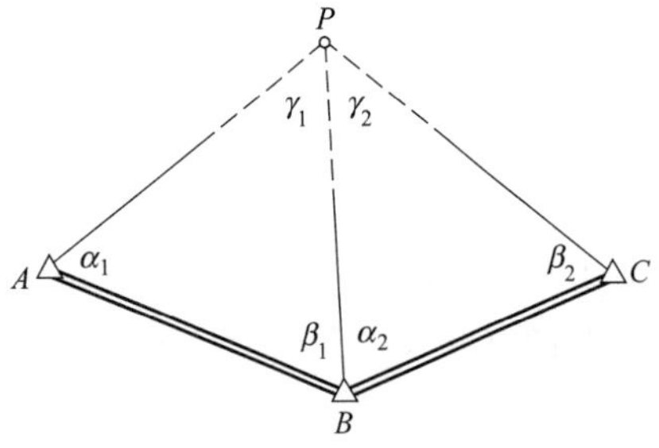

需要注意的是，在应用式（6-36）时，A、B、P 的点号必须按逆时针顺序进行排列。

为了避免外业观测错误，并提高未知点 P 的精度，一般进行前方交会定点时，要求布设成有三个已知点的前方交会，如图 6-23 所示。从 A、B、C 三个点分别向 P 点观测，测出四个角值 α_1、β_1、α_2、β_2。计算时，先按照△ABP 计算 P 点坐标 x'_P、y'_P，再按照△BCP 计算 P 点坐标 x''_P、y''_P。当这两组坐标的较差在容许限差范围内，则取它们的平均值作为 P 点的最后坐标。

图 6-23 带检核条件的前方交会

6.4.2 后方交会

如图 6-24 所示，在未知点 P 上设站，向三个已知点 A、B、C 进行观测，测得水平角 α 和 β，然后根据三个已知点的坐标和两个水平角的观测值计算未知点 P 的坐标，这种方法称为后方交会。

由于后方交会可以任意设站，而且仅需架设一次仪器，所以施工现场经常采用。后方交会的计算方法很多，这里省去公式推导的过程，仅介绍其中较为简单的一个公式：

$$\begin{cases} x_P = x_B + \dfrac{a - bK}{1 + K^2} \\ y_P = y_B + K\dfrac{a - bK}{1 + K^2} \end{cases} \quad (6\text{-}37)$$

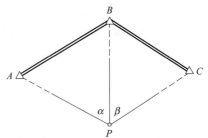

图 6-24 后方交会

式中：

$$\begin{cases} a = (y_A - y_B)\cot\alpha + (x_A - x_B) \\ b = (x_A - x_B)\cot\alpha - (y_A - y_B) \\ c = -(y_B - y_C)\cot\beta + (x_B - x_C) \\ d = -(x_B - x_C)\cot\beta - (y_B - y_C) \end{cases} \quad (6\text{-}38)$$

$$K = \dfrac{a + c}{b + d} \quad (6\text{-}39)$$

在使用后方交会法定点时需要注意，当未知点 P 落在 A、B、C 三点构成的圆周上的任意位置，如图 6-25 所示时，α 和 β 均不变，也就是说同一组 α、β 角值可以算得无数个 P 点坐标，这在计算过程中的表现就是无解。通常将过 A、B、C 三点的圆周称作危险圆。

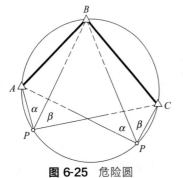

图 6-25 危险圆

在外业测量时，P 点绝对的位于危险圆上的情况比较罕见，但是在危险圆附近的情况比较容易出现，此时虽然能计算获得坐标,但坐标精度较低,因此选点时应对危险圆引起足够的重视。

6.4.3 侧方交会

如图 6-26 所示,所谓侧方交会是指分别在已知点 A(或 B)和未知点 P 上设站,测得 α 角(或 β 角)和 γ 角,然后求出 β 角:$\beta=180°-(\alpha+\gamma)$ [或求出 α 角:$\alpha=180°-(\beta+\gamma)$],这样就可以利用前方交会的余切公式进行计算,求出未知点 P 点的坐标。

6.4.4 测边交会

如图 6-27 所示,测边交会法是在两个已知点上分别设站测量其至待定点间的距离 S_{AP} 和 S_{BP},进而求得待定点坐标的一种方法。

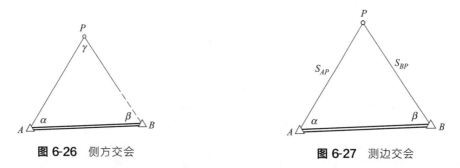

图 6-26 侧方交会　　　　图 6-27 测边交会

首先根据两个已知点 A、B 的坐标利用式(6-30)和式(6-31)分别求出两个已知点之间的距离和坐标方位角。然后根据所测的距离 S_{AP} 和 S_{BP} 以及计算得到的 S_{AB},利用余弦定理分别求出 α 角和 β 角。

$$\begin{cases} \alpha = \arccos \dfrac{S_{AB}^2 + S_{AP}^2 - S_{BP}^2}{2S_{AB}S_{AP}} \\ \beta = \arccos \dfrac{S_{AB}^2 + S_{BP}^2 - S_{AP}^2}{2S_{AB}S_{BP}} \end{cases} \quad (6\text{-}40)$$

最后再利用前方交会的余切公式进行计算,求出未知点 P 点的坐标。

6.5 全球导航卫星系统

6.5.1 全球导航卫星系统概述

全球导航卫星系统(Global Navigation Satellite System,GNSS)是指利用卫星信号进行导航定位的各种定位系统的统称,简称 GNSS。自从 1957 年 10 月 4 日,前苏联成功发射世界上第一颗人造地球卫星后,人们便开始了利用卫星进行定位与导航的研究,随后,卫星定位技术在大地测量学的应用也取得了惊人的发展,步入了一个崭新的时代。

目前,全世界已经投入使用的和正在建设中的导航卫星系统主要有四个。

(1)GPS 全球定位导航授时系统

GPS 是由美国国防部从 1973 年开始研制的全球性、全天候、连续的无线电定位、导航、授时系统。GPS 的卫星星座由 21 颗工作卫星和 3 颗备用卫星组成。目前在全球范围内被广泛应用于军事、测量、导航、灾害监测与预警等诸多领域。

(2) GLONASS 定位系统

前苏联国防部于 1978 年开始研制 GLONASS 定位系统，前苏联解体后，俄罗斯继续完善该系统，于 1995 年建设成功并投入使用。GLONASS 星座由 27 颗工作卫星和 3 颗备用卫星组成。目前，该系统的用户主要集中于俄罗斯及其周边国家。

(3) 伽利略定位系统

为了减少对美国 GPS 的依赖，同时也为了在卫星导航定位市场上占据一席之地，2002 年 3 月，欧盟 15 国交通部长会议一致决定，启动"伽利略"导航卫星计划。"伽利略"计划由 27 颗工作卫星和 3 颗备用卫星组成。

(4) 北斗卫星导航定位系统

北斗卫星导航系统（Beidou Navigation Satellite System，简称 BDS）是中国自行研制的全球卫星导航系统。北斗卫星导航系统由空间段、地面段和用户段三部分组成，可在全球范围内全天候、全天时为各类用户提供高精度、高可靠定位的导航、授时服务，并且具备短报文通信能力，已经初步具备区域导航、定位和授时能力，定位精度为分米、厘米级别，测速精度 0.2m/s，授时精度 10ns。

全球范围内已经有 137 个国家与北斗卫星导航系统签下了合作协议。随着全球组网的成功，北斗卫星导航系统未来的国际应用空间将会不断扩展。北斗三号全球卫星导航系统 2020 年建成开通。2023 年 5 月 17 日 10 时 49 分，中国在西昌卫星发射中心用长征三号乙运载火箭，成功发射第 56 颗北斗导航卫星。截至 2023 年 3 月，全国已有超过 790 万辆道路营运车辆、4.7 万多艘船舶、4 万多辆邮政快递干线车辆应用北斗系统，近 8000 台各型号北斗终端在铁路领域应用推广；北斗自动驾驶系统农机超过 10 万台，覆盖深耕、插秧、播种、植保、收获、秸秆处理和烘干等各个环节；2587 处水库应用北斗短报文通信服务水文监测，650 处变形滑坡体设置了北斗监测站点；搭载国产北斗高精度定位芯片的共享单车投放已突破 500 万辆，覆盖全国 450 余座城市；基于北斗高精度的车道级导航功能，已在 8 个城市成功试点，并逐步向全国普及。

6.5.2 GPS 的构成

GPS 由空间星座部分、地面监控部分和用户设备部分三部分组成。

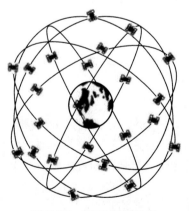

图 6-28 GPS 卫星星座

GPS 空间星座部分由 21 颗工作卫星和 3 颗备用卫星组成，如图 6-28 所示，24 颗卫星均匀分布在 6 个轨道平面内，每个轨道平面均匀分布着 4 颗卫星，卫星轨道平面相对地球赤道面的倾角均为 55°，各轨道平面升交点的赤经相差 60°，在相邻轨道上，卫星的升交距角相差 30°。轨道平均高度约为 20200km，卫星运行周期为 11 小时 58 分，地面观测者见到地平面以上的卫星颗数随时间和地点的不同而有差异，最少有 4 颗，最多有 11 颗，这样可以确保在世界任何地方，任何时间，都可以进行实时三维定位。

地面监控部分的主要任务是监视卫星的运行、确定 GPS 时间系统、跟踪并预报卫星星历和卫星钟状态、向每颗卫星的数据存储器注入导航数据。地面监控部分包括一个主控站、五个监测站和三个注入站。主控站位于美国本土科罗拉多空间中心，它除了协调管理地面监控系统外，还负责将监测站的观测资料联合处理推算卫星星历、卫星钟差和大气修正参数，并将这些数据编制成导航电文送到注入站。主控站还可以调整偏离轨道的卫星，使之沿预定轨道运行或启用备用卫星。

监测站是在主控站控制下的数据自动采集中心，5个监测站分别位于美国本土科罗拉多、夏威夷群岛、南大西洋的阿松森群岛、印度洋的迭哥伽西亚岛和南太平洋的卡瓦加兰岛。其主要任务是对可见卫星进行连续观测，以采集数据和监测卫星的工作状况，对所有观测数据连同气象数据传送到主控站，用以确定卫星的轨道参数。

三个注入站分别位于南大西洋的阿松森群岛、印度洋的迭哥伽西亚岛和南太平洋的卡瓦加兰岛，其主要任务是将主控站发来的导航电文注入到相应卫星的存储器，每天注入3~4次。此外，注入站能自动向主控站发射信号，每分钟发射一次，报告自己的工作状态。

GPS用户设备部分主要包括GPS接收机及天线、微处理器及其终端设备以及电源等。其中，接收机和天线是用户设备的核心部分，习惯上统称为GPS接收机。用户设备部分的主要任务是捕获卫星信号；跟踪并锁定卫星信号；对接收的卫星信号进行处理；测量出GPS信号从卫星到接收机天线间的传播时间；译出GPS卫星发射的导航电文，实时计算接收机天线的三维位置、速度和时间。

6.5.3 GPS的定位原理

GPS定位的基本原理就是以GPS卫星和用户接收机天线之间的距离观测量为基础，并根据卫星瞬时坐标，利用距离交会来确定用户接收机所在点的三维坐标。GPS定位的关键是测定用户接收机天线至GPS卫星之间的距离。依据测距的原理，其定位原理与方法主要有伪距法定位、载波相位测量定位。按定位方式，GPS定位又分为绝对定位和相对定位两种。

6.5.3.1 按测距的原理分类

(1) 伪距测量

GPS卫星能够按照星载时钟发射一种结构为伪随机噪声码的信号，称为测距码信号（即粗码C/A码或精码P码）。该信号从卫星发射经时间t后，到达接收机天线，卫星至接收机的空间几何距离$\rho=ct$。

实际上，由于传播时间t中包含有卫星时钟与接收机时钟不同步的误差，测距码在大气中传播的延迟误差等，因此求得的距离值并非真正的站星几何距离，习惯上称之为"伪距"，用ρ表示，与之相对应的定位方法称为伪距法定位。

假设在某一标准时刻T_a卫星发出一个信号，该瞬间卫星钟的时刻为t_a，该信号在标准时刻T_b到达接收机，此时相应接收机时钟的读数为t_b；于是伪距测量测得的时间延迟，即为t_b与t_a之差。

由于卫星钟和接收机时钟与标准时间存在着误差，设信号发射和接收时刻的卫星和接收机钟差改正数分别为V_a和V_b，则$(T_b-T_a)+(V_b-V_a)$即为测距码从卫星到接收机的实际传播时间ΔT。由上述分析可知，在ΔT中已对钟差进行了改正，但由$c\Delta T$所计算出的距离中，仍包含有测距码在大气中传播的延迟误差，必须加以改正。设定位测量时，大气中电离层折射改正数为$\delta\rho_I$，对流层折射改正数为$\delta\rho_\tau$，则所求GPS卫星至接收机的真正空间几何距离ρ应为：

$$\rho=cT-\delta\rho_I-\delta\rho_\tau \tag{6-41}$$

伪距测量的精度与测量信号（测距码）的波长及其与接收机复制码的对齐精度有关。目前，接收机的复制码精度一般取1/100，而公开的C/A码码元宽度（即波长）为293m，故上述伪距测量的精度最高仅能达到3m（2931/100≈3m），难以满足高精度测量定位工作的要求,而用 C/A 码测距时,通常采用窄相关技术,测距精度可达码元宽度 1/1000 左右,由于美国于 1994 年 1 月 31 日实施了 AS 技术,将 P 码和保密的 W 码进行模二相加以形成保密的 Y 码,使得民用用户只能用精度较低的 C/A 码进行测距,利用 Z 跟踪技术可对精度较高的 P 码进行相关处理,与 C/A 码相结合,可在一定程度上提高测距精度。

(2) 载波相位测量

利用 GPS 卫星发射的载波为测距信号。由于载波的波长($\lambda_{L1}=19.03\text{cm}$,$\lambda_{L2}=24.42\text{cm}$)比测距码波长要短得多,因此对载波进行相位测量,就可能得到较高的测量定位精度。

假设卫星 S 在 t_0 时刻发出一载波信号,其相位为 $\Phi(S)$;此时若接收机产生一个频率和初相位与卫星载波信号完全一致的基准信号,在 t_0 瞬间的相位为 $\Phi(R)$。假设这两个相位之间相差 N 个整周信号和不足一周的相位 $Fr(\Psi)$,则相位差为:

$$\Phi(R)-\Phi(S)=Fr(\Psi)+N \tag{6-42}$$

载波信号是一个单纯的余弦波。在载波相位测量中,接收机无法判定所量测信号的整周数,但可精确测定其零数 $Fr(\Psi)$,并且当接收机对空中飞行的卫星作连续观测时,接收机借助于内含的多普勒频移计数器,可累计得到载波信号的整周变化数 $Int(\Psi)$。因此,$\Psi=Int(\Psi)+Fr(\Psi)$ 才是载波相位测量的真正观测值。而 N_0 称为整周模糊度,它是一个未知数,但只要观测是连续的,则各次观测的完整测量值中应含有相同的整周模糊度,也就是说,完整的载波相位观测值应为:

$$\widetilde{\Psi}=\Psi+N_0=Int(\Psi)+Fr(\Psi)+N_0 \tag{6-43}$$

与伪距测量一样,考虑到卫星和接收机的钟差改正数 V_a、V_b 以及电离层折射改正和对流层折射改正 $\delta\rho_I$、$\delta\rho_\tau$ 的影响,可得到载波相位测量的基本观测方程为:$\rho=\widetilde{\Psi}\lambda$。其中,$\lambda$ 为载波波长。代入伪距方程中,得

$$\rho=\sqrt{(X_s-X)^2+(Y_s-Y)^2+(Z_s-Z)^2}-\delta\rho_I-\delta\rho_\tau+c\cdot V_b \tag{6-44}$$

6.5.3.2 按定位方式分类

(1) 绝对定位

绝对定位是以地球质心为参考点,确定接收机天线在 WGS-84 坐标系中的绝对位置。由于此种定位方式仅需一台接收机,因此又称为单点定位。

绝对定位的实质是空间距离后方交会。从理论上来讲,在一个测站上只需要 3 个独立距离观测量即可,即只需在一个点上能够接收到 3 颗卫星的信号即可进行绝对定位。但是由于 GPS 采用的是单程测距原理,同时卫星钟与用户接收机钟又难以保持严格同步,造成观测的测站与卫星之间的距离均含有卫星钟和接收机钟同步差的影响,故又称为伪距离测量。一般来说,卫星钟钟差是可以通过卫星导航电文中所提供的相应钟差参数加以修正的,而接收机的钟差一般难以预先准确测定。因此,可以将接收机钟差作为一个位置参数与测站点坐标同步解算,即在一个测站上,为了求解 3 个点位坐标参数和 1 个钟差参数,至少要有 4 个同步伪距观测量,即在一个测站上必须至少同步观测 4 颗卫星才能准确定位。

绝对定位受到卫星星历误差、信号传播误差以及卫星几何分布影响显著,所以定位精度较低,一般来说,只能达到米级的定位精度,目前的手持 GPS 接收机大多采用的该技术。此定位方式仅适用于车辆导航、船只导航、地质调查等精度要求较低的测量领域。

(2) 相对定位

GPS 相对定位也叫差分 GPS 定位,是目前 GPS 测量中精度最高的定位方式,广泛应用于各种测量工作中。所谓相对定位是指在 WGS-84 坐标系中,确定观测站与某一地面参考

点之间的相对位置,或者确定两个观测站之间的相对位置的方法。GPS 相对定位分为静态相对定位和动态相对定位两种。

① 静态相对定位 如图 6-29 所示,静态相对定位是指将两台或多台接收机分别安置在不同点上,由此构成了多条基线,接收机的位置静止不动,同步观测至少 4 颗相同的卫星,确定各条基线端点在协议地球坐标系中的相对位置。

静态相对定位采用载波相位观测量作为基本观测量,其精度远高于码相关伪距测量,并且采用不同载波相位观测量的线性组合可以有效地削弱卫星星历误差、信号传播误差以及接收机钟不同步误差对定位的影响。而且接收机天线长时间固定在基线端点上,可以保证足够的观测数据,可以准确地确定整周模糊度。

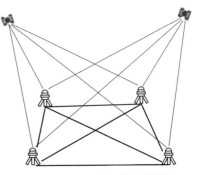

图 6-29 GPS 相对定位原理

这些优点使得静态相对定位可以达到很高的精度,一般可以达到 $10^{-6} \sim 10^{-7}$ m,甚至更高。

但是静态相对定位定位时间过长是其不可回避的缺点,在仅有 4 颗卫星可以跟踪的情况下,通常要观测 1~1.5h,甚至观测更长的时间,从而大大影响了 GPS 定位的效率。

② 动态相对定位 动态相对定位是指使用两台或多台 GPS 接收机,将一台接收机安置在基准站上固定不动,另外的一台或多台接收机安置在运动的载体上或在测区内自由移动,基准站和流动站的接收机同步观测相同的卫星,通过在观测值之间求差,以消除具有相关性的误差,提高定位精度。动态相对定位中,流动站的位置是通过确定该点相对于基准站的相对位置实现的。这种定位方法也称为差分 GPS 定位。

动态相对定位又分为以测距码伪距为观测值的动态相对定位和以载波相位为观测值的动态相对定位。

动态相对定位根据数据处理方式不同,又可分为实时处理和测后处理。数据的实时处理可以实现实时动态定位,但应在基准站和用户之间建立数据的实时传输系统,以便将观测数据或观测量的修正值实时传输给流动站。数据的测后处理是在测后进行相关的数据处理,以求得定位结果,这种数据处理方法不需要实时传输数据,也无法实时求出定位结果,但可以在测后对所测数据进行详细的分析,易于发现粗差。

6.6 高程控制测量

6.6.1 高程控制测量概述

前文已经指出,测定控制点高程(H)的工作称为高程控制测量。进行高程控制测量的主要方法是水准测量,进而建立不同等级的高程控制网,即水准网。

布设全国统一的高程控制网必须利用精密水准测量的方法联测到水准原点。根据高程控制网所要求达到的精度和用途的不同,可以采用不同等级的水准测量进行联测。

水准测量分为一、二、三、四等水准测量以及图根水准测量,图根水准测量通常用于精度要求较低的图根控制网,在本书第 2 章中已经详细阐述,本文不再探讨。一等水准测量是国家高程控制网的骨干,同时也为相关地球科学研究提供高程数据;二等水准测量是国家高程控制网的全面基础;三、四等水准测量直接为地形测图和其他工程建设提供高程控制点。

水准测量的等级不同,相应的技术要求也有较大的差异,根据《国家一、二等水准测量规范》(GB/T 12897—2006)和《国家三、四等水准测量规范》(GB/T 12898—2009)的规定，各等级的水准测量的主要技术要求见表6-5和表6-6。一般来说，建立小地区首级高程控制网采用三、四等水准测量的方法，因此，本文将重点阐述三、四等水准测量的相关内容。

表 6-5 水准测量测站限差

等级	仪器类型	视线长度 /m	前后视距差 /m	前后视距累计差/m	视线高度（下丝读数）/m	重复测量次数/次	基辅分划读数差/mm	基辅分划高差之差/mm	检测间歇点高差之差/mm
一等	DS05	≤30	≤0.5	≤1.5	≥0.5	—	0.3	0.4	0.7
	数字水准仪	≥4且≤30	≤1.0	≤3.0	≤2.80且≥0.65	≥3			
二等	DS1	≤50	≤1.0	≤3.0	≥0.3	—	0.4	0.6	1.0
	数字水准仪	≥3且≤50	≤1.5	≤6.0	≤2.80且≥0.55	≥2			
三等	DS3	≤75	≤2.0	≤5.0	三丝能读数	—	2.0	3.0	3.0
	DS1,DS05	≤100							
四等	DS3	≤100	≤3.0	≤10.0	三丝能读数	—	3.0	5.0	5.0
	DS1,DS05	≤150							

表 6-6 往返测高差不符值与环线闭合差的限差

等级	测段、路线往返测高差不符值	附合路线闭合差	环线闭合差	检测已测测段高差之差
一等	$\pm 1.8\sqrt{K}$		$\pm 2\sqrt{F}$	$\pm 3\sqrt{R}$
二等	$\pm 4\sqrt{K}$	$\pm 4\sqrt{L}$	$\pm 4\sqrt{F}$	$\pm 6\sqrt{R}$
三等	$\pm 12\sqrt{K}$	平原 $\pm 12\sqrt{L}$ 山区 $\pm 15\sqrt{L}$	平原 $\pm 12\sqrt{F}$ 山区 $\pm 15\sqrt{F}$	$\pm 20\sqrt{R}$
四等	$\pm 20\sqrt{K}$	平原 $\pm 20\sqrt{L}$ 山区 $\pm 25\sqrt{L}$	平原 $\pm 20\sqrt{F}$ 山区 $\pm 25\sqrt{F}$	$\pm 30\sqrt{R}$

注：K 为测段或路线长度，单位为千米（km）；L 为附合路线长度，单位为千米（km）；F 为环线长度，单位为千米（km）；R 为检测测段长度，单位为千米（km）。

6.6.2 三、四等水准测量

6.6.2.1 三、四等水准路线的布设

三、四等水准路线一般沿道路布设，尽量避开土质松软地段，水准点间的距离一般为2~4km，在城市建筑区为1~2km。水准点应选在地基稳固，能长久保存和便于观测的地方。

三、四等水准测量的主要技术要求见表6-6，在观测中，每一测站的技术要求见表6-5。

6.6.2.2 三、四等水准测量的观测方法

三、四等水准测量的观测应在通视良好、望远镜成像清晰稳定的情况下进行，并需采用DS3及更高精度的水准仪进行观测。观测时，一般采用双面尺法进行观测。双面尺法采取的是"后-前-前-后"的观测顺序，即：

① 观测后视水准尺的黑面，读取上、中、下三丝读数，并记入观测手簿（表6-7）中，分别对应填入（2）、（3）、（1）栏内；

② 观测前视水准尺的黑面，读取上、中、下三丝读数，并记入观测手簿中，分别对应填入（5）、（6）、（4）栏内；

③ 观测前视水准尺的红面，读取中丝读数，并记入观测手簿中的（7）栏内；

④ 观测后视水准尺的红面，读取中丝读数，并记入观测手簿中的（8）栏内。

"后-前-前-后"观测顺序的优点是可以减弱仪器下沉误差的影响。概括起来，每个测站共需读取8个读数，并需要立即进行测站计算与检核，满足三、四等水准测量的有关限差要

求后方可迁站。

6.6.2.3 三、四等水准测量的测站计算与检核

三、四等水准测量的测站计算与检核包括视距计算、尺常数 K 检核、高差计算与检核、每页水准测量记录计算检核四个部分。

(1) **视距计算**

视距计算是根据前、后视的上、下视距丝读数来计算前、后视的视距。

后视视距：$(9)=[(1)-(2)]\times 100$；

前视视距：$(10)=[(4)-(5)]\times 100$；

前后视距差：$(11)=(9)-(10)$，三等水准测量中，视距差不得超过 2m，四等水准测量中，视距差不得超过 3m。

前后视距累计差：$(12)=$ 上一站的$(12)+$ 本站的 (11)，三等水准测量中，前后视距累计差不得超过 5m，四等水准测量中，前后视距累计差不得超过 10m。

(2) **尺常数 K 检核**

三、四等水准测量必须采用双面水准尺，水准尺的黑面刻划都从零开始，而红面刻划一根尺从 4.687m 开始，另一根尺从 4.787m 开始，这里的 4.687 或 4.787 便称为尺常数 K。并产生了尺常数 K 检核，即同一根水准尺红、黑面中丝读数之差，应等于该尺的尺常数 K，因此在记录手簿中：

$$(13)=(6)+K-(7)$$
$$(14)=(3)+K-(8)$$

根据《工程测量标准》（GB 50026—2020）的要求，(13)、(14) 的大小，在三等水准测量中不得超过 2mm，四等水准测量中不得超过 3mm。

(3) **高差计算与检核**

利用前、后视水准尺的黑、红面中丝读数分别计算该站的高差，即：

黑面高差：$(15)=(3)-(6)$

红面高差：$(16)=(8)-(7)$

由于配对使用的水准尺尺常数相差 0.100m，所以，如果没有观测误差，(15) 和 (16) 应相差 0.100m，即：

红、黑面高差之差：$(17)=(15)-(16)\pm 0.100=(14)-(13)$

对于三等水准测量，要求 (17) 不得超过 3mm，对于四等水准测量，要求 (17) 不得超过 5mm。

红黑面高差之差在容许范围以内时，取其平均值作为该测站的观测高差，即：

$$(18)=\{(15)+[(16)\pm 0.100]\}/2$$

(4) **每页水准测量记录计算检核**

为了防止计算出错，应在记录手簿每一页的最后对这一页的计算进行总体计算检核，主要包括：

高差检核：$\Sigma(3)-\Sigma(6)=\Sigma(15)$

$\Sigma(8)-\Sigma(7)=\Sigma(16)$

$\Sigma(15)+\Sigma(16)=2\Sigma(18)$（适用于偶数站的情况）

或 $\Sigma(15)+\Sigma(16)=2\Sigma(18)\pm 100$mm（适用于奇数站的情况）

视距差检核：$\Sigma(9)-\Sigma(10)=$ 本页末站$(12)-$前页末站(12)

本页总视距：本页总视距$=\Sigma(9)+\Sigma(10)$

计算实例请参照表 6-7。

表 6-7 三（四）等水准观测手簿

测自	BM_1		至	A			2010 年 10 月 16 日		
时刻 始	9		时	30	分		天气：晴		
末	10		时	20	分		成像：清晰		

测站编号	后尺 下丝 上丝 后视距 视距差 d	前尺 下丝 上丝 前视距 累计差 $\sum d$	方向及尺号	标尺读数 黑面	标尺读数 红面	K加黑减红 /mm	高差中数 /m	备注
	(1)	(4)	后	(3)	(8)	(14)		
	(2)	(5)	前	(6)	(7)	(13)		
	(9)	(10)	后-前	(15)	(16)	(17)	(18)	
	(11)	(12)						
1	1328	1515	后 BM_1	1116	5805	−2		
	0904	1103	前 TP_1	1309	6096	0		
	42.4	41.2	后-前	−193	−291	−2	−0.192	
	+1.2	+1.2						
2	1586	1153	后 TP_1	1310	6097	0		
	1033	602	前 TP_2	877	5562	2		
	55.3	55.1	后-前	433	535	−2	+0.434	
	+0.2	+1.4						
3	1338	1723	后 TP_2	1110	5798	−1		
	882	1256	前 TP_3	1489	6275	1		
	45.6	46.7	后-前	−379	−477	−2	−0.378	
	−1.1	+0.3						
4	1265	2219	后 TP_3	975	5765	−3		
	683	1628	前 A	1924	6612	−1		
	58.2	59.1	后-前	−949	−847	−2	−0.948	
	−0.9	−0.6						
			后					
			前					
			后-前					
每页检核	$\sum(9)=201.5$ −)$\sum(10)=202.1$ =−0.6 =4 站(12)		$\sum(3)=4.511$ −)$\sum(6)=5.599$ −1.088 $\sum(15)=-1.088$	$\sum(8)=23.465$ −)$\sum(7)=24.545$ −1.080 $\sum(16)=-1.080$		$\sum(15)=-1.088$ +)$\sum(16)=-1.080$ −2.168 $2\sum(18)=-2.168$		

6.6.2.4 三、四等水准测量成果计算

三、四等水准测量的内业计算与本书第 2 章所介绍的方法相同。

6.6.3 三角高程控制测量

三角高程测量是一种间接测定未知点高程的方法，常用于两点之间地形起伏较大，水准测量难以实施之处。与水准测量相比，三角高程测量精度较低，常用于山区地形测量、航测外业等。

6.6.3.1 三角高程测量的基本原理

三角高程测量的基本原理是根据测站点和目标点间的水平距离以及其竖直角来计算两点的高差。如图 6-30 所示，假设 A 点高程已知为 H_A，需要求未知点 B 的高程 H_B。在 A 点上安置仪器，照准 B 点上的目标顶端 N，测得其竖直角为 α，A、B 两点的水平距离为 S，同时量取仪器高为 i，目标高为 v，则可以得到两点的高差 h_{AB} 为：

$$h_{AB}=S \cdot \tan\alpha+i-v \tag{6-45}$$

B 点的高程为：

$$H_B=H_A+h_{AB} \tag{6-46}$$

6.6.3.2 地球曲率和大气折光对高差的影响

得出式（6-45）的前提条件是用水平面代替大地水准面，即把大地水准面看作平面，而且仅适用于观测视线为直线的情况，当两点之间的距离小于 300m 时是适用的。如果两点之间的距离大于 300m，则必须考虑地球曲率带来的影响，需要加上地球曲率的改正数，称为球差改正。同时，由于大气密度不同，造成观测视线受大气折光的影响而形成了一条向上凸起的弧线，产生了误差，必须加入大气垂直折光差改正，称为气差改正。以上两项改正合称为球气差改正，简称二差改正。

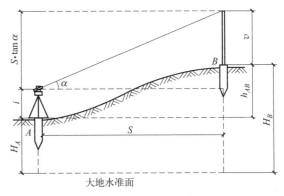

图 6-30 三角高程测量原理

如图 6-31 所示，O 点为地球中心，R 为地球曲率半径（$R=6371$km），S 为地面点 A、B 之间的实测水平距离，PE 和 AF 分别为过仪器中心 P 点和测站点 A 点的水准面，曲线 PN 为实际光程曲线。当位于 P 点的望远镜指向与 PN 相切的 PM 方向时，由于大气折光的影响，由 N 点反射出的光线正好落在望远镜的横丝上。即仪器置于 A 点上测得直线 PM 的竖直角为 α。由图可以看出，BF 为 AB 两点的真实高差 h_{AB}；GE 是由于地球曲率而产生的误差，即球差 c；MN 是由于大气折光而产生的误差，即气差 γ；EF 即为仪器高 i。可以得到：

$$h_{AB}=BF=MG+EF+EG-BN-MN \quad (6\text{-}47)$$

即：

$$h_{AB}=S \cdot \tan\alpha+i-v+c-\gamma \quad (6\text{-}48)$$

由图 6-31 可以看出，△OPG 为直角三角形，因此得到：

$$(R'+c)^2=R'^2+S^2 \quad (6\text{-}49)$$

即：

$$c=\frac{S^2}{2R'+c} \quad (6\text{-}50)$$

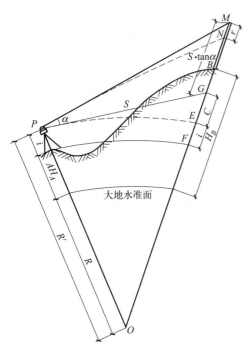

图 6-31 球气差对三角高程测量的影响

考虑到 c 与 R' 相比很小，式（6-50）的右端中 c 可以略去，又考虑到 R' 与 R 相差甚小，所以用 R 代替 R'，因此得出：

$$c=\frac{S^2}{2R} \quad (6\text{-}51)$$

根据研究，大气折射使光线实际传播路径为一近似圆弧，而且其曲率半径约为地球曲率半径的 7 倍，则：

$$\gamma=\frac{S^2}{14R} \quad (6\text{-}52)$$

根据以上两式可以得出二差改正数为：

$$f = c - \gamma = \frac{S^2}{2R} - \frac{S^2}{14R} \approx 0.43 \frac{S^2}{R}(\text{m}) = 6.7 \times S^2 (\text{cm}) \tag{6-53}$$

式中，S 为水平距离，km。

本章小结

本章主要阐述控制测量概念、导线测量、小三角测量、交会定点、全球导航定位系统及高程控制测量；通过本章的学习可以了解控制测量的定义、分类及基本方法；掌握导线测量方法、步骤及内业计算；了解小三角测量、交会定点；熟悉全球导航定位系统；掌握三、四等水准测量方法；熟悉全球导航定位系统；熟悉三角高程控制测量。

思考题与习题

1. 控制测量分为哪两类？各有什么作用？
2. 建立平面控制网的主要方法有哪些？各有什么优缺点？
3. 导线的布设形式有哪几种？导线外业选点时应该注意哪些问题？
4. 导线内业计算的目的是什么？计算的基本步骤是什么？
5. 计算图 6-32 所示闭合导线各点的坐标值。
6. 计算图 6-33 所示附合导线各点的坐标值。
7. 小三角网的布设形式有哪几种？其内业计算的步骤是什么？
8. 前方交会、后方交会、侧方交会、测边交会各需要哪些已知数据？各适用于什么场合？

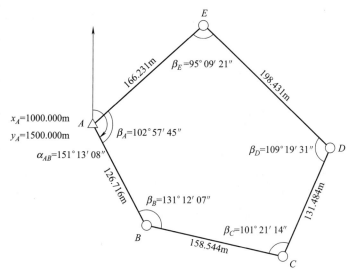

图 6-32 习题 5 附图

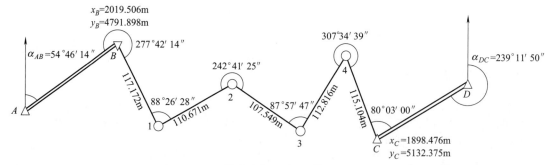

图 6-33 习题 6 附图

9. 全球导航卫星系统由哪些部分组成？各部分的作用是什么？
10. 卫星绝对定位和相对定位的基本原理各是什么？
11. 三、四等水准测量与等外水准测量在观测和计算方面有哪些异同之处？
12. 三角高程测量的基本原理是什么？

CHAPTER 第 7 章

地形图的基本知识

本章导读

地图按照内容分为普通地图和专题地图。普通地图是反映地表基本要素的一般特征的地图,它以相对均衡的详细程度表示制图区域各种自然地理要素和社会经济要素的基本特征、分布规律及其相互关系。专题地图是根据专业需要着重反映自然和社会现象中的某一种或几种专业要素的地图,集中表现某种主题内容。

思政元素

地图是测绘的重要产品之一,在学习地形图测量方法的同时,我们也要加强版图意识,要使用标准地图,识别问题地图。中国虽大,但一点都不能少。

7.1 地形图的比例尺

7.1.1 比例尺的表示方法

图上一段直线长度与地面上相应线段的实际水平长度之比,称为图的比例尺。比例尺有以下几种表示方法。

(1) 数字比例尺

数字比例尺是分子为 1、分母为整数的分数。设图上一段直线长度是 d,对应的实地长度是 D,则该图的比例尺为

$$\frac{d}{D} = \frac{1}{\dfrac{D}{d}} = \frac{1}{M} \tag{7-1}$$

式中,M 为数字比例尺分母。此分数值越大(M 值越小),比例尺越大,反之亦然。数字比例尺一般写成 1∶500、1∶1000、1∶2000 等形式。

(2) 图示比例尺

最常见的图示比例尺是直线比例尺,如图 7-1 所示为 1∶500 的直线比例尺。取 2cm 长度为基本单位,从直线比例尺上可以读出基本单位的 1/10,可估读到 1/100。

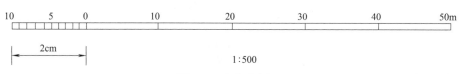

图 7-1 直线比例尺

7.1.2 地形图按比例尺分类

地形图按比例尺的大小分为大比例尺地形图、中比例尺地形图和小比例尺地形图。通常把 1∶500、1∶1000、1∶2000、1∶5000 比例尺的地形图称为大比例尺图,把 1∶10000、1∶25000、1∶100000 比例尺地形图称为中比例尺地形图,把 1∶200000、1∶500000、1∶1000000 以上的图称为小比例尺地形图。

大比例尺地形图在实际生产生活中有着广泛的用途,如表 7-1 所示。

表 7-1 大比例尺地形图的用途

比例尺	用 途
1∶500	初步设计、施工图设计、城镇、工矿总图管理、竣工验收等
1∶1000	
1∶2000	可行性研究、初步设计、矿山总图管理、城镇详细规划等
1∶5000	可行性研究、总体规划、厂址选择、初步设计等

中比例尺地形图是国家的基本图,由国家测绘部门负责测绘,目前大部分采用航空摄影测量的方法成图。小比例尺地形图一般由中比例尺图缩小编绘而成。大比例尺地形图可以采用平板仪、经纬仪测绘,目前一般采用全站仪或 GPS-RTK 测量,大面积测图时也采用航空摄影测量结合补调绘的方法成图。

7.1.3 比例尺精度

人们用肉眼能分辨的图上最小距离为 0.1mm,因此,把相当于图上 0.1mm 的实地水平距离称为比例尺精度,即:比例尺精度=$0.1M$ (mm)。显然,比例尺越大,其比例尺精度也越高。工程上常用的大比例尺地形图的比例尺精度如表 7-2 所示。

表 7-2 工程上常用的大比例尺地形图的比例尺精度

比例尺	1∶500	1∶1000	1∶2000	1∶5000	1∶10000
比例尺精度/m	0.05	0.1	0.2	0.5	1.0

比例尺精度的概念对于测图和用图都有很重要的意义,根据比例尺精度可以知道地面上量距应准确到什么程度,测图比例尺应根据用图的需要来确定。例如测绘 1∶2000 比例尺的地形图,实地测量距离只需取到 0.2m,因为量得再精细,在图上是无法表示出来的。例如要在图上反映出 5cm 的细节,则所选用的比例尺不应小于 1∶500。比例尺越大,地图表示越详细,精度也越高,但是,一幅图所能容纳的地面面积也就越小,而且测绘成本也就越高,所以应该根据实际需要,选择适当的比例尺进行测图。

7.2 地形图的分幅和编号

为了便于编图、印刷、管理和查询,需要对地形图进行分幅和编号。地形图分幅和编号有两种方法,一种是经纬网梯形分幅法或国际分幅法;另一种是坐标格网正方形或矩形分幅法。前者用于国家基础比例尺地形图,后者用于工程建设大比例尺地形图。

7.2.1 经纬网国际分幅法

同其他国家一样,我国也是以 1∶1000000 地图为基础,按规定的经差和纬差统一划分图幅,即梯形分幅,从而使相邻比例尺地图的数量成为简单的倍数关系。经纬线分幅的优点是每个图幅都有明确的地理概念,缺点是经纬线被画成了曲线,相邻图幅不能拼接。

7.2.1.1 原有地形图分幅和编号方法

1991 年以前地形图的分幅和编号系统是以 1∶1000000 地形图为基础,划分出 1∶500000、1∶250000、1∶100000 三种比例尺的地形图;在 1∶100000 的基础上,划分出 1∶50000 和 1∶10000 比例尺的地形图;由 1∶50000 延伸出 1∶25000 比例尺的地形图。

(1) 1∶1000000 地形图的分幅和编号

1∶1000000 地形图的分幅和编号是国际上统一规定的,从赤道起算,每纬差 4°为一行,至北极各分为 22 行,依次用大写拉丁字母 A,B,C,……,V 表示其相应行号;从 180°经线起算,自西向东每经差 6°为一列,全球分为 60 列,依次用阿拉伯数字 1,2,3,……,60 表示其相应列号,如图 7-2 所示;由经线和纬线所围成的每一个梯形小格为一幅 1∶1000000 地形图,它们的编号由该图所在的行号与列号组合而成,例如北京所在的 1∶1000000 地形图的图号为 J-50。

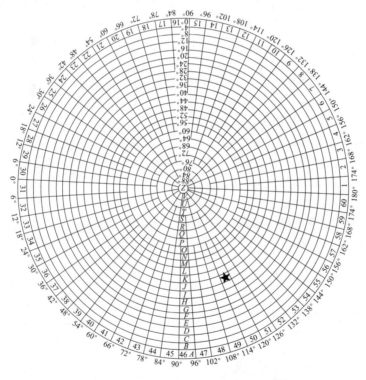

图 7-2 北半球 1∶1000000 地形图分幅和编号

(2) 1∶500000、1∶200000、1∶100000 比例尺地形图分幅和编号

这三种比例尺地形图均是在 1∶1000000 地形图的基础上进行分幅和编号的。

① 1∶500000 地形图按经差 3°、纬差 2°划分,故 1 幅 1∶1000000 的地形图包括 4 幅 1∶500000 的地形图。编号方法是从左至右,从上至下用拉丁字母 A,B,C,D 加在 1∶1000000 图号的后面,例如北京某地:北纬 39°54′30″,东经 116°28′25″,图幅编号为 J-50-

A，如图 7-3 所示。

② 1∶250000 地形图按经差 1°30′，纬差 1°划分，1 幅 1∶1000000 的地形图包括 16 幅 1∶250000 地形图。编号方法是从左至右，从上至下用带中括号的阿拉伯数字［1］～［16］加在 1∶1000000 图号的后面，例如北京某地的经纬度为：北纬 39°54′30″，东经 116°28′25″，图幅编号为 J-50-［3］，如图 7-4 所示。

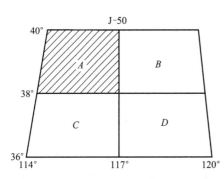

图 7-3　1∶500000 地形图分幅和编号

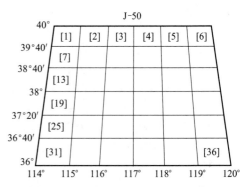

图 7-4　1∶250000 地形图分幅和编号

③ 1∶100000 地形图按经差 30′，纬差 20′划分，1 幅 1∶1000000 的地形图包括 144 幅 1∶100000 的地形图。编号方法是从左至右，从上至下用阿拉伯数字 1～144 加在 1∶1000000 图号的后面，例如北京某地的经纬度为：北纬 39°54′30″，东经 116°28′25″，图幅编号为 J-50-5，如图 7-5 所示。

(3) 1∶50000、1∶25000 和 1∶10000 地形图的分幅和编号

1∶50000 和 1∶10000 比例尺地形图是在 1∶100000 的基础上延伸出来的，1∶25000 比例尺地形图是由 1∶50000 延伸出来的。

① 1∶50000 地形图按经差 15′，纬差 10′划分，编号方法是从左至右，从上至下用拉丁字母 A，B，C，D 加在 1∶100000 图号的后面，例如北京某地经纬度为：北纬 39°54′30″，东经 116°28′25″，图幅编号为 J-50-5-B，如图 7-6 所示。

② 1∶25000 地形图是在 1∶50000 地形图基础上进行的，按经差 7′30″，纬差 5′划分，编号方法是从左至右，从上至下用阿拉伯数字 1、2、3、4 加在 1∶50000 图号的后面，例如北京某地经纬度为：北纬 39°54′30″，东经 116°28′25″，图幅编号为 J-50-5-B-4，如图 7-7 所示。

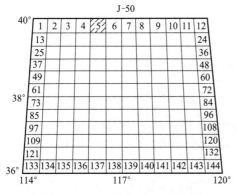

图 7-5　1∶100000 地形图分幅和编号

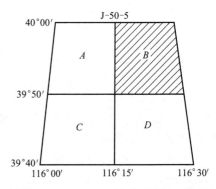

图 7-6　1∶50000 地形图分幅和编号

③ 1∶10000 地形图按经差 3′45″，纬差 2′30″划分，编号方法是从左至右，从上至下用小中括号的阿拉伯数字（1）到（64）加在 1∶100000 图号的后面，例如北京某地经纬度为：北纬 39°54′30″，东经 116°28′25″，图幅编号为 J-50-5-（24），如图 7-8 所示。

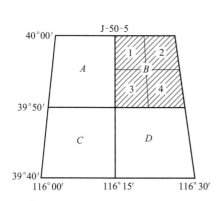

图 7-7 1∶25000 地形图分幅和编号

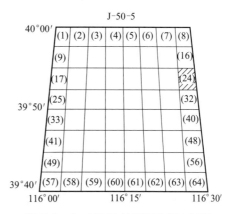

图 7-8 1∶10000 地形图分幅和编号

7.2.1.2 新地形图的分幅和编号

(1) 1∶1000000 地形图的分幅和编号

新的 1∶1000000 地形图编号由该图行号（字符码）和列号（数字码）组合而成，只是行、列的称呼与旧版本相反，即把列和行对换，横向为行，纵向为列，且由"列-行"式改为"行列"式。例如北京 1∶1000000 地形图的编号为 J50。

(2) 1∶500000～1∶5000 地形图的编号

1∶500000～1∶5000 地形图的编号均以 1∶1000000 的地形图编号为基础，采用行列编号方法，即将 1∶1000000 地形图按所含各比例尺地形图的经差和纬差划分成若干行和列（详见表 7-3），横行从上到下、纵列从左到右按顺序分别用三位阿拉伯数字（数字码）表示，不足三位者前面补零，取行号在前、列号在后的排列形式标记；各比例尺地形图分别采用不同的字符作为其比例尺的代码（见表 7-4）；1∶500000～1∶5000 地形图的图号均由其所在 1∶1000000 地形图的图号、比例尺代码和各图幅的行列号共十位码组成，如图 7-9 所示。例如北京 1∶250000 图幅编号是 J50C002003；1∶100000 图幅的编号是 J50D010010。

表 7-3 1∶1000000～1∶5000 地形图经纬差和行、列数关系表

比例尺		1∶1000000	1∶500000	1∶250000	1∶100000	1∶50000	1∶25000	1∶10000	1∶5000
图幅范围	经差	6°	3°	1°30′	30′	15′	7′30″	3′45″	1′52.5″
	纬差	4°	2°	1°	20′	10′	5′	2′30″	1′15″
行列数量关系	行数	1	2	4	12	24	48	96	192
	列数	1	2	4	12	24	48	96	192

表 7-4 各种比例尺地形图符号代码表

比例尺	1∶500000	1∶250000	1∶100000	1∶50000	1∶25000	1∶10000	1∶5000
代码	B	C	D	E	F	G	H

注：1∶1000000 代码是 A，未列出。

7.2.2 矩形分幅

大比例尺地形图通常采用以坐标格网线为图框的矩形分幅，图幅大小为 50cm×50cm、50cm×40cm 或者 40cm×40cm，每幅图以 10cm×10cm 为基本方格。一般规定，对 1∶

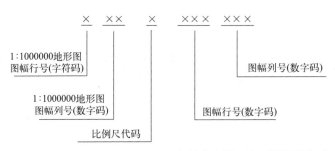

图 7-9 1∶500000～1∶5000国家基本比例尺地形图图号构成

5000比例尺的图幅，采用纵横各40cm的图幅，即实地为 $2km \times 2km = 4km^2$ 的面积；对1∶2000、1∶1000和1∶500比例尺图幅，采用纵横各50cm的图幅，即实地为 $1km^2$、$0.25km^2$ 和 $0.0625km^2$ 的面积。以上为正方形分幅。

地形图按矩形分幅常用的编号方法有两种。

(1) 图幅西南角坐标编号方法

以每幅图的西南角坐标值 x、y 的千米数作为该图幅的编号，如图 7-10 所示为 1∶1000 比例尺的地形图，按照图幅西南角坐标编号法分幅，其中画阴影线的两幅图的编号分别为 3.0-1.5，2.5-2.5。这种方法的编号和测区的坐标值联系在一起，便于按照坐标查询。

(2) 基本图幅编号方法

将坐标原点置于城市中心，X、Y 坐标轴将城市分为Ⅰ、Ⅱ、Ⅲ、Ⅳ四个象限，如图 7-11（a）所示。以城市地形图最大比例尺 1∶500 图幅为基本图幅，图幅大小是 $50cm \times 40cm$，实地范围为东西 250m，南北 200m。按照坐标的绝对值 $x = 0 \sim 200m$ 编号为 1，$x = 200 \sim 400m$ 编号为 2，依此类推；$y = 0 \sim 250m$ 编号为 1，$y = 250 \sim 500m$ 编号为 2，依此类推。x、y 中间以 "/" 分隔，称为图幅号。如图 7-11（b）所示为 1∶500 比例尺图幅在第一象限中的编号。每 4 幅 1∶500 图构成 1 幅 1∶1000 图，每 16 幅 1∶500 图构成 1 幅 1∶2000 图，因此同一地区 1∶1000 和 1∶2000 图幅编号如图 7-11（c）和图 7-11（d）所示。

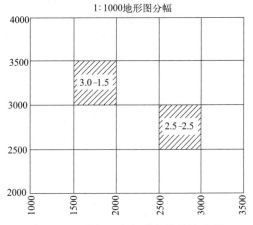

图 7-10 图幅西南角坐标编号法分幅

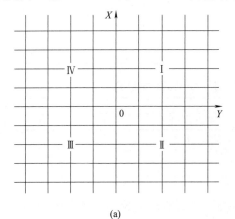

(a)

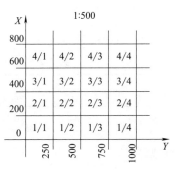

(b)

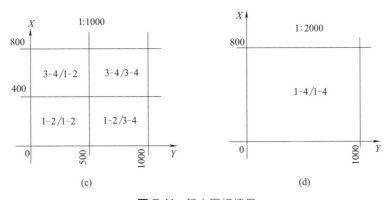

图 7-11 基本图幅编号

基本图幅编号方法的优点是：根据编号很容易看出地图的比例尺，其图幅坐标范围也较容易计算。例如，某幅图编号为Ⅱ39-40/53-54，可知该图幅为1：1000图，位于第二象限（城市的东南区），其坐标值范围为：

$$x：-200\text{m}\times(39-1)\sim-200\times40=-7600\sim-8000\text{m}$$
$$y：250\text{m}\times(53-1)\sim250\times54=13000\sim13500\text{m}$$

7.3 地形图的图外注记

为了更好地诠释地形图所反映的地物内容，地形图还包括很多的图外注记，例如图名、图号、接图表、比例尺、图廓线等。

(1) 图号、图名、接图表

图号是统一分幅编号，以确定地图所在的位置。图名是地图的名称，选用图幅内最著名的地名、最大的村庄、突出的地物、地貌等的名称，沙漠等特殊地区也用图号作为地图的图名。接图表是在地图图廓的左上方，画有该幅图四邻各图名（或图号）的略图，中间一个画有斜线的代表本图幅。接图表的作用，主要是表示本图幅与相邻图幅的位置关系。

(2) 比例尺和图廓线

图廓线即地图的图框，包括内图廓和外图廓。在每幅图的外图廓下方中央位置均注有该图幅的比例尺，有的还注有直线比例尺。

(3) 经纬度及坐标格网

梯形分幅的地形图，可以根据图上经纬度情况确定图上任一点的地理坐标。矩形分幅的地形图可以通过坐标格网确定图上任一点的平面直角坐标和任一直线的方向线。

(4) 地形图的坐标系统和高程系统

一般在地形图图廓的左下角标注该图的坐标系统和高程系统以及等高距。

对于1：100000或者更小比例尺的地形图，通常采用国家统一的高斯平面直角坐标系。当用图范围较小时，也可采用把测区作为平面看待的工程独立坐标，例如建筑工程和矿区等。

高程系统方面，我国大部分地形图采用的是"1956年黄海高程系"或者"1985年国家高程基准"，但也有一些地方性高程系统，例如上海及其邻近地区采用"吴淞高程系"。各种高程系统之间只需加减一个常数即可进行转换。

地形图有唯一一个等高距，读图时对间曲线和助曲线要格外注意，详见本章7.5节。

（5）测图单位、时间、方式、人员

大多数地形图在外图廓的左侧下方会注有该图测绘的单位，例如"××省×××测绘院"。在外图廓的左下角标注该图测绘的时间和方式，例如"××××年航测成图"。一些地形图还会在外图廓的右下角标注有"测量员""绘图员""审核"等，需要相关人员签字确认。

除了以上图外注记，一些地形图还包括三北方向关系图和坡度比例尺等图外注记。

7.4 地形图图式

为了方便测图与用图，用各种符号将实地上的地物和地貌在图上表示出来，这些符号总称为地形图图式。图式是国家测绘局统一制定的，它是测图与用图的重要依据。表7-5为1∶500、1∶1000、1∶2000比例尺的一些常用的地形图图式。

图式中的符号有三种：地物符号、地貌符号和注记。

7.4.1 地物符号

地物符号分为比例符号、半比例符号和非比例符号。

比例符号即按照测图的比例尺，将地物缩小、用规定的符号画出的地物符号，以面状地物为主，例如房屋、旱田、林地等，也有部分线状地物，如桥梁。不同使用类型的土地一般以虚线确定使用的范围，以相对应的符号按照一定的分布原则进行填充。

半比例符号适用于长度能够按照比例尺缩小后画出，而宽度不能按照比例尺表示的地物，以线状地物为主，例如围墙、篱笆、栅栏等。

非比例符号用来表示轮廓较小，无法按照比例缩小后画出的地物，例如三角点、水井、电线杆等，只能用特定的符号表示它的中心位置。非比例符号以点状地物为主。不同地物的符号定位点，即符号表示的地物中心位置也有所区别，一般分为符号中心、符号底线中心、符号底线拐点等。

7.4.2 地貌符号

地貌是指地球表面的各种起伏形态，它包括山地、丘陵、高原、平原、盆地等。地形图上表示地貌的方法有很多种，目前最常用的是等高线法。对于峭壁、悬崖等特殊地貌，不便使用等高线法时，则注记相应的符号。

7.4.3 注记

为了表明地物的种类和特征，除用相应的符号表示外，还需配合一定的文字和数字加以说明。如地名、县名、村名、路名、河流名称、水流方向以及等高线的高程和散点的高程等。

表7-5 地形图图式

编号	符号名称	图例	编号	符号名称	图例
1	坚固房屋 4—房屋层数	坚4　　1.5	3	窑洞 1—住人的 2—不住人的 3—地面下的	1 ⌂ 2.5　2 ⌂ 2.0 3 ⌂
2	普通房屋 2—房屋层数	2　　1.5	4	台阶	0.5 0.5

续表

编号	符号名称	图例	编号	符号名称	图例
5	花圃		21	活树篱笆	
6	草地		22	沟渠 1—有堤岸的 2——般的 3—有沟堑的	
7	经济作物地		23	公路	
8	水生经济作物地		24	简易公路	
9	水稻田		25	大车路	
			26	小路	
10	旱地		27	三角点 凤凰山-点名 394.486-高程	
11	灌木林		28	图根点 1—埋石的 2—不埋石的	
12	菜地		29	水准点	
13	高压线		30	旗杆	
14	低压线		31	水塔	
15	电杆				
16	电线架		32	烟囱	
17	砖、石及混凝土围墙		33	气象站(台)	
18	土围墙				
			34	消火栓	
19	栅栏、栏杆		35	阀门	
20	篱笆		36	水龙头	

编号	符号名称	图例	编号	符号名称	图例
37	钻孔	3.0 ⊙ 1.0	42	示坡线	0.8
38	路灯	3.5 / 1.0	43	高程点及其注记	0.5·163.2 ♠75.4
39	独立树 1—阔叶 2—针叶	1 3.0 / 0.7 2 3.0 / 0.7 1.5	44	滑坡	
40	岗亭、岗楼	90° 3.0 1.5	45	陡崖 1—土质的 2—石质的	1 2
41	等高线 1—首曲线 2—计曲线 3—间曲线	0.15 —87— 1 0.3 —85— 2 0.15 —6.0— 3 1.0	46	冲沟	

7.5 等高线

7.5.1 等高线的概念

等高线是目前表示地貌最常用的方法，等高线是地面上高程相等的相邻点连接而成的闭合曲线。等高线是将等距离水平面切割地貌形成的截口线投影到水平面上而形成的。即将一座山按照固定的高差水平切割，每一个切割面与山的交线都可以看作是一条等高线，将这些等高线沿着铅垂方向投影到水平面上（正射投影），最后再按照一定比例缩放到图上，就形成了一张等高线地形图。每一个切割面的高程就是对应等高线的高程值。相邻两条等高线的高差称为等高距，一般用 h 表示，图 7-12 中，$h=$ 5m。相邻等高线之间的水平距离称为等高线平距，一般用 d 表示，它随着地面起伏状况而变化。

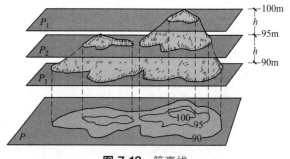

图 7-12 等高线

h 与 d 的比值称为地面的坡度，一般用 i 表示，即

$$i = \frac{h}{d} \tag{7-2}$$

坡度一般用百分率表示，向上为正，向下为负，例如 $i=+2\%$，$i=-3\%$。

在图上按照基本等高距描绘的等高线称为首曲线；为了便于读图，每隔四条首曲线加粗一条等高线称为计曲线，线上注有高程；个别地方坡度过缓，用基本等高线无法表示，可按 1/2 等高距用虚线表示，称为间曲线；如果再无法表示，可以采用 1/4 等高距表示，或根据需要任意表示，称为助曲线。

7.5.2 几种典型地貌的等高线表示方法

地貌是地形图要表示的重要信息之一，种类千姿百态、错综复杂，但基本形态可以归纳为：山头、山脊、山谷、山坡、鞍部、洼地、绝壁等，如图 7-13 所示。

(1) 山头和洼地

图 7-14 是山头和洼地的等高线对比。它们投影到水平面上是一组闭合曲线，从高程注记上可以区分山头和洼地，也可以在等高线上加绘示坡线（图中的短线），示坡线的方向指向低处。

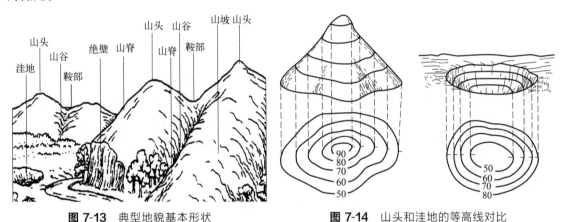

图 7-13 典型地貌基本形状　　图 7-14 山头和洼地的等高线对比

(2) 山脊、山谷和山坡

图 7-15 为山脊等高线和山谷等高线。山脊的等高线是一组凸向低处的曲线，各条曲线方向改变处的连接线即为山脊线。山谷的等高线为一组凸向高处的曲线，各条曲线方向改变处的连接线即为山谷线。山脊和山谷的两侧是山坡，山坡的等高线近于平行线。

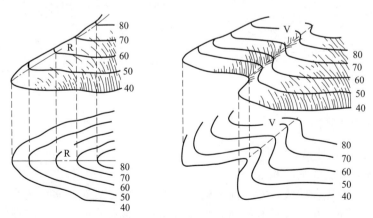

图 7-15 山脊的等高线和山脊线、山谷等高线和山谷线

降雨时，雨水必然以山脊线为分界线流向山脊的两侧，所以山脊线又称分水线。而雨水也必然由两侧的山坡汇集到山谷中，然后再沿着山谷线流出，所以山谷线又称汇

水线或集水线,如图 7-16 所示。在地区规划设计及施工建设中,必须要考虑到地表水流的方向以及分水线和集水线等问题,因此,山谷线和山脊线在地形图测绘和应用中具有重大的意义。

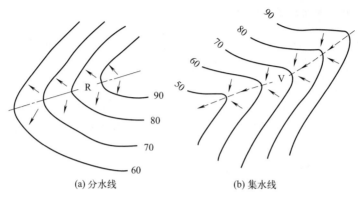

图 7-16　分水线和集水线

（3）鞍部

鞍部是在相对的两个山脊和山谷的汇聚处,如图 7-17 中的 S 处。鞍部两侧的等高线是对称的,所以鞍部在道路选取上是一个重要的节点,越岭道路常经过鞍部。

（4）陡崖和悬崖

陡崖又称绝壁,它和悬崖都是由于地壳运动而产生的。陡崖因为有陡峭的崖壁,所以等高线比较密集,地图上有近乎直立的陡崖,采用符号表示,如图 7-18 所示。悬崖是近乎直立而下部凹入的绝壁,等高线在地图上会相交,用虚线表示。

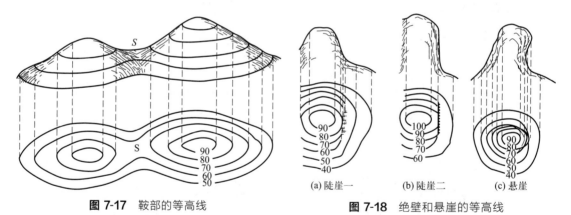

图 7-17　鞍部的等高线　　　　图 7-18　绝壁和悬崖的等高线

7.5.3　等高线的特性

等高线具有以下特性。

① 同一条等高线上的高程相等。

② 等高线是一条闭合曲线,不在同一幅图内闭合,则必定跨越多幅闭合,且不能中断。

③ 不同高程的等高线一般不能相交。当等高线重叠或相交时,表示陡崖或悬崖。

④ 等高线平距与坡度成反比。在同一幅图上,平距小表示坡度陡,平距大表示坡度缓,平距相等表示坡度相同。换句话说,坡度陡的地方等高线就密,坡度缓的地方等高线就稀。

⑤ 山脊线（分水线）、山谷线（集水线）均与等高线垂直相交。

7.6 地形图的基本应用

7.6.1 求图上某点的直角坐标

如图 7-19 所示,设所求点 A 在 $abcd$ 方格内,则可先通过 A 点作坐标网的平行线,以 a 点为起算点,在图上用比例尺量出 Af 和 Ak,换算得 $Af=649\mathrm{m}$,$Ak=634\mathrm{m}$,则 A 点坐标:$X_A=X_a+Ak=2564000+634=2564634$(m);$Y_A=Y_a+Af=38430000+649=38430649$(m)。

为了校核量测结果,并考虑图纸伸缩的影响,最好分别量出 af 和 fb 以及 ak 和 kd 的长度,设图上的坐标方格边长为 L,其中图 7-19 的 $L=1000\mathrm{m}$,则:$X_A=X_a+\dfrac{L}{(af+fb)}\times af$;$Y_A=Y_a+\dfrac{L}{(ak+kd)}\times ak$。

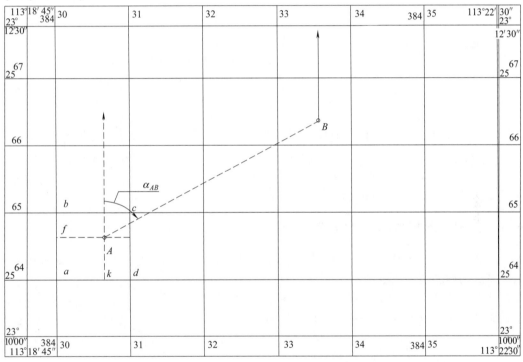

图 7-19 求图上直角坐标、距离和方向

7.6.2 求图上两点间的距离和方向

在测量工作中,根据一点坐标和两点间的距离、方位角,推算另一点的坐标,属于坐标正算问题。根据已知直线的起、终点坐标值,推算两点间距离、方位角,则属于坐标反算问题。

(1) 求图上某直线的方位角

如图 7-19 所示,设 A 点坐标为 X_A、Y_A,B 点坐标为 X_B、Y_B,则直线 AB 的方位角 α_{AB} 可用下式计算:

$$\alpha_{AB}=\arctan\frac{Y_B-Y_A}{X_B-X_A}=\arctan\frac{\Delta Y_{AB}}{\Delta X_{AB}}$$

若精度要求不高,可过 A 点作 X 轴的平行线,用量角器直接量取直线 AB 的方位角。

(2) 求图上两点间的距离

如图 7-19 所示,已知 A、B 两点的坐标,根据下式即可求得 AB 两点间的距离 D_{AB}:

$$D_{AB} = \sqrt{(X_B - X_A)^2 + (Y_B - Y_A)^2} = \sqrt{\Delta X_{AB}^2 + \Delta Y_{AB}^2}$$

或

$$D_{AB} = \frac{X_B - X_A}{\cos\alpha} = \frac{Y_B - Y_A}{\sin\alpha} = \frac{\Delta X_{AB}}{\cos\alpha} = \frac{\Delta Y_{AB}}{\sin\alpha}$$

若精度要求不高,则可用比例尺直接在图上量取。

7.6.3 求图上某点高程

如果所求的位置恰好在某一等高线上,那么此点的高程就等于该等高线的高程。如在图 7-20 中,B 点和 C 点的高程都是 38m,m 点、n 点的高程分别是 36m、37m。

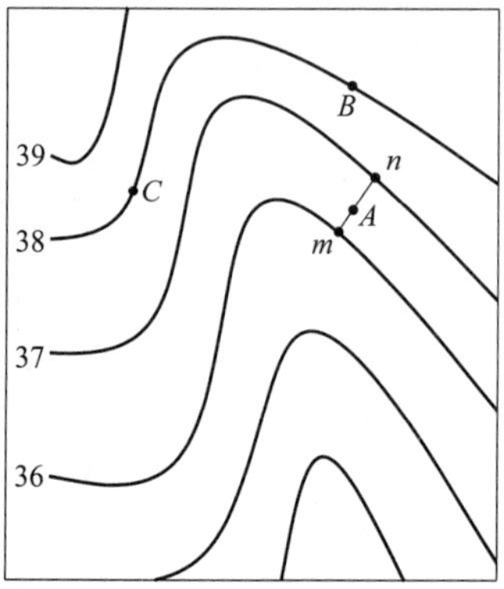

若所求的点位置不在等高线上,则可用内插法求其高程。过 A 点作线段 mn 大致垂直于相邻两等高线,然后量出 mn 和 mA 的图上长度,则 A 点高程为:

$$H_A = H_m + mA/mn \times h_{mn}$$

式中,h_{mn} 为等高距;H_m 为 m 点高程。

在图 7-20 中,$h_{mn} = 1m$,$H_m = 36m$,若量得 $mn = 8mm$,$mA = 3mm$,则:$H_A = 36 + \frac{3}{8} \times 1 = 36.4$(m)。

图 7-20 求某点高程

当精度要求不高时,也可以用目估法来确定点的高程。如在图 7-20 中把 mn 当成 10 份,目估 mA 占 mn 的份数约为 4,则 mA 的高差为 $0.4 \times h_{mn} = 0.4 \times 1 = 0.4$(m),$H_A = 36 + 0.4 = 36.4$(m)。

7.6.4 确定地面某方向线的坡度

直线坡度是指直线段两端点的高差与其水平距离的比值。如图 7-21 所示,如要确定某方向线 AB 的倾斜角 α 或坡度 i,必须先测算 A、B 两点高程,计算 A、B 两点间的高差 h_{AB},再量测 AB 间的水平距离 D,则可以计算出地面上 AB 连线的坡度 i 或倾斜角 α:

$$i = \tan\alpha = \frac{h_{AB}}{D} = \frac{h_{AB}}{d \times M}$$

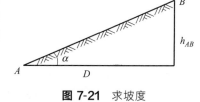

图 7-21 求坡度

式中,d 为 AB 连线的图上长度;M 为比例尺分母;α 为 AB 连线在垂直面投影的倾斜角;i 为直线坡度,一般用百分率或千分率表示。

7.6.5 依指定方向绘制断面图

根据地形图绘制出某一已知方向的纵断面图,可以更好地反映地势起伏的状况,并可依此作出设计坡度或进行竖向规划(垂直设计)。如图 7-22 所示,要绘制图 7-22(a)中 MN 方向的纵断面图,可先绘直角坐标,以横轴表示距离,纵轴表示高程,见图 7-22(b)。然后在地形图上沿 MN 方向量取相邻等高线间的平距,按所需的比例尺展绘在横坐标轴上,得相应的点 M、a、b、……、N 点。在纵轴上再按一定的比例尺绘出各高程线 29、30、31、32、33、34、35 等。在横轴上的各点上,作垂直于横轴的垂线,根据各点的高程在相应的垂线上作点，即可定出各点在坐标上的位置。最后将各点用曲线或折线连接起来，即得 MN 方向线上的纵断面图。为了更好地反映地形的特征，断面经过的山脊、山顶、山谷等地貌特征点应该标示在图上，这些特点的高程可用内插法求得，如图中的 f'、h'、i'。通常为了较明显地表示地面的起伏状况，纵断面图上的高程比例尺往往比水平距离比例尺大 10~20 倍。

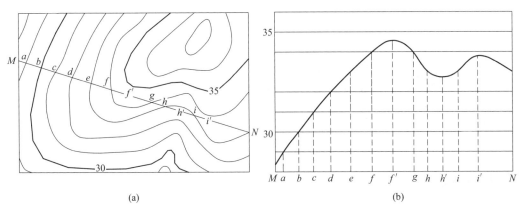

图 7-22　绘制断面图

7.6.6　在地形图上确定汇水范围面积

在设计排水管道、涵洞、桥梁孔径大小及水库筑坝时，必须知道该地区的水流量，而水流量大小与汇水面积成正比。汇水面积是指降雨时雨水汇集于某溪流或湖泊的一个区域的面积。

先从地形图上设计集水断面，如图 7-23 的 AB 所示，然后从集水断面一端 A 起沿山脊线相互连接合围到集水断面另一端 B，连成一条闭合线，闭合线内的面积大小就是汇水面积的大小。在图 7-23 中，用虚线连接的有关山脊线通过山顶、鞍部、集水断面 AB 所包围而形成的面积，即是流经 M 处的汇水面积。

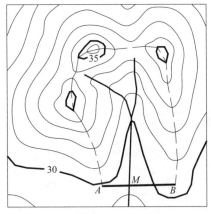

图 7-23　确定汇水范围面积

📖 本章小结

本章主要介绍了大比例尺地形图中地物、地貌的表示方法。重点内容是：比例尺精度、地形图分幅、地物的符号及其表示方法、等高线原理、等高线表示的基本地貌、地貌特征点、地貌特征线。

✏️ 思考题与习题

1. 比例尺为 1∶5000 的地形图，坐标精度是多少？写明计算过程。
2. 某地经纬度坐标是北纬 42°16′45″、东经 123°43′14″，在新、旧两种地图分幅和编号方法中，所在图幅的编号各是多少？
3. 地形图接图表的作用是什么？
4. 地物符号包括哪几种？举例说明。
5. 等高线有哪几种？其特性有哪些？

CHAPTER 第 8 章

大比例尺数字测图

本章导读

地形是地物和地貌的总称。地形图的测绘就是将地球表面某区域内的地物和地貌按正射投影的方法和一定的比例尺,用规定的图式符号测绘到图纸上,这种表示地物和地貌平面位置和高程的图称为地形图。大比例尺数字测图是以控制测量为基础的,遵循"从整体到局部""先控制后碎部"的原则,先根据测图的目的及测区的具体情况,建立平面及高程控制网,然后在控制点的基础上进行地物和地貌的碎部测量。碎部测量是利用光电测距仪、经纬仪以及全站仪等测量仪器,以相应的方法,在某一控制点(测站)上测绘地物轮廓点和地面起伏点的平面位置和高程,并将其绘制在图纸上的工作。

思政元素

数字测图是现代化测绘的基础技能之一,为专业化的认知实践奠定了测绘基本理论和技术基础。本章节内容是既包括测量学的"三基"(基本理论、基本方法和基本技能),又反映了现代测绘科学技术的数字化、自动化、智能化的发展趋势和社会实践需求,将"专业理论""科技应用"和"道德实践"有效地结合了起来。

8.1 传统地形图测绘

8.1.1 碎部测量

目前常用的碎部量方法有经纬仪测绘法、光电测距仪测绘法等。另外常规的地形测图方法还有平板仪(大平板、小平板)测绘法,但在工程实践中已经用得较少。碎部测量的方法和碎部点的选择得当与否,将直接影响测图的质量和速度。须根据测区内地物、地貌情况及测图比例尺,正确选择碎部点,合理选择施测方法。

(1) 碎部点选择与测量方法

碎部点应选在地物、地貌的特征点上。对于地物,碎部点应选在地物轮廓线的方向变化处,如房角、道路转折点及河流岸边线的弯曲点等。由于地物形状极不规则,一般规定凡地物凸凹长度在图上大于 0.4mm 均应表示出来。如 1∶500 比例尺的测图,对应实地凸凹大于 0.2m 的地物;1∶1000 比例尺的测图,碎部对应实地凸凹大于 0.4m 的地物,都要进行施测。对地貌来说,碎部点则应选在最能反映地貌特征的山脊线、山谷线等的地形线上,如山脊、山谷、山头、鞍部、最高点与最低点等所有坡度变化及方向变化处。图 8-1 是依地貌情况所选择的碎部点位图。为了能详尽表示实地情况,在地面平坦或坡度无显著变化的地方,应按表 8-1 的要求选择足够的碎部点。地物点的最大视距应满足表 8-2 的要求。

图 8-1 碎部点位图

表 8-1 地形点间距

测图比例尺	地形点最大间距/m	最大视距/m	
		主要地物点	次要地物点和地形点
1∶500	15	60	100
1∶1000	30	100	150
1∶2000	50	180	250
1∶5000	100	300	350

表 8-2 地物点最大视距

测图比例尺	最大视距/m	
	主要地物点	次要地物点和地形点
1∶500	50(量距)	70
1∶1000	80	120
1∶2000	120	200

(2) 经纬仪测绘法

经纬仪测绘法是在控制点上安置经纬仪,测量碎部点位置的数据(水平角、距离、高程),用绘图工具展绘到图纸上,绘制成地形图的一种方法。此法操作简单、灵活,不受地形限制,适用于各类地区的测图工作,具体操作如下。

① 将经纬仪安置在测站点 A(控制点)上,测图板安置在近旁(图 8-2),测定竖盘指标差 x(每天开始时测一次)、量出仪器高 i;选定控制点 B 为起始零方向(即以 AB 方向的度盘读数为 $0°00'00''$);一并记入手簿(表 8-3)。

② 依次照准所选碎部点上的立尺,读取下、上、中三丝读数,而后读取竖盘读数和水平角,记入手簿相应栏内。

③ 计算水平距离及高差,并算出碎部点的高程(距离算至 dm,高差、高程算至 cm)。

④ 用半圆量角器(直径有 18cm、22cm 等几种)和比例尺,按极坐标法将碎部点缩绘到图纸上,并注上高程(有时以点位兼作高程数字的小数点,也有时在点位右侧注上高程),边测边绘。

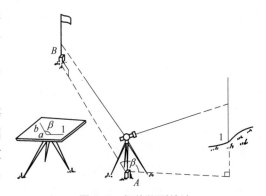

图 8-2 经纬仪测绘法

测绘部分碎部点后,在现场参照实际情况,在图上勾绘地物轮廓线与等高线。

在施测过程中,每测 20~30 点后,应检查起始方向是否正确。仪器搬站后,应检查上站的若干碎部点,检查无误后,才能在新的测站上开始测量。

表 8-3　碎部点记录计算手簿

测站：A　　后视点：B　　仪器高 $i=1.42$m　　指标差 $x=0$m　　测站高程 $H_A=207.40$m

点号	l/m	中丝读数	竖盘读数	竖直角 $+\alpha$	初算高差 $\pm h'$/m	改正数 $(i-v)$	改正后高差 $\pm h$/m	水平角 β	水平距离	高程/m	备注
1	0.760	1.42	93°28′	−3°28′	−4.59	0	−4.59	275°25′	75.7	202.8	
2	0.750	2.42	93°00′	−3°00′	−3.92	−1.00	−4.92	372°30′	74.7	202.5	
3	0.514	1.42	91°45′	−1°45′	−1.57	0	−1.57	7°40′	51.4	205.8	鞍部
4	0.257	1.42	87°26′	+2°34′	+1.15	0	+1.15	178°20′	25.6	208.6	

注：l 为视距 R 上下视距丝读数之差。

(3) 光电测距仪测绘法

光电测距仪测绘地形图与经纬仪测绘法基本相同，所不同者是用光电测距来代替经纬仪视距法。

① 先在测站上安置测距仪，量出仪器高 i，后视另一控制点进行定向，使水平度盘读数为 $0°00'00''$。

② 立尺员将测距仪的单棱镜装在专用的测杆上，并读出棱镜标志中心在测杆上的高度 v，可使 $v=i$。立尺时将棱镜面向测距仪立于碎部点上。

③ 观测时，瞄准棱镜的标志中心。测出斜距 L，竖直角 α，读出水平度盘读数 β，并作记录。

④ 将 α、L 输入计算器，计算平距 D 和碎部点高程 H。然后，与经纬仪测绘法一样，将碎部点展绘于图上。

8.1.2　视距测量的误差和注意事项

8.1.2.1　影响视距测量精度的主要因素

影响视距测量精度的主要因素有：垂直折光影响、视差、读数凑整误差、视距乘常数的误差和标尺倾斜误差等。

(1) 垂直折光影响

视距尺不同部分的光线通过不同密度的空气层到达望远镜，愈接近地面的空气则折光影响越显著。经验证明，当视距丝接近地面在视距尺上读数时，100m 的距离误差可达 1.5m，并且这种误差与距离的平方成比例地增加。在夏天太阳光下，这种折光影响很大。

(2) 视差的影响

视距丝的影像位于望远镜视野十字纵丝的两端，并且两丝相距较大，当读两丝读数时，就需变动瞳孔位置，才能分别读出读数。这时，若有视差存在，由于视距尺影像与视距丝平面不重合，视距丝所截尺上的读数便含有误差。这种误差与距离成比例增加。

(3) 读数凑整误差

在视距尺上读数时，常常是凑整成一个分划或半个分划读出，这种误差一般为 ± 5mm，对实际距离的影响为 5m。

(4) 视距尺倾斜所引起的误差

视距尺倾斜对距离的影响，其相对误差公式为

$$\frac{m'_D}{D}=\frac{\delta}{3438}\tan\alpha \tag{8-1}$$

式中，δ 为视距尺倾斜角，(′)；α 为竖直角，(°)；m'_D 为视距尺倾斜所引起的距离误差；D 为视距。

将不同的 α、δ 代入式（8-1），计算出相对误差，列入表 8-4 中。

表 8-4 视距尺倾斜所引起的距离误差 m'_D/D

α	δ			
	30′	1°	2°	3°
5°	$\frac{1}{1310}$	$\frac{1}{655}$	$\frac{1}{327}$	$\frac{1}{218}$
10°	$\frac{1}{650}$	$\frac{1}{325}$	$\frac{1}{162}$	$\frac{1}{108}$
20°	$\frac{1}{315}$	$\frac{1}{150}$	$\frac{1}{80}$	$\frac{1}{50}$
30°	$\frac{1}{200}$	$\frac{1}{100}$	$\frac{1}{50}$	$\frac{1}{30}$

由表 8-4 中看出，尺身倾斜对视距精度的影响极大，在山区更为显著。

根据实验，在平坦地区用目估尺身垂直，倾斜 2°不易发觉，在陡坡地段倾斜 3°不易发觉；因此当地面坡度大于 8°时，应在尺上附设水准器，才能恢复尺子倾斜小于 30′。

(5) 视距乘常数的误差对距离的影响

视距乘常数 K 的误差，主要来源于测定误差及温度变化的影响。一般规定 K 的误差应小于 0.2m，若是 K 值在 99.95～100.05，便可把它当成 100。

另外，竖直角的测量误差对视距测量精度虽有影响，但不显著，故不予分析。

在以上这些因素的影响下，平坦地区的视距精度一般在 1/300 左右，若条件较差，精度还要降低；当地面坡度超过 8°时，如果能保证尺身倾斜在 ±30′之内，其精度可达到 1/200 左右。

8.1.2.2 视距测量注意事项

① 由于垂直折光的影响使竖立视距尺的视距精度无法提高，而视距横尺可以减小这种影响，这便是视距横尺的优点。若用竖立视距尺，在夏天太阳下作业，应使视线离开地面 1.5m。

② 作业时要小心地消除视差，读数时尽量不要变动眼睛的位置。

③ 作业时，要将视距尺竖直，并要在视距尺上装水准器。

④ 要严格检验视距乘常数，若 K 值不在 99.95～100.05 的范围内，应编制改正表，以便改正。

⑤ 视距尺应是厘米刻划的直尺，若使用塔尺，各节尺的接合要严格准确。

8.2 地形图的绘制

当碎部点展绘在图上后，就可对照实地描绘地物的等高线。如果测区范围较大，还应对各图幅衔接处进行拼接，最后经过检查与整饰，才能获得符合要求的地形图。

8.2.1 地物的测绘

地物一般可分为两大类：一类是自然地物，如河流、湖泊、森林、草地、独立岩石等。另一类是人类物质生产活动改造或制造的人工地物，如房屋、高压输电线、铁路、公路、水渠、桥梁等。所有这些地物都要在地形图上表示出来。

(1) 地物在地形图上的表示原则

凡是能依比例尺表示的地物，则将它们水平投影位置的几何形状相似地描绘在地形图上，如房屋、河流、运动场等。或是将它们的边界位置表示在图上，边界内再绘上相应的地物符号，如森林、草地、沙漠等。对于不能依比例尺表示的地物，在地形图上是以相应的地物符号表示在地物的中心位置上，如水塔、烟囱、纪念碑、单线道路、单线河流等。

测绘地物必须根据规定的测图比例尺、按规范和图式的要求，经过综合取舍，将各种地物表示在图上，并将地物的形状特征点测定下来，例如：地物的转折点、交叉点、曲线上的弯曲交换点、独立地物的中心点等，便得到与实地相似的地物形状。

(2) **居民地的测绘**

测绘居民地根据所需测图比例尺的不同，在综合取舍方面就不一样，对于居民地的外轮廓，都应准确测绘，其内部的主要街道以及较大的空地应区分出来，对散列式的居民地，独立房屋分别测绘。测绘房屋时，只要测出房屋三个房角的位置，即可确定整个房屋的位置。

(3) **公路的测绘**

公路在图上一律按实际位置测绘。在测量方法上有的采用将标尺立于公路路面中心，有的采用将标尺交错立在路面两侧，也可以用将标尺立在路面的一侧，实量路面的宽度，作业时可视具体情况而定。公路的转弯处、交叉处、标尺点应密一些，公路两旁的附属建筑物都应按实际位置测出，公路的路堤和路堑的测绘方法与铁路相同。

大车路一般指农村中比较宽的道路。有的大车路能通行汽车，但是没有铺设路面。这种路的宽度大多不均匀，道路部分的边界不十分明显。测绘时可将标尺立于道路中心，以地形图图式规定的符号描绘于图上。

人行小路主要是指居民地之间来往的通道，田间劳动的小路一般不测绘。上山小路应视其重要程度选择测绘，如该地区小路稀少应减少舍去。测绘时标尺立于道路中心，由于小路弯曲较多，标尺点的选择要注意弯曲部分的取舍。既要使标尺点不致太密，又要正确表示小路的位置。

人行小路若与田埂重合，应绘小路不绘田埂。有些小路虽不是直接由一个居民地通向另一个居民地，但它与大车路、公路或铁路相连，这时应根据测区道路网的情况决定取舍。

(4) **水系的测绘**

水系包括河流、渠道、湖泊、池塘等地物，无特殊要求时通常以岸边为界。

(5) **植被的测绘**

测绘植被是为了反映地面的植物情况，所以要测出各类植物的边界，用地界类符号表示其范围，再加注植物符号和说明。

8.2.2 地貌的测绘

地表上高低起伏的自然形态，称为地貌，如高山、平原、洼地等。在大、中比例尺地形图中是以等高线来表示地貌的。测绘等高线与测绘地物一样，首先需要确定地形特征点，然后连接地形线，便得到地貌整个骨干的基本轮廓，按等高线的性质，再对照实地情况就能描绘出等高线。

勾绘等高线时，首先轻轻描绘出山脊线、山谷线等地形线，再根据碎部点的高程勾绘等高线；不能用等高线表示的地形，如悬崖、峭壁、土坎、土堆、冲沟、雨裂、乱石堆等，应按图式规定的符号表示。由于各等高线的高程是等高距的整数倍，而测得的地形点高程，绝大多数不是等高距的整倍数，因此必须在相邻的地形点间按比例内插出高程为整米数的点，这些点位就是等高线通过的位置。图8-3是根据地形点的高程，用内插法勾绘的等高线图。

由于地形点是选在坡度变化和方向变化处，这样相邻两点间的坡度可视为均匀坡度。所以，在内插等高线时，等高线的平距与高差应成正比。如图8-4所示，两地形点高程分别为202.8m和207.4m，其间有203m、204m、205m、206m及207m五条等高线通过，依上述原理得知，它们在地形图上的位置应是m、n、o、p、q。在实际勾绘时，可根据这一原理用图解法或目估法定出各等高线通过的位置，连接相邻的等高点，就成了等高线。图解法具体做法如图 8-5 所示，在透明纸上绘出数条间隔相等的平行线，并在各线两端注以 0～10 的数字。使用时先将透明纸放在图 8-4 中高程为 202.8m、207.4m 的 1、A 两点连线上，并使 1 点放在平行线间 202.8 处，然后将透明纸绕 1 点转动，直至 A 点通过平行线间 207.4 处止，再将 1A 线与各平行线的交点刺到图上，即得高程为 203m、204m、205m、206m 及 207m 等高线通过的位置。先画计曲线，再画首曲线，并注意图上山脊线、山谷线及示坡线的特性，参照实际地形

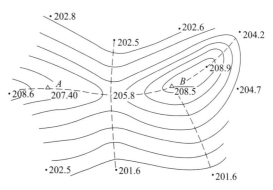

图 8-3 内插法勾绘的等高线

可绘出符合实际的地形图。地形图上等高距的选择可参照表 8-5。

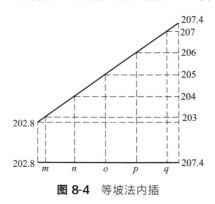

图 8-4 等坡法内插

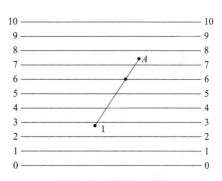

图 8-5 图解法内插

表 8-5 等高距的选择　　　　　　　　　　　　　　　单位：m

地面倾斜角	比例尺				备注
	1∶500	1∶1000	1∶2000	1∶5000	
0～6°	0.5	0.5	1	2	等高距为 0.5m 时，高程可注至厘米，其余均注至分米
6°～15°	0.5	1	2	5	
15°以上	1	1	2	5	

8.2.3 地形图的拼接、检查与整饰

地形图在野外作业完毕之后，还要进行拼接、整饰与检查等几项工作。

(1) 地形图的拼接

当测区面积较大时，整个测区必须划分为若干幅图，这样，在相邻图幅的连接处，由于测量误差和绘图误差的影响，无论是地物轮廓线，还是等高线都不完全吻合。图 8-6 表示左、右图幅在相邻边界处的衔接情况，房屋、道路、等高线都有偏差。如果其差值不超过地物、地貌所规定中误差 $2\sqrt{2}$ 倍时，可按两幅图上地物、地貌的平均位置修正。地物点相对于图根点的位置中误差与等高线高程中误差详见表 8-6，可参考《工程测量规范》（GB 50026—2007）。拼图时，用宽 3～4cm 的透明纸条，蒙在左图幅的拼接边上，用铅笔把格网线、地物、等高线等都描在透明纸上，

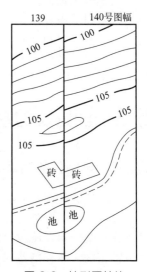

图 8-6 地形图接边

然后再把这条透明纸按格网线位置蒙在右图幅的衔接边上，同样用铅笔将地物、等高线等描绘在透明纸上。这样就可看出相应地物或等高线的偏差情况。如偏差不超过上述规定，则可取其平均位置，然后据此改正相邻图幅的原图。

表 8-6 地物点的点位中误差与等高线高程中误差

区域类型	点位中误差/mm	高程中误差/m			
		平坦地	丘陵地	山地	高山地
一般地区	0.8	$\frac{1}{3}h_d$	$\frac{1}{2}h_d$	$\frac{2}{3}h_d$	h_d
城市建筑区、工矿区	0.6				
水域	1.5	$\alpha<3°$	$3°\leqslant\alpha<10°$	$10°\leqslant\alpha<25°$	$\alpha\geqslant25°$
		$\frac{1}{2}h_d$	$\frac{2}{3}h_d$	h_d	$\frac{3}{2}h_d$

注：h_d 为地形图的基本等高距（m），α 为水底地形倾角。

(2) 地形图的检查

为了确保地形图质量，除施测过程中加强检查外，当地形图加完以后，本小组应再作一次全面检查，称为自检。然后根据具体情况，由上级组织互检或专门检查。图的检查工作可分为室内检查和外业检查两种，外业检查又分为巡视检查和仪器检查两种。

① 室内检查包括：图根点的数量是否符合规定；手簿记录计算有无错误；图上的地物、地貌是否清晰易读；各种符号注记是否正确；等高线与地貌特征点的高程是否相符合，有无矛盾可疑之处；图边拼接有无问题等。如果发现有错误或疑点，不可随意修改，应到野外进行实地检查修改。

② 外业检查包括仪器检查和巡视检查。

仪器检查是根据室内所发现的问题到野外设站检查，并进行必要的修改。同时要对已有图根点及主要碎部进行检查，看原测图是否有错或误差超限；仪器检查量一般为10%。

巡视检查为对图面上未作仪器检查的部分，手持图纸与实地进行对照，主要检查地物、地貌有无遗漏；用等高线表示的地貌是否合理、真实；地物注记是否正确。

(3) 地形图的整饰

当原图经过拼接和检查后，还应清绘和整饰，使图面更加合理、清晰、美观。整饰的次序是先图内后图外，先地物后地貌，先注记后符号。图上的注记、地物以及等高线均按规定的图式进行注记和绘制，但应注意等高线不能通过注记和地物。最后，应按图式要求写出图名、比例尺、坐标系统及高程系统、施测单位、测绘者及测量日期等。如是独立坐标系统，还需画出指北方向。

8.3 全站仪的功能及使用

8.3.1 全站仪的功能

全站仪的构造和光学经纬仪大体接近。图 8-7 所示为 Topcon GTS 330N 全站仪，仪器主要分为基座、照准部、手柄三大部分，其中照准部包括望远镜（测距部包含在此部分）、显示屏、微动制动旋钮等，详细名称见图 8-7。下面着重介绍全站仪和光学经纬仪有区别的望远镜、度盘和补偿器部分。

全站仪按数据存储方式分为内存型和电脑型两种。内存型全站仪的所有程序都固化在仪

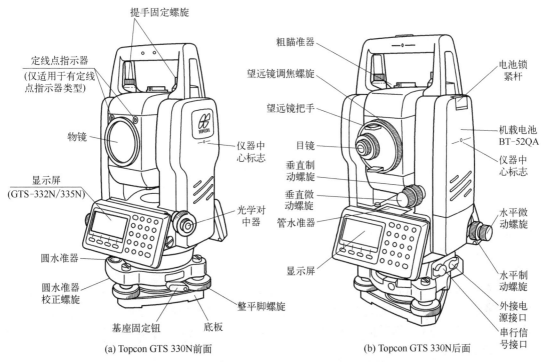

图 8-7 Topcon GTS 330N 全站仪外观及各部件名称

器的存储器中,不能添加或改写,也就是说,只能使用全站仪提供的功能,无法扩充。而电脑型全站仪内置操作系统,所有程序均运行于其上,可根据实际需要添加相应程序来扩充其功能,使操作者进一步成为全站仪功能开发的设计者,更好地为工程建设服务。

全站仪的基本功能如下。

① 测角功能:测量水平角、竖直角或天顶距。

② 测距功能:测量平距、斜距或高差。

③ 跟踪测量:即跟踪测距和跟踪测角。

④ 连续测量:角度或距离分别连续测量或同时连续测量。

⑤ 坐标测量:在已知点上架设仪器,根据测站点和定向点的坐标或定向方位角,对任一目标点进行观测,获得目标点的三维坐标值。

⑥ 悬高测量[REM]:可将反射镜立于悬物的垂点下,观测棱镜,再抬高望远镜瞄准悬物,即可得到悬物到地面的高度。

⑦ 对边测量[MLM]:可迅速测出棱镜点到测站点的平距、斜距和高差。

⑧ 后方交会:仪器测站点坐标可以通过观测两坐标值存储于内存中的已知点求得。

⑨ 距离放样:可将设计距离与实际距离进行差值比较,迅速将设计距离放到实地。

⑩ 坐标放样:已知仪器点坐标和后视点坐标或已知仪器点坐标和后视方位角,即可进行三维坐标放样,需要时也可进行坐标变换。

⑪ 预置参数:可预置温度、气压、棱镜常数等参数。

⑫ 测量的记录、通信传输功能。

以上是全站仪所必须具备的基本功能。当然,不同厂家和不同系列的仪器产品,在外形和功能上略有区别,这里不再详细列出。

除了上述的功能外,有的全站仪还具有免棱镜测量功能,有的全站仪还具有自动跟踪照准功能,被誉为测量机器人。另外,有的厂家还将 GPS 接收机与全站仪进行集成,生产出了超站仪。

8.3.2 全站仪的操作及使用

8.3.2.1 测量准备工作

(1) 安装内部电池

测前应检查内部电池的充电情况,如电力不足要及时充电,充电方法及时间要按使用说明书进行,不要超过规定的时间。测量前装上电池,测量结束应卸下。

(2) 安置仪器

操作方法和步骤与经纬仪类似,包括对中和整平。若全站仪具备激光对中和电子整平功能,在把仪器安装到三脚架上之后,应先开机,然后选定对中/整平模式后再进行相应的操作。开机后,仪器会自动进行自检。

8.3.2.2 全站仪的基本操作

(1) 角度测量

Topcon GTS 330N 全站仪开机后显示为默认角度测量模式,如图 8-8 所示,也可按 ANG 键进入角度测量模式,其中"V"为垂直角数值,"HR"为水平角数值。F1 键对应"置零"功能,F2 键对应"锁定"功能,F3 键对应"置盘"功能。通过按 P↓/F4 键进行功能转换,F1、F2、F3 分别对应"倾斜、复测、V%、H-蜂鸣、R/L、竖角"功能。

(2) 距离测量

可按 ▰ 键进入距离测量模式,如图 8-9 所示,其中 SD 为斜距,可通过按 ▰ 键在斜距、平距(HD)、垂距(VD)之间进行转换。

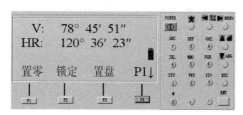

图 8-8 角度测量模式

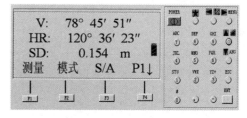

图 8-9 距离测量界面

(3) 坐标测量

通过按 ▰ 键进入坐标测量模式,见图 8-10。N、E、Z 分别表示,N 表示正北方向,E 代表正东方向,Z 代表高程,F1 键对应"测量"功能,F2 键对应"模式"功能,F3 键对应"S/A"功能。通过按 F4 键进行功能转换,F1、F2、F3 分别对应"镜高、仪高、测站、偏心、—、m/f/i"功能。

(4) 常用设置

通过按 ★ 键进入常用设置模式,见图 8-11。F1、F2、F3 分别对应各种设置功能,如表 8-7 所示。

图 8-10 坐标测量界面

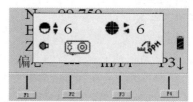

图 8-11 常用设置模式

表 8-7　常用设置模式功能对应的操作键

键	显示符号	功　能
F1		显示屏背景光开关
F2		设置倾斜改正,若设置为开,则显示倾斜改正值
F3		定线点指示器开关(仅适用于有定线点指示器类型)
F4		显示 EDM 回光信号强度(信号)、大气改正值($\times 10^{-6}$)和棱镜常数值(棱镜)
▲ 或 ▼		调节显示屏对比度(0～9 级)
◀ 或 ▶		调节十字丝照明亮度(1～9 级) 十字丝照明开关和显示屏背景光开关是连通的

8.3.2.3　全站仪的高级功能

(1) 全站仪的菜单结构

按 MENU 键进入主菜单界面,如图 8-12 所示,主菜单界面共分三页,通过按 F4 进行翻页,可执行数据采集(坐标测量)、坐标放样、程序执行、内存管理、参数设置等操作。各页菜单如下:

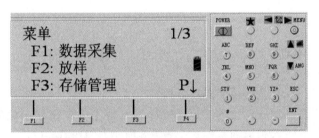

图 8-12　Topcon GTS 330N 全站仪菜单界面

第 1 页 $\begin{cases} F1:数据采集 \\ F2:放样 \\ F3:内存管理 \end{cases}$

第 2 页 $\begin{cases} F1:程序 \\ F2:格网因子 \\ F3:照明 \end{cases}$

第 3 页 $\begin{cases} F1:参数组 1 \\ F2:对比度调节 \end{cases}$

(2) 全站仪三维坐标测量原理及操作步骤

全站仪通过测量角度和距离可以计算出待测点的三维坐标,三维坐标功能在实际工作中使用率较高,尤其在地形测量中,全站仪直接测出地形点的三维坐标和点号,并记录在内存中,供内业成图。如图 8-13 所示,已知 A、B 两点坐标和高程,通过全站仪测出 P 点的三维坐标,做法是将全站仪安置于测站点 A 上,按"MENU"键,进入主菜单,选择 F1,进入数据采集界面,首先输入站点的三维坐标值(x_A,y_A,H_A),仪器高 i、目标高 v;然后输入后视点照准 B 的坐标,再照准 B 点,按测量键设定方位角,以上过程叫设置测站。测站设置成功的标志是照准后视点时,全站仪的水平度盘读数为 A、B 两点的方位角 α_{AB}。然后再照准目标点上安置的反射棱镜,按下坐标测量键,仪器就会利用自身内存的计算程序自动计算并瞬时显示出目标点 P 的三维坐标值(x_P,y_P,H_P),计算公式见式(8-2)。

$$\begin{cases} x_P = x_A + S\cos\alpha\cos\theta \\ y_P = y_A + S\cos\alpha\sin\theta \\ H_P = H_A + S\sin\alpha + i - v \end{cases} \tag{8-2}$$

式中,S 为仪器至反射棱镜的斜距,m;α 为仪器至反射棱镜的竖直角;θ 为仪器至反射棱镜的方位角。

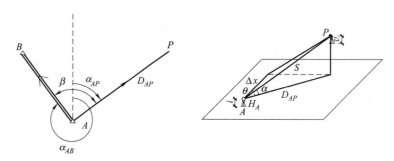

图 8-13 三维坐标测量示意图

三维坐标测量时应考虑棱镜常数、大气改正值的设置。

(3) 全站仪的角度放样

安置全站仪于放样角度的端点上,盘左照准起始边的另一端点,按"置零"键,使起始方向为 0°,转动望远镜,使度盘读数为放样角度值后,在地面上做好标记,然后用盘右再放样一次,两次取平均位置即可。为省去计算麻烦,盘右时也可照准起始方向,把度盘"置零"。

(4) 全站仪的距离放样

利用全站仪进行距离放样时,首先安置仪器于放样边的起始点上,对中调平,然后开机,进入距离测量模式。表 8-8 所示是 Topcon GTS 330N 全站仪距离放样的操作步骤。

表 8-8 Topcon GTS 330N 全站仪距离放样的操作步骤

操 作 过 程	操 作	显 示
①在距离测量模式下按[F4](↓)键,进入第 2 页功能	[F4]	HR: 120° 30′ 40″ HD* 123.456m VD: 5.678m 测量 模式 S/A P1↓ 偏心 放样 m/f/i P2↓
②按[F2](放样)键,显示出上次设置的数据	[F2]	放样 HD: 0.000m 平距 高差 斜距 ---
③通过按[F1]—[F3]键选择测量模式 如:水平距离	[F1]	放样 HD: 0.000m 输入 回车 --- --- [CLR] [ENT]
④输入放样距离	[F1] 输入数据 [F4]	放样: HD: 100.000m 输入 --- --- 回车
⑤照准目标(棱境)测量开始。显示出测量距离与放样距离之差	照准 P 点	HR: 120° 30′ 40″ dHD* [r] ≪m VD: m 测量 模式 S/A P1↓
⑥移动目标棱境,直至距离差等于 0m 为止		HR: 120° 30′ 40″ dHD* [r] 23.456m VD: 5.678m 测量 模式 S/A P1↓

(5) 全站仪的坐标放样

利用全站仪坐标放样的原理是先在已知点上设置测站,设站方法如前面"8.3.2.3(2)

全站仪三维坐标测量原理及操作步骤"中所述。然后把待放样点的坐标输入到全站仪中，全站仪计算出该点的放样元素（极坐标）。如图 8-14 所示，执行放样功能后，全站仪屏幕显示角度差值，旋转望远镜至角度差值接近于 0°左右，把棱镜放置在此方向上，然后望远镜先瞄准棱镜（先不考虑方向的准确性），进行测量距离，这时得到距离差值，根据距离差值指挥棱镜向前向后移动，并旋转望远镜，使角度差值为 0°，同时控制棱镜移动的方向在望远镜十字丝的竖丝方向上，然后再进行测量距离测量，直到角度差值和距离差值都为 0（或在放样精度允许的范围内）时，即可确定放样点的位置。

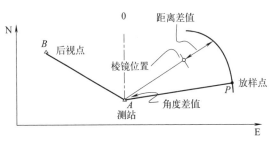

图 8-14 点的坐标放样示意图

Topcon GTS 330N 全站仪的坐标放样按键步骤如下。

① 按 MENU，进入主菜单测量模式。

② 按"放样"，进入放样程序，再按"跳过"，略过选择文件。

③ 按 OOC.PT（F1），再按 NEZ，输入测站 A 点的坐标（x_A，y_A，H_A）；并在 INS.HT 一栏输入仪器高。

④ 按后视（F2），再按"NE/AZ"，输入后视点 B 的坐标（x_B，y_B）；若不知 B 点坐标而已知坐标方位角 α_{AB}，则可再按"AZ"键选择方位角输入模式，在 HR 项输入 α_{AB} 的值。瞄准 P 点，按"YES"。

⑤ 按放样（F3）：输入待放样点 P 的坐标（x_P，y_P，H_P）及测杆单棱镜的镜高后，按 ANGLE（F1）。使用水平制动和水平微动螺旋，使显示的 dHR＝$0°00'00''$，即找到了 AB 方向，指挥持测杆单棱镜者移动位置，使棱镜位于 AP 方向上。

⑥ 按 DIST，进行测量，根据显示的 dHD 来指挥持棱镜者沿 AB 方向移动，若 dHD 为正，则向 A 点方向移动；反之若 dHD 为负，则向远处移动，直至 dHD＝0 时，立棱镜点即为 P 点的平面位置。其所显示的 dZ 值即为立棱镜点处的填挖高度，正为挖，负为填。

⑦ 按"下一个"，放样下一个点。

8.3.3 全站仪的数据通信

(1) 电脑中数据文件的上传（UPLOAD）

① 在电脑上用文本编辑软件（如 Windows 附件的"写字板"程序），输入点的坐标数据，格式为"点名，x，y，H"；保存类型为"文本文档"。具体见图 8-15。

② 用"写字板"程序打开文本格式的坐标数据文件，并打开 T-COM 程序，将坐标数据文件复制到 T-COM 的编辑栏中。

③ 用通信电缆将全站仪的"SIG"口与电脑的串口（如 COM1）相连，在全站仪上，按 MENU—MEMORY MGR.—DATA TRANSFER，进入数据传输，先在"COMM. PARAMETER"（通信参数）中分别设置"PROTOCOL"（协议）为"ACK/NAK"；"BAUD RATE"（波特率）为 9600；"CHAR./PARITY"（校检位）为"8/NONE"；"STOP BITS"（停止位）为"1"。

④ 再在电脑上的 T-COM 软件中点击按钮 ![icon]，出现"Current data are saved as: 030624.pts"对话框时，点"OK"，出现如图 8-16 所示的通信参数设置对话框。按全站仪

图 8-15 编辑上载的数据文件

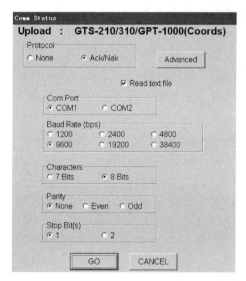 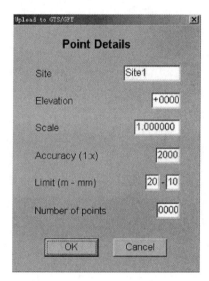

图 8-16 上传的数据文件

上的相同配置进行设置并选择"Read text file"后,点"GO"后并选择刚才保存的文件 030624.pts,将其打开,出现 Point Details(点描述)对话框。

⑤ 回到全站仪主菜单 MENU 中的 MEMORY MGR.—DATA TRANSFER—LOAD DATA—COORD.DATA。用 INPUT 为上传的坐标数据文件输入一个文件名(如:ZB-SJWJ,坐标数据文件的首字母)后,点"YES"使全站仪处于等待数据状态(Waiting Data),再在电脑 Point Details 对话框中点"OK"。

⑥ 若使用"COM-USB 转换器"将线缆与电脑 USB 接口相连时,要通过计算机管理中的端口管理,来查看接口是否是 COM1 或 COM2,不是则要将其改为 COM1 或 COM2。具体操作如图 8-17、图 8-18 所示,即:"我的电脑—右键—管理—设备管理器—端口—双击—端口设置(参数与全站仪相同,即 9600,8,无,1,无)—高级—选择 COM2 或 COM1"。

(2) 全站仪中数据文件的下载(DOWNLOAD)

同上传一样,进行电缆连接和通信参数的设置。点击按钮 ![icon],设置通信参数并选择

图 8-17 计算机管理界面一

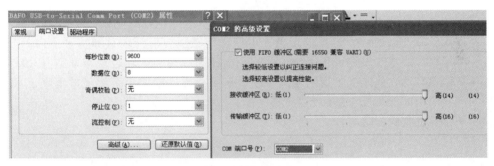

图 8-18 计算机管理界面二

"Write text file"后，再在全站仪中 MEMORY MGR.—DATA TRANSFER—SEND DATA—MEAS.DATA（选择下载数据文件类型中的"测量数据文件"）。先在电脑上按"GO"，处于等待状态，再在全站仪上按"YES"，即可将全站仪中的数据下载至电脑。出现"Current data are saved as 03062501.gt6"及"是否转换"对话框时，点击"Cancel"。点击按钮"▣"，将下载的数据文件命名后保存，如："数据采集1班1组.gt6"（保存时下载的测量数据文件及坐标数据文件均要加上扩展名 gt6）。

8.3.4 全站仪的检校及注意事项

8.3.4.1 全站仪的检验校正项目

全站仪同其他测量仪器一样，要定期地到有关鉴定部门进行检验校正。此外，在电子全站仪经过运输、长期存放、受到强烈震动或怀疑受到损伤时，也应对仪器进行检校。在对仪器进行检校之前，应进行外观质量检查；仪器外部有无碰损、各光学零部件有无损坏及霉点、成像是否清晰、各制动及微动螺旋是否有效、各接口是否正常接通和断开、键盘的按键操作是否正常等。仪器检校项目主要有以下三个方面。

（1）光电测距部分的检验与校正

测距部分的检验项目及方法应按照《光电测距仪检定规程》（JJG 703—2003）选择，主要有发射、接收、照准三轴关系正确性检验、周期误差检验、仪器常数检验、精测频率检验和测程检验等。

（2）电子测角部分的检验与校正

大部分检校项目与光学经纬仪类似，主要有照准部水准管轴垂直于仪器竖轴的检验与校正，望远镜的视准轴垂直于横轴的检验与校正，横轴垂直于仪器竖轴的检验与校正，竖盘指标差的检验与校正等。

(3) 系统误差补偿的检验与校正

目前许多全站仪自身提供了对竖轴误差、视准轴误差、竖直角零基准的补偿功能，对其补偿的范围和精度也要进行相应的检校。

8.3.4.2 全站仪的检验方法

全站仪的检验与校正一般按下述步骤进行。

(1) 照准部水准器的检验与校正

与普通经纬仪照准部水准器检校相同，即水准管轴垂直于竖轴的检校。

(2) 圆水准器的检验与校正

照准部水准器校正后，使用照准部水准器仔细地整平仪器，检查圆水准气泡的位置，若气泡偏离中心，则转动其校正螺旋，使气泡居中。注意应使三个校正螺旋的松紧程度相同。

(3) 十字丝竖丝与横轴垂直的检验与校正

十字丝竖丝与横轴垂直的检查方法与普通经纬仪的此项检查相同。

校正方法：旋开望远镜分划板校正盖，用校正针轻微地松开垂直和水平方向的校正螺旋，将一小塑片或木片垫在校正螺旋顶部的一端作为缓冲器，轻轻地敲动塑料片或木片，使分划板微微地转动，使照准点返回偏离十字丝量的一半，即使十字丝竖丝垂直于水平轴。最后以同样紧的程度旋紧校正螺旋。

(4) 十字丝位置的检验与校正

在距离仪器 50~100m 处，设置一清晰目标，精确整平仪器。打开开关设置垂直和水平度盘指标，盘左照准目标，读取水平角 b_1 和垂直度盘读数 a_1，用盘右再照准同一目标，读取水平角 b_2 和垂直度盘读数 a_2。计算 b_2-b_1，此差值应在 $180°±20″$ 以内；计算 a_2+a_1，此和值应在 $360°±20″$ 以内。满足以上条件说明十字丝位置正确，否则应校正。

校正方法：先计算正确的竖直角 A 和水平角 B，$A=(a_2+a_1)/2+180°$，$B=(b_2+b_1)/2+90°$。仍在盘右位置照准原目标，用水平和垂直微动螺旋，将显示的角值调整为上述计算值。观察目标已偏离十字丝，旋下分划板盖的固定螺钉，取下分划板盖，用左右分划板校正螺旋，向着中心移动竖丝，再使目标位于竖丝上；然后用上下校正螺钉，再使目标置于水平丝上。注意：要将竖丝移向右（或左），先轻轻地旋松左（或右）校正螺钉，然后以同样的程度旋紧右（或左）校正螺钉。水平丝上（下）移动，也是先松后紧。重复检验校正，直至十字丝照准目标，最后旋上分划板校正盖。

(5) 测距轴与视准轴同轴的检查

① 将仪器和棱镜面对面地安置在相距约 2m 的地方，如图 8-19 所示，使全站仪处于开机状态。

② 通过目镜照准棱镜并调焦，将十字丝瞄准棱镜中心。

③ 设置为测距或音响模式。

④ 将望远镜顺时针旋转调焦到无穷远，通过目镜可以观测到一个红色光点（闪烁）。如果十字丝与光点在竖直和水平方向上的偏差均不超过光点直径的 1/5，则不需校正。若上述偏差超过 1/5，再检查仍如此，应交专业人员修理。

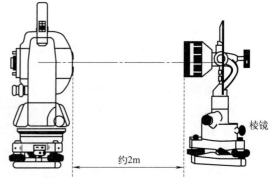

图 8-19 测距轴与视准轴同轴的检查

(6) 光学对中器的检校

整平仪器：将光学对中器十字丝中心精确地对准测点（地面标志），转动照准部 $180°$，若测点仍位于十字丝中心，则无需校正。若偏离中心，则按下述步骤进行校正。

校正方法：用脚螺旋校正偏离量的一半，旋松光学对中器的调焦环，用四个校正螺钉校正剩余一半的偏差，直至使十字丝中心精确地与测点吻合。另外，当测点看上去有一绿色（灰色）区域时，轻轻地松开上（下）校正螺钉，以同样程度固紧下（上）螺钉；若测点看上去位于绿线（灰线）上，应轻轻地旋转右（左）螺钉，以同样程度固紧左（右）螺钉。

8.3.4.3 全站仪使用注意事项

① 新购置的仪器，如果首次使用，应结合仪器认真阅读仪器使用说明书。通过反复学习、使用和总结，力求做到"得心应手"，最大限度地发挥仪器的作用。

② 测距仪的测距头不能直接照准太阳，以免损坏测距的发光二极管。

③ 在阳光下或阴雨天气进行作业时，应打伞遮阳、遮雨。

④ 在整个操作过程中，观测者不得离开仪器，以避免发生意外事故。

⑤ 仪器应保持干燥，遇雨后应将仪器擦干，放在通风处，完全晾干后才能装箱。

⑥ 全站仪在迁站时，即使很近，也应取下仪器装箱。

⑦ 运输过程中必须注意防震，长途运输最好装在原包装箱内。

8.3.4.4 全站仪的养护

① 仪器应经常保持清洁，用完后使用毛刷、软布将仪器上落的灰尘除去。如果仪器出现故障，应与厂家或厂家委派的维修部联系修理，决不可随意拆卸仪器，造成不应有的损害。仪器应放在清洁、干燥、安全的房间内，并由专人保管。

② 棱镜应保持干净，不用时要放在安全的地方，如有箱子应装在箱内，以避免碰坏。

③ 给电池充电应按说明书的要求进行。

8.4 全站仪大比例尺数字化测图方法

8.4.1 全站仪大比例尺数字化测图方法概述

数字化测图（Digital Surveying & Mapping，简称 DSM）是近 20 年发展起来的一种全新的测绘地形图的方法。从广义上说，数字化测图应包括：利用电子全站仪或其他测量仪器进行野外数字化测图；利用手扶数字化仪或扫描数字化仪对传统方法测绘的原图的数字化；以及借助解析测图仪或立体坐标量测仪对航空摄影、遥感成像进行数字化测图等技术。利用上述技术将采集到的地形数据传输到计算机，并由功能齐全的成图软件进行数据处理、成图显示，再经过编辑、修改，生成符合标准的地形图。最后将地形数据和地形图分类建立数据库，并用数控绘图仪或打印机完成地形图和相关数据的输出。

上述以电子计算机为核心，在外连输入、输出硬件设备和软件的支持下，对地形空间数据进行采集、传输、处理、编辑、入库管理和成图输出的整个系统，称为自动化数字测绘系统。

数字化测绘不仅仅是利用计算机辅助绘图，减轻了测绘人员的劳动强度，保证了地形图绘制质量，提高了绘图效率，更具有深远意义的是，由计算机进行数据处理，并可以直接建立数字地面模型和电子地图，为建立地理信息系统提供了可靠的原始数据，可供国家、城市和行业部门进行现代化管理，还可供工程设计人员进行计算机辅助设计（CAD）使用。提供地图数字图像等信息资料已成为政府管理部门和工程设计、建设单位必不可少的工作，这项工作正越来越受到各行各业的普遍重视。

8.4.2 野外数字化数据采集方法

8.4.2.1 数据采集的作业模式

数字化测图的野外数据采集作业模式主要有野外测量记录、室内计算机成图的数字测记模式和野外数字采集、便携式计算机实时成图的电子平板测绘模式。

图 8-20 为利用电子全站仪在野外进行数字地形测量数据采集的示意图，也可采用普通测量仪器施测、手工键入实测数据。从图中可看出，其数据采集的原理与普通测量方法类似，所不同的是全站仪不仅可测出碎部点至已知点间的距离和角度，而且还可直接计算出碎部点的坐标，并自动记录。

由于地形图不是在现场测绘，而是依据电子手簿中存储的数据，由计算机软件自动处理，并控制数控绘图仪自动完成地形图的绘制。这就存在着野外采集的数据与实地或图形之间的对应关系问题。为使绘图人员或计算机能够识别所采集的数据，便于对其进行处理和加工，必须对仪器实测的每一个碎部点给予一个确定的地形信息编码。

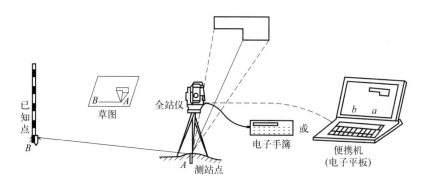

图 8-20 全站仪野外数字测图示意图

8.4.2.2 地形信息的编码

（1）地形信息编码的原则

由于数字化测图采集的数据信息量大、内容多、涉及面广，数据和图形应一一对应，构成一个有机的整体，它才具有广泛的使用价值，因此，必须对其进行科学的编码。编码的方法是多种多样的，但不管采用何种编码方式，应遵循的一般原则基本相同。

① 一致性。即非二义性，要求野外采集的数据或测算的碎部点坐标数据，在绘图时能唯一地确定一个点，并在绘图时符合图式规范。

② 灵活性。要求编码结构充分灵活，满足多用途数字测绘的需要，在地理信息管理和规划、建筑设计等后续工作中，为地形数据信息编码的进一步扩展提供方便。

③ 简易实用性。尊重传统方法，容易被野外作业和图形编辑人员理解、接受和记忆，正确、方便地使用。

④ 高效性。能以尽量少的数据量承载尽可能多的外业地形信息。

⑤ 可识别性。编码一般由字符、数字或字符与数字组合而成，设计的编码不仅要求能够被人识别，还要求能被计算机用较少的机时加以识别，并能有效地对其管理。

（2）编码方法

在遵循编码原则的前提下，应根据数据采集使用的仪器、作业模式及数据的用途统一设计地形信息编码。如按照地形图图式分类进行编码的三位、四位编码，按照地物的拼音首字母进行编码等方法。目前，国内数字化测图系统的软件品种较多，所采用的地形信息编码的方法也很多，实际工作中可参阅有关测图软件的说明书。

8.4.2.3 碎部测量的步骤

(1) 测图准备工作

野外数字化测图前，必须按规范检验所使用的测量仪器，如电子全站仪的轴系关系是否满足要求；水平角、竖直角和距离测量的精度是否符合限差规定；光学对中器及各种螺旋是否正常；反射棱镜常数的测定和设置等。还需要安装、调试好所使用的电子手簿（或便携机）及数字化测图软件并通过数据接口传输或按菜单提示键盘输入图根控制点的点号、平面坐标（x、y）和高程（H）。

(2) 测站设置与检核

将电子全站仪安置在测站点上，经对中、整平后量取仪器高；连接电子手簿或便携式计算机，启动野外数据采集软件，按菜单提示键输入测站信息：如测站点号、后视点点号、检核点点号及测站仪器高等。根据所输入的点号即可提取相应控制点的坐标，并反算出后视方向的坐标方位角，以此角值设定全站仪的水平度盘起始读数。然后用全站仪瞄准检核点反光镜，测量检核点的三维坐标，并与该点已知坐标数据比较，超过限差规定须重新定向。检核点限差和测图比例尺有关，可查找《工程测量标准》（GB 50026—2020）等规范的规定。

8.4.2.4 碎部点的信息采集

碎部点的信息包括几何信息和属性信息，几何信息主要指点的三维坐标和点的连接关系，属性信息主要指碎部点的特征信息，如绘图时必须知道该点是什么点（房角、消火栓、电线杆等），有什么特征（房屋的类型、道路的等级）等。

测点的坐标是用仪器在外业测量中测得的，测量时要标明点号，点号在测图系统中是唯一的，根据它可以提取点位坐标。目前使用的全站仪都有内存，能把外业测量的坐标数据直接存储在全站仪的内存中。

测点的属性是用地形编码表示的，有编码就知道它是什么点，图式符号是什么。外业测量时知道测的是什么点，就可以给出该点的编码并记录下来。

测点的连接信息，是用连接点和连接线型表示的，外业测量时要记录下点号的同时，还要记录哪一点和哪一点连接，连接的线型是折线还是曲线。测点的属性信息如地形编码和连线信息可以输入到全站仪内存中或电子手簿中，通过内业处理软件自动判别，自动绘图。但由于外业信息十分复杂多变，很难做到自动化处理。目前，生产单位常用的方法是全站仪草图法进行外业测量，即外业属性信息绘制在一张草图上，并把测点的点号也标注在草图上，内业成图时，把全站仪内存中的坐标数据展绘在成图软件中，再根据草图上记录的各点连线信息和地物类别进行编图。

8.4.3 地形图的处理与输出

绘制出清晰、准确、符合标准的地形图是大比例尺数字化地形测量工作的主要目的之一，因此对图形的处理和输出也就成为数字化测图系统中不可缺少的重要组成部分。野外采集的地物和地貌特征点信息，经过数据处理之后形成了图形数据文件。其数据是以高斯直角坐标的形式存放的，而图形输出无论是在显示器上显示图形，还是在绘图仪上自动绘图，都存在一个坐标转换的问题。另外，还有图形的分幅、绘图比例尺的确定、图式符号注记及图廓整饰等内容，都是计算机绘图不可缺少的内容。

(1) 图形图分幅

因为在数字化地形测量中野外数据采集时,采用全站仪等设备自动记录或手工键入实测数据、信息等,并未在现场成图,因此,对所采集的数据范围应按照标准图幅的大小或用户确定的图幅尺寸进行截取,对自动成图来说,这项工作就称为图形分幅。图形分幅的基本思路是,首先根据四个图廓点的高斯平面直角坐标,确定图幅范围;然后,对数据的坐标项进行判断,提取属于图幅矩形框内的数据以及由其组成的线段或图形等,组成该图幅相应的图形数据文件。图幅以外的数据以及由其组成的线段或图形,仍保留在原数据文件中,以供相邻图幅提取。图形分幅的原理和软件设计的方法很多,常用的有四位码判断分幅、二位码判断分幅和一位码判断分幅等,详见有关书籍。

(2) 图形的显示与编辑

要实现图形屏幕显示,首先要将用高斯平面直角坐标形式存放的图形定位,并将这些数据转换成计算机屏幕坐标。高斯平面直角坐标系 X 轴向北为正,Y 轴向东为正;对于一幅地形图来说,向上为 X 轴正方向,向右为 Y 轴正方向。而计算机显示器则以屏幕左上角为坐标系原点 $(0,0)$,x 轴向右为正,y 轴向下为正,(x,y) 坐标值的范围则以屏幕的显示方式决定。因此,只需将高斯坐标系的原点平移至图幅左上角,再按顺时针方向旋转 $90°$,并考虑两种坐标系的变换比例,即可实现由高斯直角坐标向屏幕坐标的转换。有了图形定位点的屏幕坐标,就可充分利用计算机语言中的各种基本绘图命令及其组合编制程序,自动显示图形。

对在屏幕上显示的图形,可根据野外实测草图或记录的信息进行检查,若发现问题,用程序可对其进行屏幕编辑和修改,同时按成图比例尺完成各类文字注记、图式符号以及图名图号、图廓等成图要素的编辑。经检查和编辑修改成为准确无误的图形,软件能自动将其图形定位点的屏幕坐标再转换成高斯坐标,连同相应的信息编码保存在图形数据文件中或组成新的图形数据文件,供自动绘图时调用。

(3) 绘图仪自动绘图

如前所述,野外采集的地形信息经数据处理、图形截幅、屏幕编辑后,形成了绘图数据文件。利用这些绘图数据,即可由计算机软件控制绘图仪自动输出地形图。

绘图仪作为计算机输出图形的重要设备,其基本功能是将计算机中以数字形式表示的图形描绘到图纸上,实现数 (X,Y 坐标串) 模 (矢量) 的转换。利用绘图仪绘制地形图,同样存在坐标系的转换问题,实际绘图操作时,用户通过软件可自行定义并设置坐标原点和坐标单位,以实现高斯坐标系向绘图坐标系的转换,称为定比例。通过定比例操作,用户可根据实际需要来缩小或者扩大绘图坐标单位,以实现不同比例尺和不同大小图幅的自动输出。

本章小结

本章主要介绍大比例尺数字地形图的基本知识、传统测绘方法及全站仪测图方法;通常称比例尺在 1∶500~1∶100000 的地形图为大比例尺地形图。大比例尺地形图由于其位置精度高、地形表示详尽,是规划、管理、设计和建设过程中的基础资料。图根控制测量工作结束后,就可以用图根点为测站点,测出各地物、地貌特征点的位置和高程,按规定的比例尺缩绘到图纸上,加绘地物、地貌符号,即成地形图。地物、地貌特征点统称为碎部点;测定碎部点的工作称为碎部测量,也称地形测绘。本章重点介绍了测绘大比例尺地形图的传统测量方法及全站仪数字测图方法。

思考题与习题

1. 碎部点的选择方法有哪些?
2. 地形图的绘制包含哪些方面?
3. 试述用全站仪测绘法在一个测站上测绘地形图的工作步骤。
4. 用视距测量的方法进行碎部测量时,已知测站点的高程 $H_{站}=124.562$m,仪器高 $i=1.578$m。上丝读数 0.766m、下丝读数 0.902m、中丝读数 0.830m、竖盘读数 $\alpha=98°32'48''$,试计算水平距离及碎部点的高程(注:该点为高于水平视线的目标点)。
5. 试述经纬仪测绘法测绘大比例尺地形图一个测站的工作步骤。
6. 试述全站仪数字化测图的方法与步骤。

CHAPTER 第 9 章

测 设

本章导读

测设是测量学的一部分，是指通过用一定的测量方法，按照要求的精度，把设计图纸上规划设计好的建筑物、构筑物的平面位置和高程在地面上标定出来。测设的基本方法是根据已知点与待测设点的支架角度、距离和高差等几何关系，应用测绘仪器和工具标定待测设点。因此不论测设对象是建筑物还是构筑物，测设的基本工作依然是：测设已知水平距离、水平角度和高程、点的平面位置以及已知坡度的直线。

思政元素

测设是工程建设中非常关键的一个环节，同时作业环境相对艰苦。测设人员应强化专业责任感，充分理解测绘工作者应有的不畏艰难、勇攀高峰的意志品格，严谨细致的工作作风，深刻感受"差之毫厘，谬以千里"的内涵，强化职业操守，提升专业素养。

9.1 测设的基本工作

测设的基本工作（又称放样或放线）是根据工程设计图纸上建筑物、构筑物的轴线位置、尺寸及其高程，计算出待建的建筑物、构筑物的各特征点（或轴线交点）与控制点（或已建成建筑物特征点）之间的距离、角度、高差等测设数据，然后以地面控制点为根据，将建筑物、构筑物的特征点在实地标定出来，以便于施工。

9.1.1 已知水平距离的测设

已知水平距离的测设，是从地面上一个已知点出发，沿给定的方向，量出已知（设计）的水平距离，在地面上标定出这段距离另一端点的位置。

9.1.1.1 钢尺测设

（1）一般方法

当测设精度要求不高时，从已知点开始，沿给定的方向，用钢尺直接丈量出已知水平距离，标定出这段距离的另一端点。为了校核，重复丈量一次，当两次丈量的相对误差在限差（1/3000～1/5000）范围之内，取平均位置作为该端点的最后位置。

（2）精确方法

当测设精度要求较高，在 1/10000 以上时，则需用精密方法，应使用检定过的钢尺，用经纬仪定线。用水准仪测定高差，根据已知水平距离 D，经过尺长改正 Δl_d、温度改正 Δl_t 和倾斜改正 Δl_h 后，用式（9-1）计算出实地测设长度，然后根据计算结果，用钢尺进行测设。

$$L = D - \Delta l_d - \Delta l_t - \Delta l_h \tag{9-1}$$

下面举例说明。如图 9-1 所示，从 A 点沿 AC 方向测设 B 点，已知待测设的水平距离 $D = 25.000\text{m}$，测设所用钢尺尺长改正数 Δl_d 为 $+0.003\text{m}$，钢及膨胀系数 α 为 $1.25 \times 10^{-5} \text{m/(m·℃)}$。在测设前进行概量定出端点，则钢尺的尺长方程式见式（4-5），为：

$$l_t = 30\text{m} + 0.003\text{m} + 1.25 \times 10^{-5} \\ \times 30\text{m} \times (t - 20℃) \tag{9-2}$$

测设时温度为 $t = 30℃$，测设时拉力与检定钢尺时拉力相同，求两点之间的高差 h_{AB} 和 L 的长度。

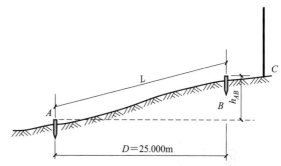

图 9-1 用钢尺测设已知水平距离的精确方法

① 尺长改正 Δl_d 为：

$$\Delta l_d = \frac{\Delta l}{l_0} D = \frac{0.003}{30} \times 25 = +0.002 \text{（m）} \tag{9-3}$$

② 温度改正 Δl_t 为：

$$\Delta l_t = \alpha(t - t_0)D = 1.25 \times 10^{-5} \times (30-20) \times 25 = +0.003 \text{（m）} \tag{9-4}$$

③ 倾斜改正 Δl_h 为：

$$\Delta l_h = -\frac{h^2}{2D} = -\frac{1}{2 \times 25} = -0.02 \text{（m）} \tag{9-5}$$

④ 最后结果 L 为：

$$L = D - \Delta l_d - \Delta l_t - \Delta l_h = 25.000 - 0.002 - 0.003 - (-0.002) = 25.015 \text{（m）} \tag{9-6}$$

在地面上从 A 点沿 AC 方向用钢尺实量 25.015m 定出 B 点，则 AB 两点间的水平距离为已知值 25.000m，要测定两次求其平均位置并进行校核。

9.1.1.2 光电测距仪测设法

由于光电测距仪的普及应用，当测设精度要求较高时，一般采用光电测距仪测设法。光电测距仪测设法如下。

① 如图 9-2 所示，在 A 点安置光电测距仪，反光棱镜在已知方向上前后移动，使仪器示值略大于测设的距离，定出 C' 点。

② 在 C' 点安置反光棱镜，测出垂直角 α 及斜距 L（必要时加测气象改正），计算水平距离 $D' = L\cos\alpha$，求出 D' 与应测设的水平距离 D 之差 $\Delta D = D - D'$。

③ 根据 ΔD 的数值在实地用

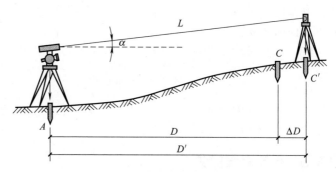

图 9-2 用测距仪测设已知水平距离

钢尺沿测设方向将 C' 改正至 C 点，并用木桩标定其点位。

④ 将反光棱镜安置于 C 点，再实测 AC 距离，其不符值应在限差之内，否则应再次进行改正，直至符合限差为止。

9.1.2 已知水平角的测设

已知水平角的测设，是从地面上一个已知方向开始，通过测量按给定的水平角值把该角的另一个方向标定到地面上。测设方法如下。

9.1.2.1 一般方法

当测设水平角的精度要求不高时，可采用盘左、盘右分中的方法测设，如图 9-3 所示。设地面已知方向 OA，O 为角顶点，β 为已知水平角角值，OB 为欲定的方向线。测设方法如下。

① 在 O 点安置经纬仪，盘左位置瞄准 A 点，使水平度盘读数略大于 $0°00'00''$。

② 转动照准部，使水平度盘读数恰好为 β 值，在此视线上定出 B' 点。

③ 盘右位置，重复上述步骤，再测设一次，定出 B'' 点。

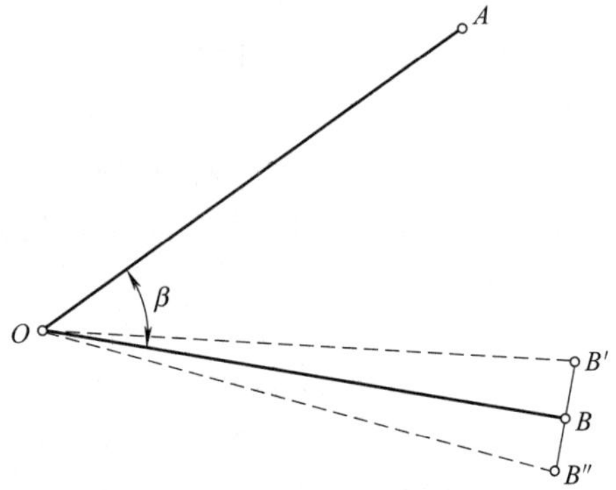

④ 取 B' 和 B'' 的中点 B，则 $\angle AOB$ 就是要测设的 β 角。

图 9-3 已知水平角测设的一般方法

9.1.2.2 精确方法

当测设精度要求较高时，可按如下步骤进行测设，如图 9-4 所示。

① 先用一般方法测设出 B' 点。

② 用测回法对 $\angle AOB'$ 观测若干个测回（测回数根据要求的精度而定），求出各测回平均值 β_1，并计算出：$\Delta\beta = \beta - \beta_1$。

③ 量取 OB' 的水平距离。

④ 根据式 (9-7) 计算改正距离：

$$BB' = OB' \tan\Delta\beta \approx OB' \frac{\Delta\beta}{\rho} \quad (9-7)$$

⑤ 自 B' 点沿 OB' 的垂直方向量出距离 BB'，确定出 B 点，则 $\angle AOB$ 就是要测设的角度。

量取改正距离时，若 $\Delta\beta$ 为正，则沿 OB' 垂直方向向外量取；若 $\Delta\beta$ 为负，则沿 OB' 垂直方向向内量取。

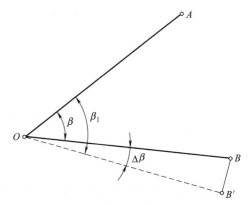

图 9-4 已知水平角测设的精确方法

【例 9-1】 设 $OB = 60.550$m，$\beta - \beta_1 = +30''$；则

$$BB' = 60.500 \times \frac{30}{206265} = +0.009 \text{ (m)} \quad (9-8)$$

过 B' 点作 OB' 的垂线，再从 B' 点沿垂线方向向 $\angle AOB'$ 外侧量垂距 0.009m，定出 B 点，则 $\angle AOB$ 即为要测设的 β 角。

9.1.3 已知高程的测设

已知高程的测设是利用水准测量的方法，根据已知水准点，将设计高程测设到现场作业面上的过程。

9.1.3.1 在地面上测设已知高程

如图 9-5 所示,某建筑物的室内地坪设计高程为 45.000m,附近有一水准点 BM_3,其高程为 44.680m。现在要求把该建筑物的室内地坪高程测设到木桩 A 上,作为施工时控制高程的依据。测设方法如下。

① 在水准点 BM_3 和木桩 A 之间安置水准仪,在水准点 BM_3 上立水准尺,用水准仪的水平视线测得后视读数为 1.556m,此时视线高程为:

$$44.680+1.556=46.236 \text{(m)} \tag{9-9}$$

② 计算 A 点水准尺尺底为室内地坪高程时的前视读数:

$$b=46.236-45.000=1.236 \text{(m)} \tag{9-10}$$

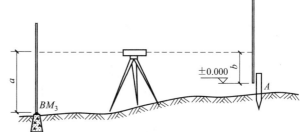

图 9-5 已知高程的测设

③ 上下移动竖立在木桩 A 侧面的水准尺,直至水准仪的水平视线在尺上截取的读数为 1.236m 时,紧靠尺底在木桩上划一水平线,其高程即为 45.000m。

9.1.3.2 高程传递

当向较深的基坑或较高的建筑物上测设已知高程点时,如水准尺长度不够,可利用钢尺引测。

如图 9-6 所示,欲在深基坑内设置一点 B,使其高程为 $H_设$。地面附近有一水准点 BM_R,其高程为 H_R。测设方法如下。

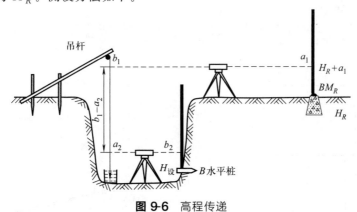

图 9-6 高程传递

① 在基坑一边架设吊杆,杆上吊一根零点向下的钢尺,尺的下端挂上 10kg 的重锤,放入油桶中。

② 在地面安置一台水准仪,设水准仪在 R 点所立水准尺上读数为 a_1,在钢尺上读数为 b_1。

③ 在坑底安置另一台水准仪,设水准仪在钢尺上读数为 a_2,则:

$$H_设=(H_R+a_1)-(b_1-a_2)-b_2$$

④ 计算 B 点水准尺底高程为 $H_设$ 时,B 点处水准尺的读数应为:

$$b_2=(H_R+a_1)-(b_1-a_2)-H_设 \tag{9-11}$$

9.2 点的平面位置测设

点的平面位置测设常用方法有直角坐标法、极坐标法、角度交会法和距离交会法四种，通常根据控制网的形式、现场情况、精度要求等因素来选择。

9.2.1 直角坐标法

直角坐标法是根据直角坐标原理，利用纵横坐标之差测设点的平面位置。直角坐标法适用于施工控制网为建筑方格网或建筑基线的形式，且量距方便的建筑施工场地。

如图 9-7 所示，设 O 点为坐标原点，M 点的坐标 (x, y) 已知，先在 O 点上安置经纬仪，瞄准 A 点，沿 OA 方向从 O 点向 A 测设距离 y 得 C 点；然后将经纬仪搬至 C 点，仍瞄准 A 点，向左测设 $90°$ 角，沿此方向从 C 点测设距离 x 即得 M 点，沿此方向测设 N 点。同法测设出 Q 点和 P 点。最后应检查建筑物的四角是否为 $90°$ 角，各边边长是否等于设计长度，误差是否在允许范围内。

该方法计算简单，操作方便，应用广泛。

9.2.2 极坐标法

极坐标法是根据一个水平角和一段水平距离，测设点的平面位置。极坐标法适用于量距方便，且待测设点距控制点较近的建筑施工场地。

(1) 测设数据的计算方法

如图 9-8 所示，A、B 为已知测量控制点，P 为放样点，测设数据计算如下。

① 计算 AB、AP 边的坐标方位角：

$$\alpha_{AB} = \arctan \frac{\Delta y_{AB}}{\Delta x_{AB}}, \quad \alpha_{AP} = \arctan \frac{\Delta y_{AP}}{\Delta x_{AP}} \tag{9-12}$$

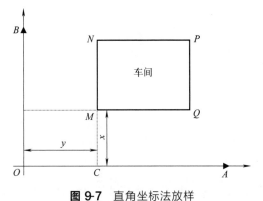

图 9-7　直角坐标法放样

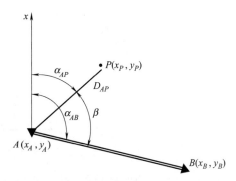

图 9-8　极坐标法放样

② 计算 AP 与 AB 之间的夹角 β 为：

$$\beta = \alpha_{AB} - \alpha_{AP} \tag{9-13}$$

③ 计算 A、P 两点间的水平距离 D_{AP} 为

$$D_{AP} = \sqrt{(x_P - x_A)^2 + (y_P - y_A)^2} = \sqrt{\Delta x_{AP}^2 + \Delta y_{AP}^2} \tag{9-14}$$

(2) 测设过程

① 将经纬仪安置在 A 点，按顺时针方向测设 $\angle BAP = \beta$，得到 AP 方向。

② 由 A 点沿 AP 方向测设距离 D_{AP}，即可得到 P 点的平面位置。

9.2.3 角度交会法

角度交会法是在两个或多个控制点上安置经纬仪，通过测设两个或多个已知水平角角度，交会出未知点的平面位置。此法适用于受地形限制或量距困难的地区测设点的平面位置。

如图 9-9 所示，A、B、C 为已知测量控制点，P 为放样点，测设过程如下。

① 按坐标反算公式，分别计算出 α_{AB}、α_{AP}、α_{BP}、α_{CB}、α_{CP}。

② 计算水平角 β_1、β_2、β_2 的角值。

③ 将经纬仪安置在控制点 A 上，后视点 B，根据已知水平角 β_1 取盘左盘右取平均值放样出 AP 方向线，同理在将仪器架在 B、C 点分别放样出方向线 BP 和 CP。

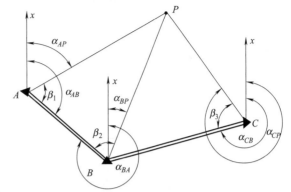

图 9-9 角度交会法放样

若误差三角形边长在限差以内，则取示误三角形重心作为待测设点 P 的最终位置，如图 9-10 所示。

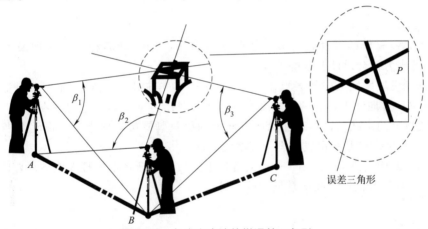

图 9-10 角度交会法放样误差三角形

9.2.4 距离交会法

距离交会法是由两个控制点测设两段已知水平距离，交会定出未知点的平面位置。距离交会法适用于待测设点至控制点的距离不超过一尺段长，且地势平坦、量距方便的建筑施工场地。

如图 9-11 所示，A、B 为已知测量控制点，P 为放样点，测设过程如下。

① 根据 P 点的设计坐标和控制点 A、B 的坐标，先计算放样数据 D_{AP} 与 D_{BP}。

② 放样时，至少需要三人，甲、乙分别拉两根钢尺零端并对准 A 与 B，丙拉两根钢尺使 D_{AP} 与 D_{BP} 长度分划重叠，三人同时拉

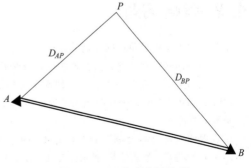

图 9-11 距离交会法放样

紧，在丙处插一测钎，即求得 P 点。

9.3 已知坡度直线的测设

在修筑道路、敷设排水管道等工程中，经常要测设设计时所指定的坡度线。

【例 9-2】 如图 9-12 所示，若已知 A 点设计高程为 H_A，设计坡度 i_{AB}，则可求出 B 点的设计高程，设计高差程为：

$$H_B = H_A + i_{AB} \cdot D_{AB} \tag{9-15}$$

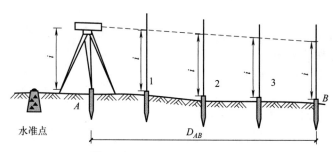

图 9-12 已知坡度直线的测设

测设过程如下。

① 先用高程放样的方法，将坡度线两端点 A、B 的设计高程标定在地面木桩上，则 AB 的连线已成为符合设计要求的坡度线。

② 细部测设坡度线上中间各点 1、2、3、……，先在 A 点安置经纬仪，使基座上一只脚螺旋位于 AB 方向线上，另两只脚螺旋的连线与 AB 方向垂直，量出仪器高 i，用望远镜瞄准立在 B 点上的水准尺，转动在 AB 方向上的那只脚螺旋，使十字丝横丝对准尺上读数为仪器高 i，此时，仪器的视线与设计坡度线平行。

③ 在 AB 的中间点 1、2、3、……的各桩上立尺，逐渐将木桩打入地下，直到桩上水准尺读数均为 i 时，各桩顶连线就是设计坡度线。

本章小结

本章主要介绍了测设的研究内容和基本方法。重点内容是水平距离的测设方法、水平角的测设方法、高程的测设方法、极坐标测设方法。

思考题与习题

1. 试绘图说明水平角精确测设的方法？
2. 点的平面测设有几种方法？各在什么条件下使用？试绘图说明。
3. 在地面上要设置一段 29.000m 的水平距离 AB，所使用钢尺的尺长方程式为 $l_t = 30\text{m} + 0.004\text{m} + 0.000012(t-20) \times 30\text{m}$。测设时钢尺的温度为 15℃，所施于钢尺的拉力与检定时的拉力相同，试计算在地面需要量出的长度？
4. 在地面上要求测设一个直角，先用一般方法测设出角 $\angle AOB$，再测量该角若干测回取平均值为 $\angle AOB = 90°00'24''$，如图 9-13 所示。又知 OB 的长度为 100m，问在垂直于 OB 的方向上，B 点应该移动多少距离才能得到 90°的角？

5. 利用高程为 7.530m 的水准点，测设高程为 7.831m 的室内 ±0.000 标高。设尺立在水准点上时，按水准仪的水平视线在尺上画上了一条线，问在该尺上的什么地方画上一条线，才能使视线对准此线时，尺子底部就在 ±0.000 高程的位置。

6. 已知 $\alpha_{MN} = 290°06'$，已知点 M 的坐标为 $x_M = 15.00\text{m}$，$y_M = 85.00\text{m}$；若要测设坐标为 $x_A = 45.00\text{m}$，$y_A = 85.00\text{m}$ 的 A 点，试计算仪器安置在 M 点用极坐标法测设 A 点所需的数据。

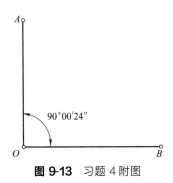

图 9-13 习题 4 附图

CHAPTER 第 10 章

工程变形监测

 本章导读

本章主要学习工程变形监测及基坑工程变形监测相关知识，通过本章学习，掌握工程变形监测的基本内容以及不同变形监测的内容、方法与要求。

 思政元素

工程变形监测工作直接影响着工程的质量。工程技术人员应时刻牢记工程安全对人身财产安全的影响，并联系测量精神，结合工程伦理，提升测量责任感。

10.1 工程变形监测技术概述

变形监测是对被监测的对象或物体（简称变形体）进行测量，以确定其空间位置及内部形态随时间的变化特征。变形监测又称变形测量或变形观测。工程变形监测系统通常包括进行监测工作的荷载系统、测量系统、信号处理系统、显示和记录系统以及分析系统等几个功能单元。在实际变形监测工作中，变形监测系统一般有人工监测系统和自动化监测系统两大类。

10.1.1 变形监测的目的

工程变形监测的主要目的是要获得变形体的空间位置随时间变化的特征，科学、准确、及时地分析和预报工程建筑物的变形状况，同时还要正确地解释变形的原因和机理。

工程变形监测的目的大致可分为三类。

① 安全监测：即希望通过重复观测，能第一时间发现建筑物的不正常变形，以便及时分析和采取措施，防止事故的发生。

② 积累资料：各地对大量不同基础形式的建筑物所作沉降观测资料的积累，是检验设计方法的有效措施，也是以后修改设计方法、制定设计规范的依据。

③ 为科学实验服务：通过对相关建筑物的变形数据进行系统性的研究，建立变形模型，

从而获取建筑物变形的基本规律和特征,从而准确地预报建筑物的变形,为建筑物的安全运营提供有用的信息。

10.1.2 变形监测的意义

变形监测有实用上和科学上两方面的意义。

实用上的意义主要是监测各种工程建筑物及其地质结构的稳定性,及时发现异常变化,对其稳定性和安全性做出判断,以便采取措施处理,防止发生安全事故。

科学上的意义在于积累监测分析资料,以便能更好地解释变形的机理,验证变形的假说,建立有效的变形预测模型,为研究灾害预报的理论和方法服务,验证有关工程设计的理论是否正确、设计方案是否合理,为以后修改完善设计、制定设计规范提供依据,如改善建筑物的各项物理参数、地基强度参数,以防止工程破坏事故发生,提高抗灾能力等。

10.1.3 变形监测的分类

工程建筑物的变形,按其类型可以分为:静态变形和动态变形。静态变形通常是指变形观测的结果只表示在某一时期内的变形值,也就是说,它只是时间的函数。动态变形是在外力影响下而产生的变形,故它是以外力为函数来表示的动态系统对于时间的变化,其观测结果是表示建筑物在某一时刻的瞬时变形。变形按时间长短可分为长周期变形(建筑物自重引起的沉降和变形)、短周期变形(温度变化引起的变形);按研究的范围可以分为全局性变形、区域性变形、局域性变形;按成因可以分为人工干预变形、自然原因变形、综合原因变形。

变形监测的任务是周期性地对观测点进行重复观测,求得其在两个观测周期间的变化量。

变形监测的内容应根据建筑物的性质与地基情况来定。

(1) 工业与民用建筑物

对于基础而言,变形监测的主要观测内容是均匀沉陷与不均匀沉陷,从而计算绝对沉陷值、平均沉陷值、相对弯曲、相对倾斜、平均沉陷速度以及绘制沉陷分布图。

(2) 土工建筑物

以土坝为例,变形监测的观测项目主要为水平位移、垂直位移、渗透(浸润线)以及裂缝观测。

(3) 钢筋混凝土建筑物

以混凝土重力坝为例,变形监测的主要观测项目为垂直位移(从而可以求得基础与坝体地转动)、水平位移(从而可以求得坝体的挠曲)以及伸缩缝的观测。以上内容通常称为外部变形观测。此外,由于混凝土坝是一种大型水工建筑物,其安危影响很大,设计理论也比较复杂,除了观测其外形的变化之外,还要了解其结构内部的情况。

(4) 地表沉降

对于建立在江河下游冲积层上的城市,由于工业用水需要大量地吸取地下水,从而影响地下土层的结构,将使地面发生沉降现象。故变形监测的主要观测项目为沉降量观测。

10.1.4 变形观测的特点

由于作业目的的不同,变形观测工作与常规测量有着明显的不同,总体上来讲变形观测的工作模式要比常规测量严格、精密,它具有以下特点。

(1) 精度要求高

为了能准确地反映变形体的变形特征和变形量，变形观测工作需要准确测量变形体上特征点的空间位置，从而对变形观测工作的精度有更精确的要求。在正常的工作过程中，变形观测的精度要求在±1mm左右；对于用于研究性质的变形观测，则其精度要求更高。

(2) 重复观测

变形观测的工作模式是周期性地对观测点进行重复性观测，根据其所观测的数据进行分析，进而获取变形的特征。在这里，观测周期是固定的，不能因为天气等外界因素更改，而重复性指的是观测的基本条件、方法及模式要相同。

(3) 严密地进行数据处理

变形体的变形一般都较小，有的与测量误差有相同的数量级，故要采取一些办法从含有观测误差的观测值中分离出变形信息。在变形观测数据处理的论著中，有许多关于变形观测数据中含有的粗差和系统差的鉴别、检验等的论述。由于变形量都是微小变化，更应仔细从带有观测误差的观测值中找出变形规律的蛛丝马迹，及时正确地预报有危害的变形，使人们免受伤害，减少财产损失。所以变形观测责任重大，需要认真工作，从而才能圆满地完成观测任务。

(4) 综合应用多种测量方法

由于各种测量方法都有优缺点，因此根据工程的特点和变形测量的要求，综合应用地面测量方法（如几何水准测量、三角高程测量、方向和角度测量、距离测量等）、空间测量技术（如 GPS 技术、合成孔径雷达干涉等）、近景摄影测量、地面激光雷达技术以及专门测量手段，可以达到取长补短、相互校核的目的，从而提高变形测量精度和可靠性。

(5) 多学科综合分析

变形观测工作者必须熟悉并了解所要研究的变形体，包括变形体的形状特征、结构类型、构造特点、所用材料、受力状况以及所处的外部环境条件等，这就要求变形观测工作者应具备地质学、工程力学、岩土力学、材料科学和土木工程等方面的相关知识，以便制订合理的变形观测精度指标和技术指标，合理而科学地处理变形观测资料和分析变形观测成果，特别是对变形体的变形做出科学合理的物理解释。

10.1.5 变形监测的主要技术方法

(1) 常规大地测量方法

常规大地测量方法通常指的是利用常规的大地测量仪器测量方向、角度、边长、高差等来测定变形的方法，包括布设成边角网、各种交会法、极坐标法以及几何水准测量法、三角高程测量法等。常规的大地测量仪器有光学经纬仪、光学水准仪、电磁波测距仪、电子经纬仪、电子全站仪以及测量机器人等。

常规大地测量方法主要用于变形监测网的布设以及每个周期的观测。

(2) 全自动跟踪全站仪

全自动跟踪全站仪（RTS，Robotic Total Station）即测量机器人。它是一种能代替人进行自动搜索、跟踪、辨识和精确照准目标并获取角度、距离、三维坐标等信息的智能型电子全站仪。测量机器人通过 CCD 影像传感器和其他传感器对现实测量世界中的"目标"进行识别、分析、判断与推理，实现自我控制。测量机器人可进行全天候、全方位的无人值守测量。

(3) GPS 方法

随着 GPS 技术的发展，GPS 卫星定位和导航技术与现代通信技术相结合，在空间定位技术方面引起了革命性的变化。用 GPS 同时测定三维坐标的方法将测绘定位技术的精度扩展到米级、厘米级乃至毫米级，从而大大拓宽了它的应用范围和在各行各业中的作用。

GPS 在变形观测过程中有着独特的优点，它可以进行高精度、全天候的实时观测；同时又能进行监测工作过程的自动化；而且在观测过程中由于观测条件影响小，可以保证数据的完整性和连续性。

（4）摄影测量方法

在其他的变形观测过程中，由于观测条件的限制，使得观测的点位相对比较少，难以反映变形体变形的细节。为了增加观测信息，方便点位的数据采集，可以利用摄影测量方法进行变形观测。这种方法具有快速、直观、全面的特点，适用于大面积的滑坡治理。但是这种方法有明显的缺点，就是测量的精度相对于其他方法比较低，故而摄影测量的使用技术还需要提高。

（5）激光扫描方法

地面三维激光扫描应用于变形监测的特点如下。

① 信息丰富。地面三维激光扫描系统以一定间隔的点对变形体表面进行扫描，形成大量点的三维坐标数据。与单纯依靠少量监测点对变形体进行变形监测研究相比，具有信息全面和丰富的特点。

② 实现对变形体的非直接测量。地面三维激光扫描系统采集点云的过程中完全不需要接触变形体，仅需要站与站之间拼接时，在变形体周围布置少量的标靶。

③ 便于对变形体进行整体变形的研究，地面三维激光扫描系统通过多站的拼接，可以获取变形体多角度、全方位、高精度的点云数据，通过去噪、拟合和建模，可以方便地获取变形体的整体变形信息。

10.1.6 变形监测的精度和周期

10.1.6.1 变形监测的精度

对工程建筑物的变形观测具有影响的最基本因素包括观测点的布置、观测的精度与频率以及每次观测所进行的时间。

变形观测的精度要求，取决于该工程建筑物预计的允许变形值的大小和进行观测的目的。如何根据允许变形值来确定观测的精度，国内外还存在着各种不同的看法。在国际测量工作者联合会（FIG）第十三届会议（1971 年）工程测量组的讨论中提出："如果观测的目的是使变形值不超过某一允许的数值而确保建筑物安全，则其观测的中误差应小于允许变形值的 (1/10)～(1/20)；如果观测的目的是研究其变形的过程，则其中误差应比这个数值小得多。"

在工业与民用建筑物的变形监测中，由于其主要监测内容是基础沉陷和建筑物本身的倾斜，其观测精度应根据建筑物基础的允许沉陷值、允许倾斜度、倾斜相对弯矩等来决定，同时也应考虑其沉陷速度。例如，我国建筑设计部门在研究高层建筑物的倾斜时，根据前述的观点，以允许倾斜值的 1/20 作为观测的精度指标。某综合勘察院在监测一幢大楼的变形时，根据设计人员提出的允许倾斜度为 4/1000，求得顶部的允许偏移值为 120mm，以其 1/20 作为观测中误差，即 ±6mm。

工程建筑变形测量的等级划分及精度要求列于表 10-1 中。

10.1.6.2 变形监测的周期

变形监测的时间间隔称为观测周期，即在一定的时间内完成一个周期的测量工作。观测周期与工程的大小、测点所在位置的重要性、观测目的以及观测一次所需时间的长短有关。

根据观测工作量和参加人数，一个周期可从几小时到几天。观测速度要尽可能快，以免在观测期间某些标志产生一定的位移。

表 10-1　工程建筑变形测量的等级划分及其精度要求

变形测量等级	沉降观测 观测点测站高差中误差/mm	位移观测 观测点坐标中误差/mm	适用范围
特级	≤0.05	≤0.3	特高精度要求的特种精密工程和重要科研项目变形监测
一级	≤0.15	≤1.0	高精度要求的大型建筑物和科研项目变形监测
二级	≤0.50	≤3.0	中等精度要求的建筑物和科研项目变形监测；重要建筑物主体倾斜观测、场地滑坡观测
三级	≤1.50	≤10.0	低等精度要求的建筑物变形观测；一般建筑物主体倾斜观测、场地滑坡观测

注：观测点测站高差中误差，系指几何水准测量测站高差中误差或静力水准测量相邻观测点相对高差中误差；观测点坐标中误差，系指观测点相对测站点的坐标中误差、坐标差中误差以及等价的观测点相对基准线的偏差中误差、建筑物（或构筑物）相对底部点的水平位移分量中误差。

变形监测的周期应以能系统反映所测变形的变化过程且不遗漏其变化时刻为原则，根据单位时间内变形量的大小及外界影响因素确定。当观测中发现变形异常时，应及时增加观测次数。不同周期观测时，宜采用相同的观测网形和观测方法，并使用相同类型的测量仪器。对于特级和一级变形观测，还宜固定观测人员、选择最佳观测时段、在基本相同的环境和条件下观测。

观测次数一般可按荷载的变化或变形的速度来确定。在工程建筑物建成初期，变形速度较快，观测次数应多一些；随着建筑物趋向稳定，可以减少观测次数，但仍应坚持长期观测，以便能发现异常变化。如，大坝变形的监测周期见表 10-2。对于周期性的变形，在一个变形周期内至少应观测 2 次。

表 10-2　大坝变形的监测周期

变形种类		水库蓄水前	水库蓄水 2 年内	水库蓄水后 2～3 年	正常运营
	沉陷	1 个月	1 个月	3～6 个月	半年
混凝土坝	相对水平位移	半年	1 周	半个月	1 个月
	绝对水平位移	0.5～1 个月	1 季度	1 季度	6～12 个月
土石坝	沉陷、水平位移	1 季度	1 个月	1 季度	半年

10.2　沉降监测

建筑物的沉降与建筑物基础的荷载有直接的关系。在建筑物施工过程中，随着上部结构的逐步建成，地基荷载逐步增加，建筑物将产生下沉现象。建筑物的下沉是逐渐产生的，并将延续到竣工交付使用后的相当长一段时期。因此建筑物的沉降观测应按照沉降产生的规律进行。

沉降观测在高程控制网的基础上进行。

在建筑物周围一定距离远、基础稳固、便于观测的地方，布设一些水准基点或工作基点，在建筑物上能反映沉降情况的位置设置一些沉降点观测点，根据上部荷载的加载情况，每隔一定时期，观测基准点与沉降点之间的高差一次，据此计算与分析建筑物的沉降规律。

10.2.1　水准基点、工作基点的设置

每一个测区的水准基点不应少于 3 个，对于小测区，当确认点位稳定可靠时可少于 3

个,但连同工作基点不得少于2个。水准基点的标石应埋设在基岩层或原状土层中。在建筑区内,点位与邻近建筑物的距离应不大于建筑物基础最大宽度的2倍,其标石埋设深度应大于邻近建筑物基础的深度。在建筑物内部的点位,其标石埋设应大于地基土压层的深度。水准基石标石如图10-1所示,可根据点位所在处的不同地质条件选埋基岩水准基点标石、深埋钢管水准基点标石、深埋双金属管水准基点标石和混凝土基本水准标石。

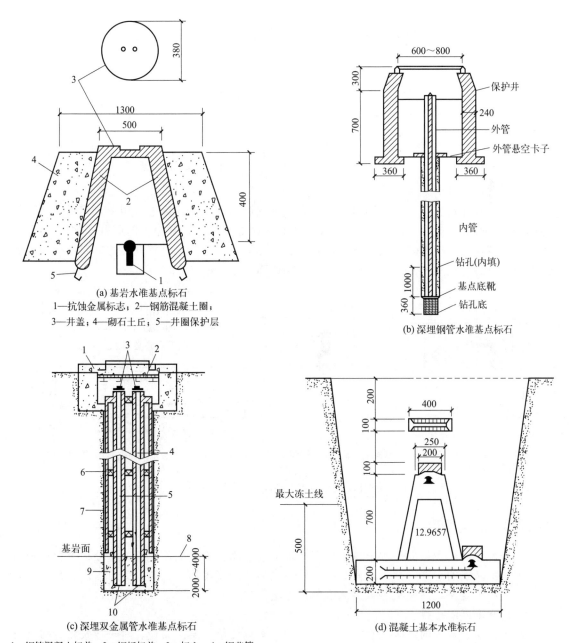

图 10-1 水准基点标石(单位:mm)

工作基点与联系点布设的位置应视构网需要确定。工作基点位置与邻近建筑物的距离不得小于建筑物基础深度的 1.5～2.0 倍。工作基点与联系点也可设置在稳定的永久性建筑物墙体或者基础上。工作基点的标石，可按点位的不同要求，选择埋浅埋钢管水准标石（图 10-2）、混凝土普通水准标石或者墙角、墙上水准标志等。

水准标石埋设后，应达到稳定后方可开始观测。稳定期根据观测要求与测区的地质条件确定，一般不宜少于 15d。

10.2.2 沉降观测点的设置

在建筑物上布设一些全面反映建筑物地基变形特征的沉降观察点，并结合地质情况及建筑结构特点确定点位。点位宜选择在下列位置：建筑物的四角、大转角处及沿外墙 10～15m 处或每隔 2～3 根柱基上。

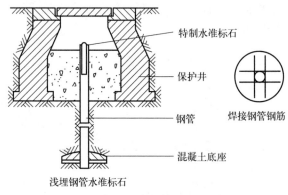

图 10-2 水准基石标石

沉降观测标志，可根据不同的建筑物结构类型和建筑材料，采用墙（柱）标志、基础标志和隐蔽式标志（用于宾馆等高级建筑物），各类标志的立尺部位应加工成半球形或有明显的凸出点，并涂上防腐剂，如图 10-3 所示。标志埋设位置应避开如雨水管、窗台线、散热器、暖水管、电气开关等有碍设标与观测的障碍物，并应视立尺需要离开墙（柱）面和地面一定距离。

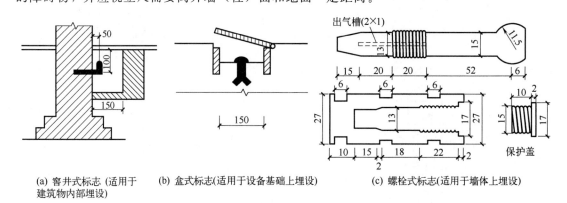

(a) 窨井式标志（适用于建筑物内部埋设）　　(b) 盒式标志（适用于设备基础上埋设）　　(c) 螺栓式标志（适用于墙体上埋设）

图 10-3 沉降观测点标志（单位：mm）

10.2.3 高差观测

沉降观测的高程依据是水准基点，即在水准基点高程不变的前提下，定期地测出变形点相对于水准基点的高差，并求出其高程，将不同周期的高程加以比较，即可得出变形点高程变化的大小及规律。高差观测采用水准测量方法。

(1) 水准网的布设

对于建筑物较少的测区，宜将水准点连同观测点按单一层次布设，对于建筑物较多且分散的大测区，宜按两个层次布网，即由水准点组成高程控制网、观测点与所联测的水准点组成扩展网。高程控制网应布设闭合环、结点环或附合高程路线。

(2) 水准测量的等级划分

水准测量划分为特级、一级、二级和三级。各级水准测量的观测限差列于表 10-3，视线长度、前后视距差、视线高度应符合表 10-4 的规定。

表 10-3 各级水准测量的观测限差　　　　　　　　　　　　　　　　　　　　单位：mm

等级	基辅分划读数差	基辅分划所测高差之差	相邻基准点高差中误差	每站高差中误差	往返较差、附合或环线闭合差	检测已测高差较差
特等	±0.3	±0.4	±0.3	±0.07	$0.15\sqrt{n}$	$0.2\sqrt{n}$
一等	±0.3	±0.4	±0.5	±0.13	$0.30\sqrt{n}$	$0.5\sqrt{n}$
二等	±0.4	±0.6	±1.0	±0.30	$0.60\sqrt{n}$	$0.8\sqrt{n}$
三等	±2.0	±3.0	±2.0	±0.70	$1.40\sqrt{n}$	$2.0\sqrt{n}$

表 10-4 各级水准观测的视线长度、前后视距差、视线高度　　　　　　　　　单位：m

等级	视线长度	前后视距差	前后视距累积差	视线高度	观测仪器
特等	≤10	≤0.3	≤0.5	>0.5	DSZ05 或 DS05
一等	≤30	≤0.7	≤1.0	>0.3	DSZ05 或 DS05
二等	≤50	≤2.0	≤3.0	>0.2	DS1 或 DS05
三等	≤75	≤5.0	≤8.0	三丝能读数	DS3 或 DS1,DS05

（3）水准测量精度等级的选择

水准测量的精度等级是根据建筑物最终沉降量的观测中误差来确定的。

建筑物的沉降量分绝对沉降量 s 和相对沉降量 Δs。绝对沉降的观测中误差 m_s，按低、中、高压缩性地基土的类别，分别±0.5mm，±1.0mm，±2.5mm；相对沉降（如沉降差、基础倾斜、局部倾斜）、局部地基沉降（如基础回弹、地基土分层沉降等）以及膨胀土地基变形等的观测中误差 $m_{\Delta s}$，均不应超过其变形允许值的 1/20，建筑物整体变形（如工程设施的整体垂直挠曲等）的观测中误差，不应超过其允许垂直偏差的 1/10，构件结构段变形（如平置挠度等）的观测中误差，不应超过其变形允许值的 1/6。

（4）沉降观测的周期

一般建筑物的施工阶段在基础完成后开始沉降观测，大型和高层建筑在基础垫层或基础底部完成后即开始沉降观测。建筑物施工前期阶段的观测周期视荷载增加情况而定，民用建筑每加高 1~5 层观测一次；工业建筑在不同施工阶段观测，例如在完成基础施工、安装柱子、安装吊车梁和厂房屋架后进行。

建筑物建成后的沉降观测周期，按地地基土质类型和沉降速度而定。在一般情况下，第一年观测 3~4 次，第二年观测 2~3 次，第三年后每一年一次，直至连续两年沉降量每半年小于 2mm 为止。

（5）沉降观测的成果整理

每次沉降观测完成后，应及时进行成果整理。根据测得沉降点的高程，计算各点的本次沉降量和累计沉降量，沉降点总体的平均沉降量、沉降差和沉降速度。此外，应记载观测时建筑物的荷重情况。

为了预估下一次观测点沉降的大约数值和沉降过程是否渐趋稳定或已经稳定，可分别绘制时间和沉降量关系曲线和时间与荷重的关系曲线，如图 10-4 所示。时间与沉降量的关系曲线系以沉降量 s 为纵轴，时间 T 为横

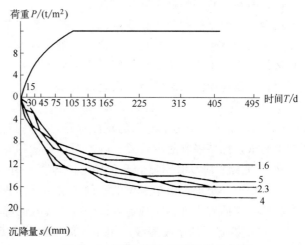

图 10-4 时间-荷重-沉降量关系曲线

轴，根据每次观测日期和每次下沉量，按比例画出各点位置，然后将各点连接而成。时间与荷重的关系曲线是以荷载的重量 P 为纵轴，时间 T 为横轴，根据每次观测日期和每次荷载的重量画出各点，将各点连接而成。

(6) 沉降观测的注意事项

① 在施工期间经常遇到的是沉降观测点被毁。为此一方面可以适当地加密沉降观测点，对重要的位置如建筑物的四角可布置双点。另一方面观测人员应经常注意观测点的变动情况，如有损坏应及时设置新的观测点。

② 建筑物沉降量一般应随着荷重的加大及时间的延长而增加，但有时却出现回升现象。这时需要具体分析回升现象的原因。

③ 建筑物的沉降观测是一项较长期的系统的观测工作，为了保证获得资料的正确性，应尽可能地固定观测人员，固定所用的水准仪和水准尺，按规定日期、方式及路线从固定的水准点出发进行观测。

10.3 位移监测

工程建筑物的位移观测包括倾斜观测、水平位移观测、裂缝观测、挠度观测、日照变形观测、风振观测和场地滑坡观测。本节只介绍水平位移观测、倾斜观测、挠度观测和裂缝观测的方法。

10.3.1 平面控制网的布设

(1) 测点的布设层次

对于建筑物地基基础及场地的位移观测，宜按两个层次布设，即由控制点组成控制网，由观测点及所联测的控制点组成扩展网；对于单个建筑物上部或构件的位移观测，可将控制点连同观测点按单一层次布设。

(2) 控制网的类型

控制网可采用测角网、测边网、边角网或导线网；扩展网和单一层次布网可采用测角交会、测边交会、边角交会、基准线或附合导线等形式。各种布网均应考虑网形强度，长短边不宜悬殊过大。

(3) 基准点和工作基点的布设要求

基准点（包括控制网的基线端点、单独设置的基准点）和工作基点（包括控制网中工作基点、基准线端点、导线端点、交会法的测站点等）应根据不同的布网方式与构形来定。每一测区的基准点不应少于2个，每一测区的工作基点亦不应少于2个。

(4) 平面控制点标志的形式及埋设要求

① 对于特级、一级、二级及有需要的三级位移观测的控制点，应建造观测墩，如图 10-5（a）所示，或埋设专门的观测标石，并根据使用的仪器和照准标志的类型，顾及观测精度要求，配备强制对中装置。强制对中装置的对中误差最大不应超过±0.1mm。

② 照准标志应具有明显的几何中心或轴线，并应符合图像反差大、图案对称、相位差和本身不变形等要求。根据点位的不同情况可选用重力平衡球式标［见图 10-5（b）］、旋入式杆状标、直插觇式牌、屋顶标和墙上标等型式的标志。

③ 平面控制网的精度等级：用于一般工程位移观测的平面控制网分为一级、二级、三级，可以采用测角网或导线网的形式布设，其技术要求分别列于表 10-5～表 10-7。

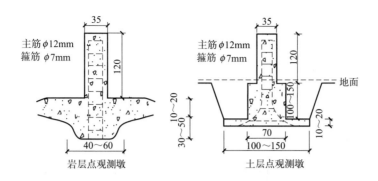

(a) 观测墩(单位: cm)

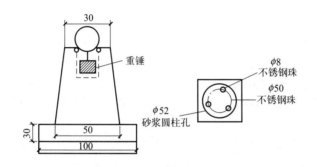

(b) 重力平衡球式照准标志(单位: mm)

图 10-5 观测墩与照准标志

表 10-5 测角控制网技术要求

等级	最弱边边长中误差/mm	平均边长/m	测角中误差/(″)	最弱边边长相对中误差边长
一级	±1.0	200	±1.0	1/200000
二级	±3.0	300	±1.5	1/100000
三级	±10.0	500	±2.5	1/50000

表 10-6 测边控制网技术要求

等级	测距中误差/mm	平均边长/m	最弱边边长相对中误差边长
一级	±1.0	200	1/200000
二级	±3.0	300	1/100000
三级	±10.0	500	1/50000

表 10-7 导线测量技术要求

等级	导线最弱点点位中误差/mm	导线长度/m	平均边长/m	测边中误差/mm	测角中误差/(″)	最弱边边长相对中误差
一级	±1.4	750C_1	150	±0.6C_2	±1.0	1/1000000
二级	±4.2	1000C_1	200	±2.0C_2	±1.5	1/45000
三级	±14.0	1250C_1	250	±6.0C_2	±2.5	1/17000

注: C_1、C_2 为导线类别系数。对附合导线,$C_1=C_2=1$;对独立单一导线,$C_1=1.2$,$C_2=\sqrt{2}$;对导线网,导线长度系指附合点与结点或结点间的导线长度,取 $C_1 \leqslant 0.7$、$C_2=1$。

④ 选择平面控制网精度等级。平面控制网的精度等级是根据建筑物最终位移量的观测中误差来确定的。位移量分绝对位移量 s 和相对位移量 Δs。绝对位移一般是根据设计、施工要求,并参照同类或类似项目的经验,直接由表 10-1 选取平面控制网的精度等级。相对

位移(如基础的位移差、转动挠曲等)、局部地基位移(如受基础施工影响的位移、挡土设施位移等)的观测中误差 $m_{\Delta s}$,均不应超过其变形允许值分量的 1/20;建筑物整体性变形(如建筑物的顶部水平位移、全高垂直度偏差、工程设施水平轴线偏差等)的观测中误差,不应超过其变形允许值分量的 1/10,结构段变形(如高层建筑层间的相对位移、竖直构件的挠度、垂直偏差、工程实施水平轴线偏差等)的观测中误差,不应超过其变形允许值分量的 1/6。

10.3.2 水平位移观测

水平位移观测的平面位置参照是水平位移监测网或称平面控制网。根据建筑物的结构形式、已有设备和具体条件,平面控制网可采用三角网、导线网、边角网、三边网和视准线等形式。在平面控制网采用视准线时,为能发现端点是否产生位移,还应在两端分别建立检核点。

变形点的水平位移观测有多种方法,最常用的有测角前方交会、后方交会、极坐标法、导线法、视准线法、引张线法等,宜根据条件选用适当的方法。

为了方便,水平位移监测网通常都采用独立坐标系统。例如大坝、桥梁等往往以它的轴线方向作为 x 轴,而 y 坐标的变化即是它的侧向位移。为使各控制点的精度一致,都采用一次布网。

监测网的精度,应能满足变形点观测精度的要求。在设计监测网时,要根据变形点的观测精度,预估对监测网的精度要求,并选择适宜的观测等级和方法。水平位移监测网的等级和主要技术要求见表 10-8。

表 10-8 水平位移监测网的等级和主要技术要求

等级	相邻基准点的点位中误差/mm	平均边长/m	测角中误差/(″)	最弱边相对中误差	作业要求
一等	1.5	<300	±0.7	≤1/250 000	按国家一等三角要求施测
		<150	±1.0	≤1/120 000	按国家二等三角要求施测
二等	3.0	<300	±1.0	≤1/120 000	按国家二等三角要求施测
		<150	±1.8	≤1/70 000	按国家三等三角要求施测
三等	6.0	<350	±1.8	≤1/70 000	按国家三等三角要求施测
		<200	±2.5	≤1/40 000	按国家四等三角要求施测
四等	12.0	<400	±2.5	≤1/40 000	按国家四等三角要求施测

变形点的水平位移观测有多种方法,最常用的有测角前方交会、后方交会、极坐标法、导线法、视准线法、引张线法等,宜根据条件选用适当的方法。

(1) 测角前方交会

在变形点上不便架设仪器时,多采用这种方法。如图 10-6 所示,A、B 为平面基准点,p 为变形点,由于 A、B 的坐标为已知,在观测了水平角 α、β 后,即可依式 (10-1) 求算 p 点的坐标:

$$\begin{cases} x_p = \dfrac{x_A \cot\beta + x_B \cot\alpha - y_A + y_B}{\cot\alpha + \cot\beta} \\ y_p = \dfrac{y_A \cot\beta + y_B \cot\alpha + x_A - x_B}{\cot\alpha + \cot\beta} \end{cases} \quad (10\text{-}1)$$

点位中误差 m_p 的估算公式为:

$$m_p = \dfrac{m''_\beta D \sqrt{\sin^2\alpha + \sin^2\beta}}{\rho'' \sin^2(\alpha + \beta)} \quad (10\text{-}2)$$

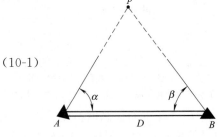

图 10-6 测角前方交会法

式中,m''_β 为测角中误差;D 为两已知点间的距离;ρ''为 206265″。

采用这种方法时,交会角宜在 60°~120°,以保证交会精度。

(2) 后方交会

如果变形点上可以架设仪器,且可与三个平面基准点通视时,可采用这种方法。如图 10-7 所示,A、B、C 为平面基准点,p 为变形点,当观测了水平角 α、β 后,即可依式(10-3)计算 p 点坐标:

$$\begin{cases} x_p = x_B + \Delta x_{Bp} = x_B + \dfrac{a - Kb}{1 + K^2} \\ y_p = y_B + \Delta y_{Bp} = y_B + K \cdot \Delta x_{Bp} \end{cases} \quad (10\text{-}3)$$

式中
$$a = (x_A - x_B) + (y_A - y_B)\cot\alpha$$
$$b = -(y_A - y_B) + (x_A - x_B)\cot\alpha$$
$$c = -(x_C - x_B) + (y_C - y_B)\cot\beta$$
$$d = (y_C - y_B) + (x_C - x_B)\cot\beta$$
$$K = \dfrac{a+c}{b+d}$$

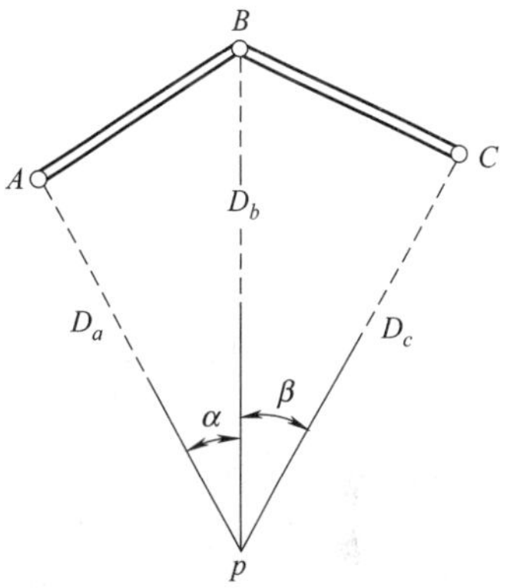

点位中误差的估算公式为

$$m_p = \dfrac{m''_\beta}{\rho''}\sqrt{\dfrac{D_{AB}^2 D_c^2 + D_{BC}^2 D_a^2}{[D_c \sin\alpha + D_a \sin\beta + D_b \sin(\alpha+\beta)]^2}} \quad (10\text{-}4)$$

图 10-7 后方交会法

式中,m''_β 为测角中误差。

采用这种方法时,需注意 p 点不能与 A、B、C 在同一圆周上,否则无定解。

(3) 极坐标法

在光电测距仪出现以后,这种方法用得比较广泛,只要在变形点上可以安置反光镜,且与基准点可通视即可。如图 10-8 所示,A、B 为基准点,其坐标已知,p 为变形点,当测出 α 及 D 以后,即可据以求出 p 点的坐标,由于计算方法简单,不再进行说明。

点位中误差的估算公式为:

$$m_p = \pm\sqrt{m_D^2 + \left(\dfrac{m_\alpha}{\rho}D\right)^2} \quad (10\text{-}5)$$

图 10-8 极坐标法

(4) 导线法

当相邻的变形点间可以通视,且在变形点上可以安置仪器进行测角、测距时,可采用这种方法。通过各次观测所得的坐标值进行比较,便可得出点位位移的大小和方向。这种方法多用于非直线形建筑物的水平位移观测,如对弧形拱坝和曲线桥的水平位移观测。

(5) 视准线法

这种方法适用于变形方向为已知的线形建(构)筑物,是水坝、桥梁等常用的方法。如图 10-9 所示,视准线的两个端点 A、B 为基准点,变形点 1、2、3、……布设在 AB 的连线上,其偏差不宜超过 2cm。变形点相对于视准线偏移量的变化,即是建(构)筑物在垂直于视准点方向上的位移。量测偏移量的设备为活动觇牌,其构造如图 10-10 所示。觇牌图案可以左右移动,移动量可在刻划上读出。当图案中心与竖轴中心重合时,其读数应为零,这一位置称为零位。

观测时在视准线的一端架设经纬仪,照准另一端的观测标志,这时的视线称为视准线。将活动觇牌安置在变形点上,左右移动觇牌的图案,直至图案中心位于视准线上,这时的读数即为变形点相对视准线的偏移量。不同周期所得偏移量的变化,即为其变形值。与此法类似的还有激光准直法,就是用激光光束代替经纬仪的视准线。

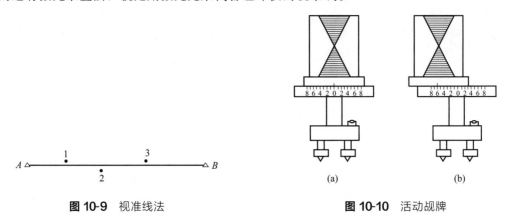

图 10-9　视准线法　　　　　　　　　图 10-10　活动觇牌

(6) 引张线法

引张线法的工作原理与视准线法类似,但要求在无风及没有干扰的条件下工作,所以在大坝廊道里进行水平位移观测采用较多。所不同的是,在两个端点间引张一根直径为0.8～1mm的钢丝,以代替视准线。采用这种方法时,选取的两个端点应基本等高,装置上面要安置控制引张线位置的V形槽及施加拉力的设备。中间各变形点与端点基本等高,在与引张线垂直的方向上水平安置刻划尺,以读出引张线在刻划尺上的读数。不同周期观测时尺上读数的变化,即为变形点在引张线垂直方向上的位移值。

10.3.3　倾斜观测

变形观测中的倾斜观测主要是针对高耸建筑的主体进行,例如多层或高层的房屋建筑、电视塔、水塔和烟囱等,测定建筑物顶部和中间各层次相对于底部的水平位移,其衡量标准为水平位移除以相对高差,称为倾斜度,以百分率表示。

10.3.3.1　建筑物主体倾斜观测点位的布设要求

观测点位的布设沿着对应测站点的某主体竖直线。对整体倾斜的观测应按顶部、底部布设;对分层倾斜观测应按分层部位、底部上下对应分设。当从建筑物外部观测时,测站点或者工作基点的点位应选在与照准目标连线呈接近正交或呈等分角的方向线上,并距照准目标1.5～2.0倍目标高度的固定位置处;当利用建筑物内的竖向通道观测时,可将通到底部的中心点作为测站点。

按纵横轴线或前方交会布设的测站点,每点应选设1～2个定向点,基线端点的选设应顾及其测距或丈量的要求。

10.3.3.2　观测点位的标志设置

建筑物顶部和墙体上的观测点,可采用埋入式照准标志。有特殊要求时,应专门设计。

① 不便埋设标志的塔形、圆形建筑物以及竖直构件,可以照准视线所切同高边缘认定的位置或用高角度控制的位置作为观测点位。

② 位于地面的测站点和定向点,可根据不同的观测要求,采用带有强制对中设备的观测墩或混凝土石标。

③ 对于一次性倾斜观测项目,观测点标志可采用标记形式或直接利用符合位置与照准要求的建筑物特征部位;测站点可采用小石标或临时性标志。

10.3.3.3 观测方法

(1) 测定基础沉降差法

一些高耸建（构）筑物，如电视塔、烟囱、高桥墩、高层楼房等，往往会发生倾斜。倾斜度用顶部的水平位移值 K 与高度 h 之比表示，即：

$$i = \frac{K}{h} \tag{10-6}$$

(2) 前方交会法

采用前方交会法时，例如对高层楼房的墙角观测，则高处观测点与其理论位置的坐标差 Δx、Δy，即为在 x、y 方向上的位移值，其最大位移方向上的位移值为：

$$K = \sqrt{\Delta x^2 + \Delta y^2} \tag{10-7}$$

像烟囱等圆锥形中空构筑物，应测定其几何中心的水平位移，这种情况可采用图 10-11 所示的方法进行。

A、B 为两观测站，离烟囱的距离应不小于烟囱高度的两倍，并使 Ap、Bp 方向大致垂直。经纬仪先在 A 点观测烟囱底部和顶部相切两方向的值，取平均值得 a、a' 即为通过烟囱底部和顶部中心的方向值。同样再在 B 点观测，得 b、b'。若 $a \neq a'$，$b \neq b'$，则表示烟囱的上下中心不在同一铅垂线上，即烟囱有倾斜。计算出 $\Delta a = a' - a$，$\Delta b = b' - b$，并从 A、B 分别沿 Ap、Bp 方向量出到烟囱外皮的距离 D_A、D_B，则可按下式计算出垂直于 Ap、Bp 方向的偏移量 e_A、e_B：

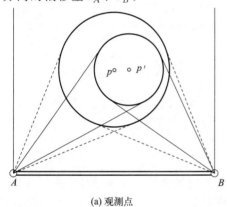

(a) 观测点　　　　　　(b) 倾斜度计算

图 10-11 前方交会法倾斜观测

$$\begin{cases} e_A = \dfrac{\Delta a}{\rho}(D_A + R) \\ e_B = \dfrac{\Delta b}{\rho}(D_B + R) \end{cases} \tag{10-8}$$

式中，R 为烟囱底部的半径，可量出底部的周长后求得。烟囱总的偏移量 e 为：

$$e = \sqrt{e_A^2 + e_B^2} \tag{10-9}$$

根据 Δa、Δb 的正负号，还可以按式（10-10）计算出偏移的方向：

$$\alpha = \arctan\frac{e_A}{e_B} \tag{10-10}$$

式中，α 为以 Ap 为 $0°$ 按顺时针方向计量的方位角。

(3) 垂准线法

垂准线的建立，可以利用悬吊垂球，也可以利用铅垂仪（或称垂准仪）。

垂准线法示意图如图 10-12 所示，当仪器整平后，即形成一条铅垂视线。如果在目镜处加装一个激光器，则形成一条铅垂的可见光束，称为激光铅垂线。观测时，在底部安置仪器，而在顶部量取相应点的偏移距离。

10.3.4 挠度观测

所谓挠度，是指建（构）筑物或其构件在水平方向或竖直方向上的弯曲值。例如桥的梁部在中间会产生向下的弯曲，高耸建筑物会产生侧向弯曲。

图 10-13 是对梁进行挠度观测示意图。在梁的两端及中部设置三个变形观测点 A、B 及 C，定期对这三个点进行沉降观测，即可依式（10-11）计算各期相对于首期的挠度值：

$$F_\varepsilon = (s_B - s_A) - \frac{L_A}{L_A + L_B}(s_C - s_A) \tag{10-11}$$

式中，L_A，L_B 为观测点间的距离；s_A，s_B，s_C 为观测点的沉降量。

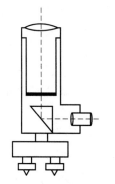

图 10-12 垂准线法示意图

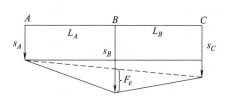

图 10-13 挠度观测示意图

沉降观测的方法可用水准测量，如果由于结构或其他原因，无法采用水准测量时，也可采用三角高程的方法。

10.3.5 裂缝观测

工程建筑物发生裂缝时，为了了解其现状和掌握其发展情况，应该进行观测以便根据这些资料分析其产生裂缝的原因和它对建筑物安全的影响，及时地采取有效措施加以处理。

根据裂缝分布情况，可以对重要的裂缝，选择在有代表性的位置上埋设标点（如图 10-14）。标点为直径为 20mm，长约 60mm 的金属棒，埋入混凝土内 40mm，外露部分为标点，在其上面各有一个保护盖，两标点的距离不得少于 150mm。

裂缝观测标点在裂缝两侧的混凝土表面上各埋一个，用游标卡尺定期地测定两个标点之间距离的变化值，以此来掌握缝宽的发展情况。

土坝裂缝观测可根据情况，对全部裂

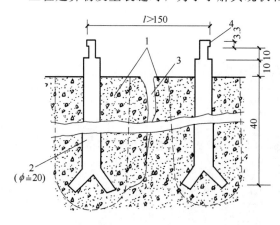

图 10-14 裂缝观测标点（单位：mm）

1—钻孔后回填的混凝土；2—观测标点；
3—裂缝；4—游标卡尺卡着处

缝或选择重要裂缝，或选择有代表性的典型裂缝进行观测。对于缝宽大于 5mm，或缝宽虽小于 5mm 但长度较长或穿过坝轴线的裂缝，弧形裂缝，明显的垂直错缝以及与混凝土建筑物连接处的裂缝，必须进行观测。观测的次数，应视裂缝的发展情况而定，一般在发生裂缝的初期应每天一次，在裂缝在显著发展和库水位变动较大时应增加观测次数，暴雨过后必须加测一次；只有当裂缝发展缓慢后，才能适当减少观测次数。对于需长期观测的裂缝，应考虑与土坝位移观测的次数相一致。

对混凝土大坝进行裂缝观测时，一般应同时观测混凝土的温度、气温、水温、上游水位等因素。观测次数与土坝基本上一样。经过长期观测判明裂缝已不再发展方可以停止观测。

10.4 基坑工程变形监测

10.4.1 基坑工程变形监测概述

随着我国城市化的发展、城市土地利用率的提高及高层建筑的逐渐增多，我国的基坑工程在数量、开挖深度等方面发展较快，在许多大型的建筑中，基坑开挖深度已达二十多米，甚至更深，以此来扩大空间、稳定建筑物。

10.4.2 基坑监测的目的

深基坑的开挖和支护过程中，一般要对基坑支护结构的应力变化和土体的变形进行监测，目的如下。

① 保证基坑支护结构和邻近建筑物的安全，为合理制订保护措施提供依据。

② 检验设计所采取的各种假设和参数的正确性，及时修正与完善，指导基坑开挖和支护结构的施工。

③ 积累工程经验，为提高基坑工程设计和施工的整体水平提供依据。

10.4.3 基坑工程的支护结构的类型

(1) 地下连续墙

地下连续墙是在基坑四周浇注一定厚度的钢筋混凝土封闭墙体，它可以作为建筑物的基础外墙结构，也可以是基坑的临时支护。

(2) 土钉支护

土钉支护是在基坑逐层开挖过程中利用机械在基坑四周打钻孔，放入钢筋注浆并配合四周喷射混凝土及钢筋网（混凝土一般采用 C20 面层）以将四周的土体固定。土钉支护提高边坡整体稳定性及承受坡顶的载荷，强化受力土体。土钉支护性价比较高，由于利用土体的握裹力来束缚土钉钢筋，以此对土体变形起约束作用，因此加固地区土体不应有水的侵蚀影响，否则，会影响加固的效果。

(3) 深层搅拌水泥土墙

水泥土墙多用于饱和软土地基的加固，以水泥作为固化剂，利用钻机等设备将水泥在地基深处和软土搅拌，逐渐提升转头，形成具有一定强度和整体性的桩。它可以提高边坡的稳定性，防止地下水的渗透，且工程造价低。

(4) 钢板桩支护

在基坑范围线周围将钢板桩利用锤击或震动打入土层，作为基坑开挖的支护。钢板桩支护施工迅速，支护完毕即可进行基坑的开挖。钢板桩可以重复利用，但一次性投资较大，由于钢板桩刚度较小，顶部需要拉锚或坑内支撑。

(5) 悬臂式支护

悬臂式支护指借助挡土墙、灌注桩、型钢等自身的刚度及埋深来承受土压力、水压力及上部荷载，以保持平衡和稳定而不需设支撑、拉锚的支护结构。悬臂式支护不需要坑内支撑及桩顶拉锚或锚杆，但为保证整体强度需要连接成圈梁。为保证其稳定，悬臂部分不宜太深。

(6) 土层锚杆（索）

利用锚索机械将土层锚杆（索）打入基坑四周，一端与挡土墙、桩连接，另一端利用混凝土等与地基土体相连来稳定四周的土体。土层锚杆（索）对一般的黏土、砂土均可应用，而在软土、淤泥土中握裹力较弱，需进行验证后再应用。

10.4.4 基坑工程变形监测的内容

基坑工程施工监测的对象主要为维护结构和周围环境两部分。维护结构包括维护桩墙、水平支撑、围檩和圈梁、立柱、坑底土层和坑内地下水等。周围环境包括周围建筑、地下管线等。根据《建筑基坑工程监测技术规范》（GB 50497—2009），监测对象根据基坑的不同等级，包含不同的监测内容。土质基坑工程仪器监测项目见表10-9。

表10-9　土质基坑工程仪器监测项目表

监测项目		基坑工程安全等级		
		一级	二级	三级
围护墙（边坡）顶部水平位移		应测	应测	应测
围护墙（边坡）顶部竖向位移		应测	应测	应测
深层水平位移		应测	应测	宜测
立柱竖向位移		应测	应测	宜测
围护墙内力		宜测	可测	可测
支撑轴力		应测	应测	宜测
立柱内力		可测	可测	可测
锚杆轴力		应测	宜测	可测
坑底隆起		可测	可测	可测
围护墙侧向土压力		可测	可测	可测
孔隙水压力		可测	可测	可测
地下水位		应测	应测	应测
土体分层竖向位移		可测	可测	可测
周边地表竖向位移		应测	应测	宜测
周边建筑	竖向位移	应测	应测	应测
	倾斜	应测	宜测	可测
	水平位移	宜测	可测	可测
周边建筑裂缝、地表裂缝		应测	应测	应测
周边管线	竖向位移	应测	应测	应测
	水平位移	可测	可测	可测
周边道路竖向位移		应测	宜测	可测

10.4.5 基坑工程监测资料及报告

基坑监测内容较多，应设计各种不同的观测记录表格。对于观测到的异常情况应予以记录。监测成果是施工调整的依据，因此，对外业监测数据采取一定的方法进行处理，以便向工程建设、监理提交日报表或监测报告。监测报表的形式一般有日报表、周报表、阶段报表。报表中应尽可能配备图形或曲线，方便工程施工管理人员的工作。报表中体现的是原始数据，不得更改涂抹。日报表形式很多，如水平位移和竖向位移监测日报表举例见表 10-10。

表 10-10　水平位移和竖向位移监测日报表

工程名称：					报表编号：				监测时间：
观测者：					计算者：				校核者：

监测点号	水平位移				竖向位移				备注
	本次监测/mm	单次变化/mm	累计变化量/mm	变化速率/(mm/d)	本次监测/mm	单次变化/mm	累计变化量/mm	变化速率/(mm/d)	

工况：				
工程负责人：		当日监测的简要分析及判断性结论：		
		监测单位：		

监测工程完工后需提交监测报告，监测报告包括以下几部分：工程概况，监测内容和控制指标，仪器设备和测量方案，变形观测数据处理分析和预报成果资料，变形过程和变形分布图表，监测成果的评价、结论及建议。

本章小结

变形监测是工程测量的重要组成部分，通过对变形监测的基础理论、测量原理及方法的学习，掌握变形监测的基本方法。通过变形监测，可以监视建筑物的变形情况，以便发现异常变形时可以及时进行分析、研究，采取措施，加以处理，防止事故的发生，确保施工和建筑物的安全。通过对建（构）筑物的变形进行分析研究，还可以检验设计和施工是否合理，反馈施工的质量，并为今后修改和制订设计方法、规范以及施工方案等提供依据，从而减少工程灾害、提高工程的抗灾能力。变形监测的意义重大、内容繁多、精度较高，与地形测量、施工测量等有诸多不同之处，具有相对独立的技术体系。

思考题与习题

1. 变形监测的主要内容有哪些？
2. 变形监测技术有哪些分类方法？
3. 变形观测周期是如何确定的？
4. 沉降观测设置水准点和观测点有何要求？
5. 建筑物主体倾斜观测有哪些方法？各适用于什么场合？

CHAPTER 第 11 章

建筑施工测量

本章导读

本章主要学习建筑施工测量的基本内容和方法、作业流程等内容。

思政元素

做建筑施工测量时,要做好基本工作,打牢基础,不能好高骛远,不能粗心大意。如果放样点位出错了,会产后不可估量的后果,如修改设计、拆除返工。本章旨在培育学生工作严肃认真的态度,提高责任意识。

11.1 施工测量概述

在施工阶段所进行的测量工作称为施工测量。施工测量的目的是把图纸上设计的建(构)筑物的平面位置和高程,按设计和施工的要求放样(测设)到相应的地点,作为施工的依据。并在施工过程中进行一系列的测量工作,以指导和衔接各施工阶段和工种间的施工。

(1) 施工测量的主要内容

施工测量贯穿于整个施工过程中,其主要内容如下。

① 施工前建立与工程相适应的施工控制网。

② 建(构)筑物的放样及构件与设备安装的测量工作,以确保施工质量符合设计要求。

③ 检查和验收工作。每道工序完成后都要通过测量检查工程各部位的实际位置和高程是否符合要求,根据实测验收的记录,编绘竣工图和资料,作为验收时鉴定工程质量和工程交付后管理、维修、扩建、改建的依据。

④ 变形观测工作。随着施工的进展,测定建(构)筑物的位移和沉降,作为鉴定工程质量和验证工程设计、施工是否合理的依据。

(2) 施工测量的特点

① 施工测量是直接为工程施工服务的,因此它必须与施工组织计划相协调。测量人员必须了解设计的内容、性质及其对测量工作的精度要求,随时掌握工程进度及现场变动,使

测设精度和速度满足施工的需要。

② 施工测量的精度主要取决于建（构）筑物的大小、性质、用途、材料、施工方法等因素。一般高层建筑施工测量精度应高于低层建筑，装配式建筑施工测量精度应高于非装配式，钢结构建筑施工测量精度应高于钢筋混凝土结构建筑。另外，局部精度往往高于整体定位精度。

③ 由于施工现场各工序交叉作业、材料堆放、运输频繁，场地变动及施工机械产生的震动，使测量标志易遭破坏，因此，测量标志从形式、选点到埋设均应考虑便于使用、保管和检查，如有破坏，应及时恢复。

(3) 施工测量的原则

为了保证各个建（构）筑物的平面位置和高程都符合设计要求，施工测量也应遵循"从整体到局部，先控制后碎部"的原则。即在施工现场先建立统一的平面控制网和高程控制网，然后，根据控制点的点位，测设各个建（构）筑物的位置。

此外，施工测量的检核工作也很重要，因此，必须加强外业和内业的检核工作。

(4) 施工坐标系与测量坐标系的坐标换算

施工坐标系亦称建筑坐标系，其坐标轴与主要建筑物主轴线平行或垂直，以便用直角坐标法进行建筑物的放样。

施工控制测量的建筑基线和建筑方格网一般采用施工坐标系，而施工坐标系与测量坐标系往往不一致，因此，施工测量前常常需要进行施工坐标系与测量坐标系的坐标换算。

如图 11-1 所示，设 xOy 为测量坐标系，$x'O'y'$ 为施工坐标系，施工坐标系的原点 O' 在测量坐标系中的坐标为 (x_0, y_0)，施工坐标系的纵轴 $O'x'$ 在测量坐标系中的坐标方位角为 α。若已知 P 点在施工坐标系中的坐标为 (x'_P, y'_P)，则可按式（11-1）将其换算出 P 点的测量坐标 (x_P, y_P)：

$$\begin{cases} x_P = x_0 + x'_P \cos\alpha - y'_P \sin\alpha \\ y_P = y_0 + x'_P \sin\alpha + y'_P \cos\alpha \end{cases} \quad (11-1)$$

如图 11-2 所示，设 $x'O'y'$ 为施工坐标系，xOy 为测量坐标系，施工坐标系的原点 O 在

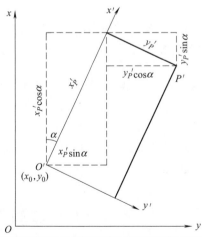

坐标系	O'	P'
施工坐标系	(0, 0)	(x'_P, y'_P)
测量坐标系	(x_0, y_0)	(x_P, y_P)？

图 11-1 施工坐标系向测量坐标系的换算

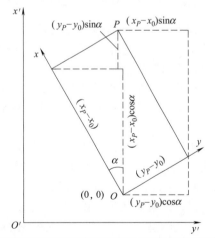

坐标系	O	P
施工坐标系	(0, 0)	(x'_P, y'_P)？
测量坐标系	(x_0, y_0)	(x_P, y_P)

图 11-2 测量坐标系向施工坐标系的换算

测量坐标系中的坐标为 (x_0, y_0), P 点在测量坐标系中的坐标为 (x_P, y_P), 施工坐标系的纵轴 $O'x'$ 在测量坐标系中的坐标方位角为 α。则可按式 (11-2) 算出 P 点在测量坐标系中的坐标 (x'_P, y'_P)：

$$\begin{cases} x'_P = (x_P - x_0)\cos\alpha + (y_P - y_0)\sin\alpha \\ y'_P = -(x_P - x_0)\sin\alpha + (y_P - y_0)\cos\alpha \end{cases} \tag{11-2}$$

11.2 施工场地的控制测量

11.2.1 施工场地的控制测量概述

在勘探设计阶段所建立的控制网，是为测图而建立的，有时并未考虑施工的需要，所以控制点的分布、密度和精度都难以满足施工测量的要求；另外，在平整场地时，大多控制点也会被破坏。因此施工之前，在建筑场地应重新建立专门的施工控制网。

(1) 施工控制网的分类

施工控制网分为平面控制网和高程控制网两种。

① 施工平面控制网可以布设成三角网、导线网、建筑方格网和建筑基线四种形式。

三角网可用于地势起伏较大，通视条件较好的施工场地。

导线网可用于地势平坦，通视又比较困难的施工场地。

建筑方格网可用于建筑物多为矩形且布置比较规则和密集的施工场地。

建筑基线可用于地势平坦且施工简单的小型施工场地。

② 施工高程控制网采用水准网。

(2) 施工控制网的特点

与测图控制网相比，施工控制网具有控制范围小、控制点密度大、精度要求高及使用频繁等特点。

11.2.2 施工场地的平面控制测量

常见的施工场地的平面控制形式有导线、建筑基线、建筑方格网等。导线测量在前面的章节中已有详细介绍，下面主要介绍建筑基线和建筑方格网。

11.2.2.1 建筑基线

建筑基线是建筑场地的施工控制基准线，即在建筑场地布置一条或几条轴线。它适用于建筑设计总平面图布置比较简单的小型建筑场地。

(1) 建筑基线的布设形式

建筑基线的布设形式，应根据建筑物的分布、施工场地地形等因素来确定。常用的布设形式有"一"字形、"L"形、"十"字形和"T"字形，如图 11-3 所示。

(2) 建筑基线的布设要求

① 建筑基线应尽可能靠近拟建的主要建筑物，并与其主要轴线平行，以便使用比较简单的直角坐标法进行建筑物的定位。

② 建筑基线上的基线点应不少于三个，以便相互检核。

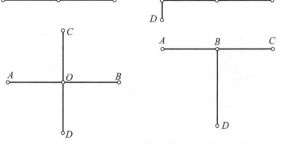

图 11-3 建筑基线的布设形式

③ 建筑基线应尽可能与施工场地的建筑红线相连。

④ 基线点位应选在通视良好和不易被破坏的地方，为能长期保存，要埋设永久性的混凝土桩。

（3）建筑基线的测设方法

根据施工场地条件的不同，建筑基线可根据建筑红线或已有控制点测设，方法如下。

① 根据建筑红线测设建筑基线。由城市测绘部门测定的建筑用地界定基准线，称为建筑红线。在城市建设区，建筑红线可用作建筑基线测设的依据。如图 11-4 所示，AB、AC 为建筑红线，1、2、3 为建筑基线点，利用建筑红线测设建筑基线的方法如下。

首先，从 A 点沿 AB 方向量取 d_2 定出 P 点，沿 AC 方向量取 d_1 定出 Q 点。

然后，过 B 点作 AB 的垂线，沿垂线量取 d_1 定出 2 点标志出来；过 C 点作 AC 的垂线，沿垂线量取 d_2 定出 3 点标志出来；用细线拉出直线 $P3$ 和 $Q2$，两条直线的交点即为 1 点，标志出来。

最后，在 1 点安置经纬仪，精确观测∠213，其与 90°的差值应小于±20″。

② 根据附近已有控制点测设建筑基线。在新建筑区，可以利用建筑基线的设计坐标和附近已有控制点的坐标，用极坐标法测设建筑基线。如图 11-5 所示，A、B 为附近已有控制点，1、2、3 为选定的建筑基线点，测设方法如下。

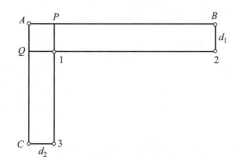

图 11-4 根据建筑红线测设建筑基线

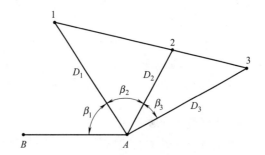

图 11-5 根据控制点测设建筑基线

首先，根据已知控制点和建筑基线点的坐标，计算出测设数据 β_1、D_1、β_2、D_2、β_3、D_3。然后，用极坐标法测设 1、2、3 点。

由于存在测量误差，测设的基线点往往不在同一直线上，且点与点之间的距离与设计值也不完全相符，因此，需要精确测出已测设直线的折角 β' 和距离 $D'(D'=1'2'+2'3')$，并与设计值相比较。如图 11-6 所示，如果 $\Delta\beta=\beta'-180°$ 超过±15″，则应对 1′、2′、3′点在与基线垂直的方向上进行等量调整，调整量按式（11-3）计算：

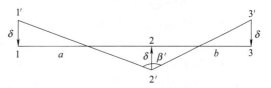

图 11-6 基线点的调整

$$\delta = \frac{ab}{a+b} \times \frac{\Delta\beta}{2\rho} \tag{11-3}$$

式中，δ 为各点的调整值，m；a，b 分别为 12、23 的长度，m。

如果测设距离超限，如 $\dfrac{\Delta D}{D} = \dfrac{D'-D}{D} > \dfrac{1}{10000}$，则以 2 点为准，按设计长度沿基线方向调整 1′、3′点。

11.2.2.2 建筑方格网

由正方形或矩形组成的施工平面控制网称为建筑方格网,或称矩形网,如图11-7所示。建筑方格网适用于按矩形布置的建筑群或大型建筑场地。

(1) 建筑方格网的布设

布设建筑方格网时,应根据总平面图上各建(构)筑物、道路及各种管线的布置,结合现场的地形条件来确定。如图11-7所示,先确定方格网的主轴线 AOB 和 COD,然后再布设方格网。

(2) 建筑方格网的测设方法

① 主轴线测设。主轴线测设与建筑基线测设方法相似。首先,准备测设数据。然后,测设两条互相垂直的主轴线 AOB 和 COD。如图11-7所示,主轴线实质上是由5个主点 A、B、O、C 和 D 组成。最后,精确检测主轴线点的相对位置关系,并与设计值相比较,如果超限,则应进行调整。建筑方格网的主要技术要求如表11-1所示。

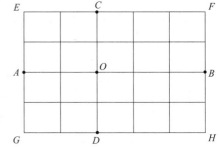

图 11-7 建筑方格网

表 11-1 建筑方格网的主要技术要求

等级	边长	测角中误差	边长相对中误差	测角检测限差	边长检测限差
Ⅰ级	100~300m	5″	1/30000	10″	1/15000
Ⅱ级	100~300m	8″	1/20000	16″	1/10000

② 方格网点的测设。如图11-7所示,主轴线测设后,分别在主点 A、B 和 C、D 安置经纬仪,后视主点 O,向左右测设90°水平角,即可交会出田字形方格网点。随后再作检核,测量相邻两点间的距离,看是否与设计值相等,测量其角度是否为90°,误差均应在允许范围内,并埋设永久性标志。

建筑方格网轴线与建筑物轴线平行或垂直,因此,可用直角坐标法进行建筑物的定位,计算简单,测设比较方便,而且精度较高。其缺点是必须按照总平面图布置,其点位易被破坏,而且测设工作量也较大。

由于建筑方格网的测设工作量大,测设精度要求高,因此可委托专业测量单位进行。

11.2.3 施工场地的高程控制测量

(1) 施工场地高程控制网的建立

建筑施工场地的高程控制测量一般采用水准测量方法,应根据施工场地附近的国家或城市已知水准点,测定施工场地水准点的高程,以便纳入统一的高程系统。

在施工场地上,水准点的密度,应尽可能满足安置一次仪器即可测设出所需的高程。而测图时敷设的水准点往往是不够的,因此,还需增设一些水准点。在一般情况下,建筑基线点、建筑方格网点以及导线点也可兼作高程控制点。只要在平面控制点桩面上中心点旁,设置一个凸出的半球状标志即可。

为了便于检核和提高测量精度,施工场地高程控制网应布设成闭合或附合路线。高程控制网可分为首级网和加密网,相应的水准点称为基本水准点和施工水准点。

(2) 基本水准点

基本水准点应布设在土质坚实、不受施工影响、无震动和便于实测的地点,并应埋设永久性标志。一般情况下,按四等水准测量的方法测定其高程,而对于为连续性生产车间或地下管道测设所建立的基本水准点,则需按三等水准测量的方法测定其高程。

(3) 施工水准点

施工水准点是用来直接测设建筑物高程的。为了测设方便和减少误差，施工水准点应靠近建筑物。

此外，由于设计建筑物常以底层室内地坪高±0.000标高为高程起算面，为了施工引测设方便，常在建筑物内部或附近测设±0.000水准点。±0.000水准点的位置，一般选在稳定的建筑物墙、柱的侧面，用红漆绘成顶为水平线的"▼▼"形，其顶端表示±0.000的位置。

11.3 一般民用建筑施工测量

民用建筑是指住宅、办公楼、食堂、俱乐部、医院和学校等建筑物。民用建筑施工测量的主要任务是建筑物的定位和放线、基础工程施工测量、墙体工程施工测量及高层建筑施工测量等。

11.3.1 施工测量前的准备工作

(1) 熟悉设计图纸

设计图纸是施工测量的主要依据，在测设前，应熟悉建筑物的设计图纸，了解施工建筑物与相邻地物的相互关系以及建筑物的尺寸和施工的要求等，并仔细核对各设计图纸的有关尺寸。测设时必须具备下列图纸资料。

① 总平面图，如图 11-8 所示。从总平面图上，可以查取或计算设计建筑物与原有建筑物或测量控制点之间的平面尺寸和高差，作为测设建筑物总体位置的依据。

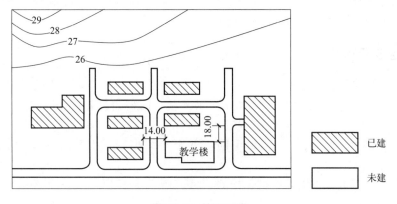

图 11-8 总平面图

② 建筑平面图。从建筑平面图中，可以查取建筑物的总尺寸以及内部各定位轴线之间的尺寸关系，这是施工测设的基本资料。

③ 基础平面图。从基础平面图上，可以查取基础边线与定位轴线的平面尺寸，这是测设基础轴线的必要数据。

④ 基础详图。从基础详图中，可以查取基础立面尺寸和设计标高，这是基础高程测设的依据。

⑤ 建筑物的立面图和剖面图。从建筑物的立面图和剖面图中，可以查取基础、地坪、门窗、楼板、屋架和屋面等的设计高程，这是高程测设的主要依据。

(2) 现场踏勘

全面了解现场情况，对施工场地上的平面控制点和水准点进行检核。

(3) 施工场地整理

平整和清理施工场地,以便进行测设工作。

(4) 制订测设方案

根据设计要求、定位条件、现场地形和施工方案等因素,制订测设方案,包括确定测设方法、测设数据计算和绘制测设略图。测设略图也可用于建筑物的定位和放线,如图 11-9 所示。

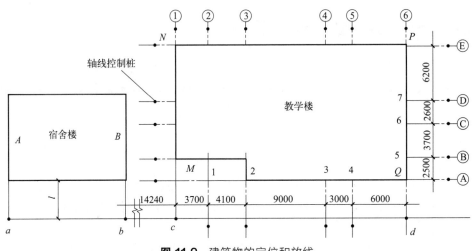

图 11-9 建筑物的定位和放线

(5) 仪器和工具

对测设所使用的仪器和工具进行检核。

11.3.2 定位和放线

11.3.2.1 建筑物的定位

建筑物的定位,就是将建筑物外廓各轴线交点(简称角桩,即图 11-9 中的 M、N、P 和 Q)测设在地面上,作为基础放样和细部放样的依据。

由于定位条件不同,定位方法也不同,下面介绍根据已有建筑物测设拟建建筑物的方法。

① 如图 11-9 所示,用钢尺沿宿舍楼的墙 A、墙 B 延长出一小段距离 l,得 a、b 两点,作出标志。

② 在 a 点安置经纬仪,瞄准 b 点,并从 b 沿 ab 方向量取 14.240m(因为教学楼的外墙厚 370mm,轴线偏里,离外墙皮 240mm),定出 c 点,作出标志,再继续沿 ab 方向从 c 点起量取 25.800m,定出 d 点,作出标志,cd 线就是测设教学楼平面位置的建筑基线。

③ 分别在 c、d 两点安置经纬仪,瞄准 a 点,顺时针方向测设 90°,沿此视线方向量取距离 $l+0.240$m,定出 M、Q 两点,作出标志,再继续量取 15.000m,定出 N、P 两点,作出标志。M、N、P、Q 四点即为教学楼外廓定位轴线的交点。

④ 检查 NP 的距离是否等于 25.800m,$\angle N$ 和 $\angle P$ 是否等于 90°,其误差应在允许范围内。

如施工场地已有建筑方格网或建筑基线时,可直接采用直角坐标法进行定位。

11.3.2.2 建筑物的放线

建筑物的放线,是指根据已定位的外墙轴线交点桩(角桩),详细测设出建筑物各轴线的交点桩（或称中心桩），之后根据交点桩用白灰撒出基槽开挖边界线。放线方法如下。

(1) 在外墙轴线周边上测设中心桩位置

如图 11-9 所示，在 M 点安置经纬仪，瞄准 Q 点，用钢尺沿 MQ 方向量出相邻两轴线间的距离，定出 1、2、3、4 各点，同理可定出 5、6、7 各点。量距精度应达到设计精度要求。量出各轴线之间距离时，钢尺零点要始终对在同一点上。

(2) 恢复轴线位置的方法

由于在开挖基槽时，角桩和中心桩要被挖掉，为了便于在施工中恢复各轴线的位置，应把各轴线延长到基槽外的安全地点，并做好标志。其方法有设置轴线控制桩和龙门板两种形式。

① 设置轴线控制桩。轴线控制桩设置在基槽外基础轴线的延长线上，作为开槽后各施工阶段恢复轴线的依据，如图 11-9 所示。轴线控制桩一般设置在基槽外 2～4m 处，打下木桩，桩顶钉上小钉，准确标出轴线位置，并用混凝土包裹木桩，如图 11-10 所示。

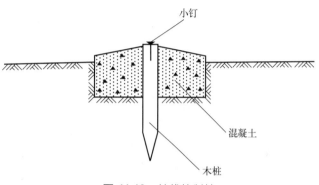

图 11-10 轴线控制桩

如附近有建筑物，亦可把轴线投测到建筑物上，用红漆做出标志，以代替轴线控制桩。

② 设置龙门板。在小型民用建筑施工中，常将各轴线引测到基槽外的水平木板上。水平木板称为龙门板，固定龙门板的木桩称为龙门桩，如图 11-11 所示。设置龙门板的步骤如下。

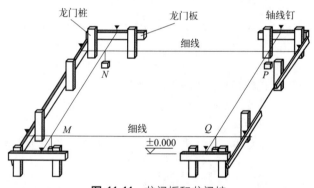

图 11-11 龙门板和龙门桩

在建筑物四角与隔墙两端，基槽开挖边界线以外 1.5～2m 处，设置龙门桩。龙门桩要钉得竖直、牢固，龙门桩的外侧面应与基槽平行。

根据施工场地的水准点，用水准仪在每个龙门桩外侧测设出该建筑物的室内地坪设计高程线（即±0 标高线），并作出标志。

沿龙门桩上±0 标高线钉设龙门板，这样龙门板顶面的高程就在±0 的水平面上。然后，用水准仪校核龙门板的高程，如有差错应及时纠正，其允许误差为±5mm。

在 N 点安置经纬仪，瞄准 P 点，沿视线方向在龙门板上定出一点，用小钉作标志，纵转望远镜，在 N 点的龙门板上也钉一个小钉。用同样的方法，将各轴线引测到龙门板上，所钉之小钉称为轴线钉。轴线钉定位误差应小于±5mm。

最后，用钢尺沿龙门板的顶面检查轴线钉的间距，其误差不超过 1/2000。检查合格后，以轴线钉为准，将墙边线、基础边线、基础开挖边线等标定在龙门板上。

11.3.3 基础工程施工测量

(1) 基槽抄平

建筑施工中的高程测设，又称抄平。为了控制基槽的开挖深度，当快挖到槽底设计标高时,应用水准仪根据地面上±0.000m点,在槽壁上测设一些水平小木桩(称为水平桩),如图11-12所示,使木桩的上表面离槽底的设计标高为一固定值(如0.500m)。

为了施工时使用方便,一般在槽壁各拐角处、深度变化处和基槽壁上每隔3~4m测设一水平桩。水平桩可作为挖槽深度、修平槽底和打基础垫层的依据。

(2) 水平桩的测设方法

如图11-12所示,槽底设计标高为-1.700m,欲测设比槽底设计标高高0.500m的水平桩,测设方法如下。

① 在地面适当地方安置水准仪,在±0标高线位置上立水准尺,读取后视读数为$a=1.318$m。

② 计算测设水平桩的应读前视读数$b_应$为:

$$b_应 = a - h = 1.318 - (-1.700 + 0.500) = 2.518 \text{ (m)}$$

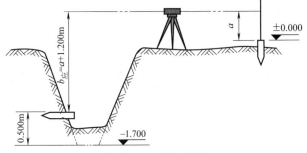

图 11-12 底桩的测设

③ 在槽内一侧立水准尺,并上下移动,直至水准仪视线读数为2.518m时,沿水准尺尺底在槽壁打入一小木桩。

(3) 垫层中线的投测

基础垫层打好后,根据轴线控制桩或龙门板上的轴线钉,用经纬仪或用拉绳挂垂球的方法,把轴线投测到垫层上,如图11-13所示,并用墨线弹出墙中心线和基础边线,作为砌筑基础的依据。

由于整个墙身砌筑均以此线为准,所以这是确定建筑物位置的关键环节,要严格校核后方可进行砌筑施工。

(4) 基础墙标高的控制

房屋基础墙是指±0.000m以下的砖墙,它的高度是用基础皮数杆来控制的。

① 基础皮数杆是一根木制的杆子,如图11-14所示,在杆上事先按照设计尺寸,将砖、灰缝厚度画出线条,并标明±0.000m和防潮层的标高位置。

② 立皮数杆时,先在立杆处打一木桩,用水准仪在木桩侧面定出一条高于垫层某一数

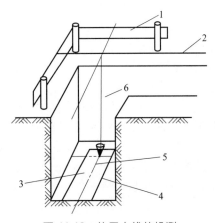

图 11-13 垫层中线的投测
1—龙门板;2—细线;3—垫层;
4—基础边线;5—墙中线;6—垂球

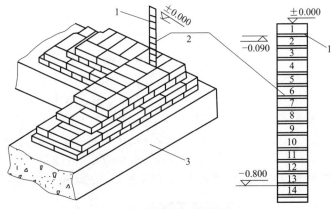

图 11-14 基础墙标高的控制
1—防潮层;2—皮数杆;3—垫层

值（如 100mm）的水平线，然后将皮数杆上标高相同的一条线与木桩上的水平线对齐，并用大铁钉把皮数杆与木桩钉在一起，作为基础墙的标高依据。

(5) 基础面标高的检查

基础施工结束后，应检查基础面的标高是否符合设计要求（也可检查防潮层）。可用水准仪测出基础面上若干点的高程和设计高程比较，允许误差为 ±10mm。

11.3.4 墙体施工测量

(1) 墙体定位

① 利用轴线控制桩或龙门板上的轴线和墙边线标志，用经纬仪或用拉细绳挂垂球的方法将轴线投测到基础面上或防潮层上。

② 用墨线弹出墙中线和墙边线。

③ 检查外墙轴线交角是否等于 90°。

④ 把墙轴线延伸并画在外墙基础上，如图 11-15 所示，作为向上投测轴线的依据。

⑤ 把门、窗和其他洞口的边线，也在外墙基础上标定出来。

(2) 墙体各部位标高控制

在墙体施工中，墙身各部位标高通常也是用皮数杆控制的。

① 在墙身皮数杆上，根据设计尺寸，按砖、灰缝的厚度画出线条，并标明 ±0.000m、门、窗、楼板等的标高位置，如图 11-16 所示。

② 墙身皮数杆的设立与基础皮数杆相同，使皮数杆上的 0.000m 标高与房屋的室内地坪标高相吻合。在墙的转角处，每隔 10～15m 设置一根皮数杆。

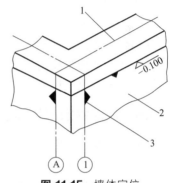

图 11-15 墙体定位
1—墙中心线；2—外墙基础；3—轴线

③ 在墙身砌起 1m 以后，就在室内墙身上定出 +0.500m 的标高线，作为该层地面施工和室内装修用。

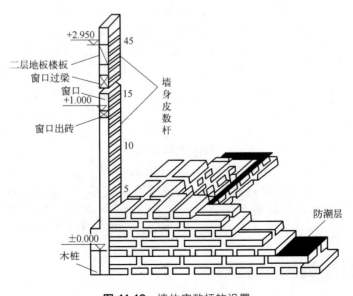

图 11-16 墙体皮数杆的设置

④ 第二层以上墙体施工中，为了使皮数杆在同一水平面上，要用水准仪测出楼板四角的标高，取平均值作为地坪标高，并以此作为立皮数杆的标志。

框架结构的民用建筑，墙体砌筑是在框架施工后进行的，故可在柱面上画线，代替皮数杆。

11.3.5 建筑物的轴线投测

在多层建筑墙身砌筑过程中，为了保证建筑物轴线位置正确，可用吊垂球的方法或用经纬仪将轴线投测到各层楼板边缘或柱顶上。

(1) 吊垂球法

将较重的垂球悬吊在楼板或柱顶边缘，当垂球尖对准基础墙面上的轴线标志时，线在楼板或柱顶边缘的位置即为楼层轴线端点的位置，画出标志线。各轴线的端点投测完后，用钢尺检核各轴线的间距，符合要求后，继续施工，并把轴线逐层自下向上传递。

吊垂球法简便易行，不受施工场地限制，一般能保证施工质量。但当有风或建筑物较高时，投测误差较大，应采用经纬仪投测法。

(2) 经纬仪投测法

在轴线控制桩上安置经纬仪，严格整平后，瞄准基础墙面上的轴线标志，用盘左、盘右分中投点法，将轴线投测到楼层边缘或柱顶上。将所有端点投测到楼板上之后，用钢尺检核其间距，相对误差不得大于 1/2000。检查合格后，才能在楼板上分间弹线，继续施工。

11.3.6 建筑物的高程传递

在多层建筑施工中，要由下层向上层传递高程，以便楼板、门窗口等的标高符合设计要求。高程传递的方法有以下几种。

(1) 利用皮数杆传递高程

一般建筑物可用墙体皮数杆传递高程。具体方法参照本节 11.3.4 中的"（2）墙体各部位标高控制"。

(2) 利用钢尺直接丈量

对于高程传递精度要求较高的建筑物，通常用钢尺直接丈量来传递高程。对于二层以上的各层，每砌高一层，就从楼梯间用钢尺从下层的"＋0.500m"标高线，向上量出层高，测出上一层的"＋0.500m"标高线。这样用钢尺逐层向上引测。

(3) 全站仪天顶测距法

高层建筑中的垂准孔（或电梯井等）为光电测距提供了一条从底层至顶层的垂直通道，利用此通道在底层架设全站仪，将望远镜指向天顶，在各层的垂直通道上安置反射棱镜，即可测得仪器横轴至棱镜横轴的垂直距离，加仪器高，减棱镜常数，即可算得高差，如图 11-17 所示。

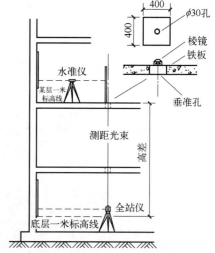

图 11-17 全站仪天顶测距法传递高程

11.4 高层建筑施工测量

随着城市建设发展的需要，多层或高层建筑将越来越多。在高层建筑的施工测量中，由于地面施工部分测量精度要求较高,高层施工部分场地较小,测量工作条件受到限制,并且容易受到施工干扰,所以施工测量的方法和所用的仪器与一般建筑施工测量有所不同。

高层建筑物施工测量中的主要问题是控制垂直度,就是将建筑物的基础轴线准确地向高层引测,并保证各层相应轴线位于同一竖直面内,控制竖向偏差,使轴线向上投测的偏差值不超限。

高层建筑物轴线的竖向投测,主要有外控法和内控法两种,下面分别介绍这两种方法。

11.4.1 外控法

外控法是在建筑物外部,利用经纬仪,根据建筑物轴线控制桩来进行轴线的竖向投测,亦称作"经纬仪引桩投测法"。具体操作方法如下。

(1) 在建筑物底部投测中心轴线位置

如图11-18所示,高层建筑的基础工程完工后,将经纬仪安置在轴线控制桩A_1、A_1'、B_1和B_1'上,把建筑物主轴线精确地投测到建筑物的底部,如图11-18中的a_1、a_1'、b_1和b_1'所示,并设立标志,以供下一步施工与向上投测之用。

(2) 向上投测中心线

随着建筑物不断升高,要逐层将轴线向上传递,如图11-18所示,将经纬仪安置在中心轴线控制桩A_1、A_1'、B_1和B_1'上,严格整平仪器,用望远镜瞄准建筑物底部已标出的轴线a_1、a_1'、b_1和b_1'点,用盘左和盘右分别向上投测到每层楼板上,并取其中点作为该层中心轴线的投影点,如图11-18中的a_2、a_2'、b_2和b_2'所示。

(3) 增设轴线引桩

当楼房逐渐增高,而轴线控制桩距建筑物又较近时,望远镜的仰角较大,操作不便,投测精度也会降低。为此,要将原中心轴线控制桩引测到更远的安全地点,或者附近大楼的屋面上。

具体做法是:将经纬仪安置在已经投测上去的较高层(如第十层)楼面轴线$a_{10}a_{10}'$上,如图11-19所示,瞄准地面上原有的轴线控制桩A_1和A_1'点,用盘左、盘右分中投点法,将轴线延长到远处A_2和A_2'点,并用标志固定其位置,A_2、A_2'即为新投测的A_1A_1'轴控制桩。

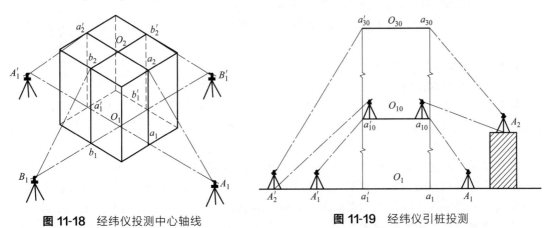

图11-18 经纬仪投测中心轴线　　图11-19 经纬仪引桩投测

更高各层的中心轴线,可将经纬仪安置在新的引桩上,按上述方法继续进行投测。

11.4.2 内控法

内控法是在建筑物内±0平面设置轴线控制点,并预埋标志,以后在各层楼板相应位置上预留200mm×200mm的传递孔,在轴线控制点上直接采用吊垂球法或激光铅垂仪法,通过预留孔将其点位垂直投测到任一楼层，如图 11-20 和图 11-21 所示。

11.4.2.1 内控法轴线控制点的设置

在基础施工完毕后，在±0 首层平面上，适当位置设置与轴线平行的辅助轴线。辅助轴线距轴线 500～800mm 为宜，并在辅助轴线交点或端点处埋设标志。如图 11-21 所示。

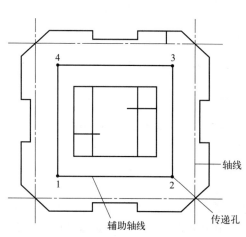

图 11-20 内控法轴线控制点的设置

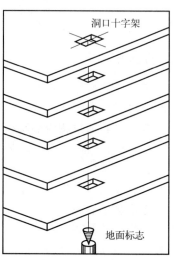

图 11-21 吊垂球法投测轴线

11.4.2.2 吊垂球法

吊垂球法是利用钢丝悬挂重垂球的方法，进行轴线竖向投测。这种方法一般用于高度在 50～100m 的高层建筑施工中，垂球的重量为 10～20kg，钢丝的直径为 0.5～0.8mm。投测方法如下。

如图 11-21 所示，在预留孔上面安置十字架，挂上垂球，对准首层预埋标志。当垂球线静止时，固定十字架，并在预留孔四周作出标记，作为以后恢复轴线及放样的依据。此时，十字架中心即为轴线控制点在该楼面上的投测点。

用垂球坠法实测时，要采取一些必要措施，如用铅直的塑料管套着坠线或将垂球沉浸于油中，以减少摆动。

11.4.2.3 激光铅垂仪法

(1) 激光铅垂仪简介

激光铅垂仪是一种专用的铅直定位仪器，适用于高层建筑物、烟囱及高塔架的铅直定位测量，主要由氦氖激光管、精密竖轴、发射望远镜、水准器、基座、激光电源及接收屏等部分组成。

激光器通过两组固定螺钉固定在套筒内。激光铅垂仪的竖轴是空心筒轴，两端有螺扣，上、下两端分别与发射望远镜和氦氖激光器套筒相连接，二者位置可对调，构成向上或向下发射激光束的铅垂仪。仪器上设置有两个互成 90°的管水准器，仪器配有专用激光电源。

(2) 激光铅垂仪投测轴线的方法

① 在首层轴线控制点上安置激光铅垂仪，利用激光器底端（全反射棱镜端）所发射的激光束进行对中，通过调节基座整平螺旋，使管水准器气泡严格居中。

② 在上层施工楼面预留孔处，放置接受靶。

③ 接通激光电源，启辉器发射铅直激光束，通过发射望远镜调焦，使激光束汇聚成红色耀目光斑，投射到接受靶上。

④ 移动接受靶，使靶心与红色光斑重合，固定接受靶，并在预留孔四周做出标记，此时，靶心位置即为轴线控制点在该楼面上的投测点。

11.5 施工测量人员的职责与责任

测量是建筑工程施工的重要工作内容，属于建筑工程的基础性工作，工程测量结果可为建筑工程的实施提供重要的数据参考，也是项目实施方案制订的重要依据。精确的测量可确保项目施工质量达到设计要求，为建筑工程项目的顺利实施提供必要的保证，因此施工测量人员在施工过程中应做好以下工作。

① 直接听从测量组长的指挥，认真履行工作安排和计划，服从具体的岗位安排，熟悉测量组和工程部制订的各种规章制度并认真执行。

② 熟悉标书文件、设计图纸及数据等工程常用资料，能绘制简单的有关样图及施工辅助图，认真填写项目测量原始资料，记录好测量内容、时间、服务工序和交底人员，以备后查。

③ 严格按照编制的测量、监测工作的总方案和各个分部施工的专项方案来实施测量工作内容，方案中有变更的部分必须向测量组长汇报，不得自行更改工作内容和方式。

④ 在施工控制测量工作中，提前探明测量线路和各个导线点的情况，并熟悉控制标志的位置，保护好测量标志。执行外业期间要求准确、快速、正确使用各种测量仪器，并详细记录原始测量数据。

⑤ 在施工监测工作中，要熟悉监测点位置、监测频率，按照方案要求安装好每一个监测点，根据监测频率严格执行监测工作，认真填写监测报告和监测图。保护好监测标志，定期进行检查，发现损坏及时上报，根据情况进行增添修复。

⑥ 做好施工中的放样工作，放样前认真查阅图纸，复合计算结果，要求掌握常用的简单坐标和标高计算，熟练运用工程计算器中的计算程序，可以在现场进行简单的放样点位置增补工作。

⑦ 内业要求能熟悉分类整理的各种施工放样资料和存档，准确存放各种新文档、资料。能运用电脑 Excel、Word、cad 等常用软件进行资料编辑和施工用图绘制。

⑧ 认真执行《测量仪器使用制度》，填写测量仪器台账，定期保养仪器，防止仪器损坏，定期对所使用的仪器进行自检，自检记录应妥善保管。

⑨ 与其他测量小组成员间经常交流学习，培养工作默契，统一指挥口令，加快工作效率。

⑩ 及时完成领导临时交办的测量任务。

本章小结

本章主要学习建筑施工测量的基本内容和方法、作业流程等内容，具体为建筑施工控制测量、一般民用建筑施工测量、高层建筑施工测量相关内容，并在本章最后提出了施工测量人员的职责与责任。

思考题与习题

1. 试述轴线的放样方法。
2. 在房屋放样中，设置轴线控制桩的作用是什么？如何测设？
3. 激光铅垂仪的投测方法是什么？

第 12 章 道路与桥梁工程测量

本章导读

道路与桥梁工程测量属于工程测量学的范畴，因为有桥必有路，因此道路与桥梁工程在土木工程行业中常常被紧密地结合在一起。无论是道路工程还是桥梁工程，其测量工程的程序也应遵循"先控制后碎部"的原则。道路工程测量的主要工作步骤是由测绘人员先进行道路工程的控制测量和沿线路带状地形图测绘，其次是进行道路的设计工作，最后进行道路的施工测量。桥梁工程测量的主要工作与道路工程测量类似，也是先进行桥梁工程的控制测量和测绘不同比例尺的地上地形图和水下地形图、河床断面图等，其次是进行桥梁的设计工作，然后进行桥墩、梁和桥台的定位架设等施工测量工作，桥梁建成后还需要定期进行变形监测。

思政元素

道路桥梁工程在我国古代早已有之，有些沿用至今，赵州桥以其精湛的技艺屹立千年，一直激发着后人精益求精、追求卓越的斗志。掌握现代测绘技术的年轻一代，是祖国的未来和希望，大国担当更多的是体现在平凡细致的工作中。测绘工作一直是精益求精的代表性专业，在大国工程崛起的背后离不开测绘人的拼搏奋斗。

12.1 道路工程测量概述

道路工程一般包括铁路和公路工程。铁路工程分为高速铁路、主干铁路、地方铁路，道路工程分为联系城市之间的公路（包括国道和高速公路）、城市道路（包括高架道路地下铁路）、工矿企业的专用道路以及为农业生产和农民生活服务的农村道路，由此组成全国道路网。道路工程测量是指各种道路工程在勘测设计、施工建设和运营管理等阶段所进行的各种测量工作。其主要工作内容包括初测、定测、中线测量、纵横断面测量、施工测量等，此外有些道路工程还需要进行竣工测量、变形测量等。道路工程建设各阶段的测量任务如图 12-1 所示。

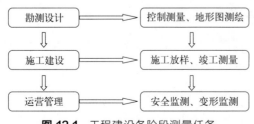

图 12-1 工程建设各阶段测量任务

道路工程测量的一般流程如下。

① 收集资料。主要收集线路规划设计区域内各种比例尺的地形图及原有线路工程的平面图和断面图等。

② 道路选线。在原有地形图上结合实地勘察进行规划设计和图上定线，确定线路的走向。

③ 道路初测。对选定的线路进行平面控制测量和高程控制测量，并测绘线路大比例尺带状地形图。

④ 道路定测。定测是将初步设计的线路位置测设在实地上。定测的任务是确定线路平、纵、横三个面上的位置。

⑤ 道路施工测量。按照设计要求，测设线路的平面位置和高程位置，作为施工的依据。

⑥ 道路竣工测量。将竣工后的线路工程通过测量绘制成图，以反映施工质量，并作为线路使用中维修管理、改建扩建的依据。

12.2 道路初测与定测

没有转向和上下坡的平直道路是一种最经济、高效的理想线路，但由于地形和其他各方面因素，路线必然有平面上的转折和纵断面的上坡和下坡，因此一般的道路都是由直线和曲线共同组成的空间曲线。为了选择一条经济、高效的路线，首先要进行路线勘测工作，路线勘测工作一般包括"初测"和"定测"两方面内容。

12.2.1 初测

初测是指在规划设计阶段前期所初步确定的路线上进行的初步勘测、设计工作。初测工作任务主要包括控制测量和带状地形图的测量，它可以为道路工程提供完整的控制基准及详细的地形信息。传统的测量工作包括：选点、导线测量、高程测量、测绘大比例尺带状地形图等。现代测绘手段可采用GNSS技术建立控制网，采用摄影测量技术进行带状地形图的测绘。初测决定着线路的基本走向，在勘测工作中起着至关重要的作用。

12.2.1.1 控制测量

控制测量首先是在实地相应的规划路线上建立平面与高程控制点，这些控制点不仅可用于带状地形图的测量，也可作为定测放样的依据。

(1) 平面控制测量

道路工程初测平面控制测量一般采用导线测量，也可采用GNSS静态测量。导线点应在小比例尺图上选定的中线附近。由于初测导线延伸很长，为了检核，必须设法与国家平面控制点或者不低于四等的平面控制点进行联测。一般要求在导线的起、终点以及在中间每隔一定距离联测一次。当缺乏平面控制点或联测有困难时，应进行真北观测或用陀螺经纬仪定向和检核导线角度。

① 水平角测量：通常采用测回法观测，注意较差应满足规范要求。如《公路勘测规范》（JTG C10—2007）规定使用DJ2和DJ6经纬仪用测回法测角观测一测回，两半测回之间要变动度盘位置，上下半测回角度较差在$\pm 15''$（DJ2）或$\pm 30''$（DJ6）以内时，取平均数作为观测结果。使用全站仪测角时，其测角精度应与其等级相匹配。

② 边长测量：使用全站仪、光电测距仪或钢尺等。全站仪、光电测距仪读数可读到毫米，钢尺可读到厘米，测量精度应满足相关规范要求。

(2) 高程测量

初测阶段高程测量有两个目的，第一是沿线路设置水准基点，建立线路高程控制系统；第二是测量线路中桩（导线桩、加桩）高程，为地形测绘建立较低一级的高程控制系统；测量方法可采用水准测量、光电三角高程测量和 GNSS 高程测量方法进行。

12.2.1.2 带状地形图测量

带状地形图的测绘是初测的主要任务，带状地形图比例尺通常为 1∶2000，有时也可以选择 1∶5000。带状地形图的宽度在山区一般为 100m，在平坦地区一般为 250m。在有争议的地段，带状地形图应适当根据需求加宽。

12.2.2 定测

定测是在选定设计方案的路线上进行中线测量、纵横断面测量、局部大比例尺地形图测绘等。

道路经过技术设计，它的平面线形、纵坡、横断面等已有设计数据和图纸，即可进行道路施工。施工前和施工中，需要恢复中线、测设路基边桩和竖曲线等。这些测量工作总称为道路施工测量。

12.3 道路中线测量

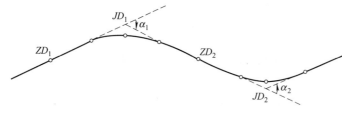

图 12-2 道路平面曲线

道路工程由于受地形、地质、技术或经济等因素的限制，一般无法以一条直线延续始终，而是隔一定距离就要改变方向。在改变方向处，需要将相邻直线用曲线连接起来，这种曲线称为平曲线。这样，线路上就形成了直线和曲线两部分（图 12-2）。道路中线测量就是将道路的设计中心线测设到实地上，并实测其里程。中线测量包括测设中线各交点（JD）和转点（ZD）、量距和钉桩、测量路线各偏角（α）、测设曲线等。关于曲线测设将在后面几节里详细介绍。

12.3.1 交点的测设

路线的各交点（包括起点和终点）是详细测设中线的控制点。一般先在初测的带状地形图进行纸上定线，然后再实地标定交点位置。

12.3.1.1 穿线放样法

穿线放样法是利用图上就近的导线点或地物点与纸上定线的直线段之间的角度和距离关系，用图解法求出测设数据，通过实地的导线点或地物点，把中线的直线段独立测设到地面上，然后将相邻直线延长相交，定出地面交点桩的位置，其过程包括测设数据准备、放点、穿线、交会定点。

（1）测设数据准备

穿线放样常用极坐标法和支距法。图 12-3 为用极坐标法定出图上中线某直线段上的各临时点 P_1、P_2、P_3、P_4，

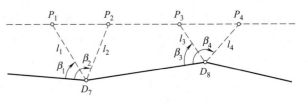

图 12-3 极坐标法放点数据计算

以图上导线点 D_7、D_8 为依据，用量角器和比例尺分别量出角度 β_1、β_2，距离 l_1、l_2 等放样数据。

图 12-4 为按支距法定出中线上各临时点 P_1、P_2、P_3、P_4，即在带状地形图上，从初测的导线点 D_6、D_7、D_8、D_9 出发作导线边

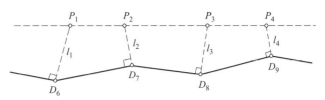

图 12-4 支距法放样中线点数据计算

的垂线，分别与中线交得各临时点。在图上量取垂线的长度，直角和垂线长度即为测设数据。

（2）放点

实地在各相应的导线点上按极坐标法或支距法测设数据，定出各临时点位。如果距离较长，宜采用激光测距仪或全站仪进行测设。

（3）穿线

放样的临时点，由于图解数据和测设工作中的误差，实际上并不能严格在一条直线上，如图 12-5 所示。这时可根据现场实际情况，采用目估法穿线或经纬仪视准法穿线，通过比较和选择，定出一条尽可能穿过或靠近临时点的直线 AB，最后在 A、B 点或其方向线上打下两个以上的转点桩，随即取消临时桩点。

图 12-5 穿线放样

（4）交会定点

相邻两直线在地面上确定后，当通视良好时，即可直接延长直线进行交会定点。如图 12-6 所示，当两条相交的直线 AB、CD 在地面上确定后，即可进行交会定点。倒转望远镜，在视线方向上近交出 JD 的概略位置的前后打下两个骑马桩，采用盘左、盘右分中法在该两桩上定出 a、b 两点，并钉以小钉，挂上细线。然后将仪器搬至 C 点，用同样的方法定出 c、d 点，挂上细线，于 ab 细线相交处打下木桩，钉上小钉，即得到交点 JD 位置。

图 12-6 交会定点

12.3.1.2 拨角放样法

（1）测设数据计算

在带状地形图上量取各交点的纵横坐标，并计算相邻两点连线的方位角和距离。隔几个交点计算交点与其最近导线点间的距离和连线的方位角。根据方位角之差计算两线段的夹角。

（2）实地放样点位

从导线点出发，按夹角和距离定出第一个交点，再从它出发按夹角和距离定出下一个交点，依次类推测设出各交点。

这种方法外业效率高，但拨角越多造成的误差累积也就越大，因此每隔几个交点后要与邻近的导线点联测，用以校核其精度。如果闭合差小于限差，则继续进行其余点的放样。联

测交点以最终实际测量的坐标为准,计算它至下一个交点间的长度及方位角,然后从它出发放出其余交点。

12.3.2 转点的测设

当两交点间距离较远但尚能通视或已有转点需加密时,可采用经纬仪直接定线或经纬仪盘左、盘右分中法测设转点。当相邻两交点互不通视时,可采用下列方法测设转点。

12.3.2.1 两交点间设转点

如图 12-7 所示,JD_4、JD_5 为相邻而互不通视的两个交点,ZD 为初定转点。现要检查是否在两交点的连线上,将经纬仪置于 ZD',用盘左、盘右分中法延长直线 JD_4-ZD' 至 JD'_5。设 JD'_5 与 JD_5 的偏差为 f,用视距法测定 a、b,则 ZD' 应横向移动的距离 e 可按式(12-1)计算:

$$e = \frac{a}{a+b} f \tag{12-1}$$

将 ZD' 沿偏差 f 相反方向移动 e 至 ZD。将仪器移至 ZD,延长直线 JD_4-ZD 是否通过 JD_5 或其偏差值是否允许。若不通过或偏差值超过允许范围,则应重新设转点,直到符合要求为止。

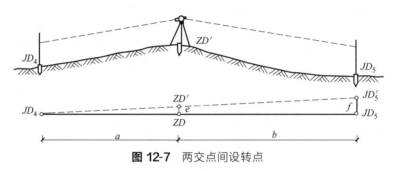

图 12-7 两交点间设转点

12.3.2.2 延长线上设转点

如图 12-8 所示,JD_7、JD_8 互不通视,可在其延长线上初定转点 ZD'。将经纬仪置于 ZD',用正倒镜照准 JD_7,并以相同竖盘位置照准 JD_8,在 JD_8 点附近测定两点后取其中点得 $JD_{8'}$。若 JD'_8 与 JD_8 重合或偏差值 f 在允许范围之内,即可将 ZD' 作为转点。否则应重设转点,量出 f 值,用视距法测出 a、b,则 ZD' 应横向移动的距离 e 按式(12-2)计算:

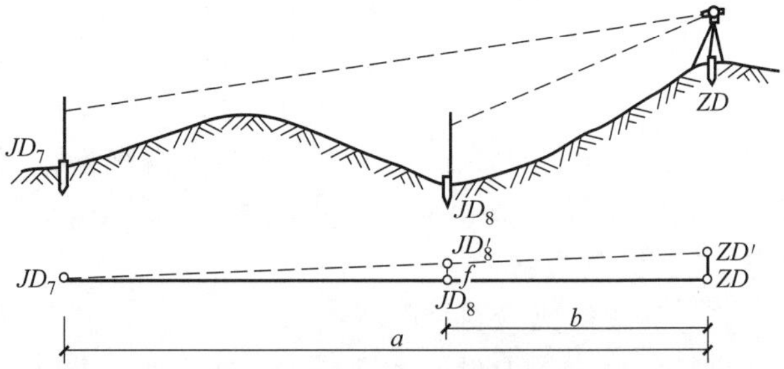

$$e = \frac{a}{a+b} f \tag{12-2}$$

最后将 ZD' 按 e 值大小和方向移动至 ZD。

图 12-8 延长线上设转点

12.3.3 转角测定

转折角简称转角,又被称为偏角,是路线由一个方向偏转向另一方向时,偏转后方向与原来方向间的夹角,常用 α 表示(图 12-9),转角有左右之分,偏转后的方向位于原方向左侧,称左偏角 $\alpha_{左}$,位于原方向右侧的称为右偏角 $\alpha_{右}$。在线路测量中,转角通常是观测路线的右角 β,按式(12-3)计算:

$$\begin{cases} \alpha_{右} = 180° - \beta \\ \alpha_{左} = \beta - 180° \end{cases} \quad (12\text{-}3)$$

右角的观测通常用 DJ6 型光学经纬仪以测回法观测一测回,两半测回角度之差的不符值一般不超过 $\pm 40''$。

根据曲线测设的需要,在右角测定后,要求在不变动水平度盘位置的情况下,定出 β 角的角分线,如图 12-10 所示。测设角时,后视方向的水平度盘读数为 a,前视方向的读数为 b,由于 $\beta = a - b$,则角分线方向的水平角读数 c 可按式(12-4)计算:

$$c = \frac{a+b}{2} \text{ 或 } c = b + \frac{\beta}{2} \quad (12\text{-}4)$$

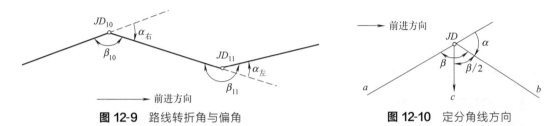

图 12-9 路线转折角与偏角 　　图 12-10 定分角线方向

在实践中,无论设置右还是左角的平分线,均可按式(12-4)计算 c 值。为了保证角度观测精度,还应进行路线角度闭合差的检核,以便及时发现错误,及时纠正。

12.3.4 里程桩设置

在路线交点、转点及转角测定后,即可进行实地量距、设置里程桩、标定中线位置。里程桩的设置是在中线丈量的基础上进行的,丈量工具视道路等级而定,等级高的公路一般采用全站仪、测距仪或钢尺,简易道路可采用皮尺或测绳。

里程桩分为整桩和加桩两种。桩上写有桩号,表达桩至路线起点的水平距离。如图 12-11 (a) 所示,某桩距起点的距离为 3208.50m,则桩号记为 K3＋208.50。整桩按规定每隔 20m 或 50m 设置,桩号为整数。百米桩、千米桩均属于整桩。加桩分地形、地物加桩,即在中线地形或地物变化处设置的桩,如图 12-11 (b) 所示。

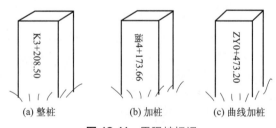

(a) 整桩　　(b) 加桩　　(c) 曲线加桩

图 12-11 里程桩标识

曲线加桩,是指曲线上设置的主点桩,即在曲线起点、中点、终点等设置的桩,如图 12-11 (c) 所示。关系加桩,是指在转点和交点设置的桩。在书写曲线加桩和关系加桩时,应先写其缩写名称。目前我国公路桩位采用汉语拼音缩写名称,见表 12-1。

表 12-1　公路桩位汉语拼音缩写名称

标志名称	简称	汉语拼音缩写	标志名称	简称	汉语拼音缩写
交点	—	JD	公切点	—	GQ
转点	—	ZD	第一缓和曲线起点	直缓点	ZH
圆曲线起点	直圆点	ZY	第一缓和曲线终点	缓圆点	HY
圆曲线中点	曲中点	QZ	第二缓和曲线起点	圆缓点	YH
圆曲线终点	圆直点	YZ	第二缓和曲线终点	缓直点	HZ

钉桩时，对起控制作用的交点、转点、曲线主点桩、重要地物加桩等均应钉设正桩（方木桩）和标志桩（板桩）；正桩桩顶与地面齐平，其上钉一小钉表示点位。直线地段的标志桩布设在路线前进方向的左侧；曲线地段标志桩布设在曲线外侧。标志桩与正桩的距离一般为 20～30cm，在其上应写清桩名和里程。除正桩外，其余各桩钉设时不需要与地面齐平，以露出桩号为宜。桩号要面向路线起点方向。

12.4 道路圆曲线的测设

道路中线不仅包含直线，还包括曲线，因此曲线的测设是中线测量的主要工作之一。当路线由一个方向转向另一个方向时，在平面上必须用曲线进行连接。曲线的形式有很多种，如圆曲线、缓和曲线及回头曲线等，其中圆曲线是最基本、最常用的平面曲线。圆曲线又称为单曲线，是指具有一定半径的圆弧线。圆曲线的测设一般分两步进行：先测设曲线的主点，即曲线的起点（ZY）、中点（QZ）和终点（YZ）；然后在主点之间按规定桩距进行加密，测设曲线的其他各点，称为曲线的详细测设。

12.4.1 圆曲线主点的测设

12.4.1.1 圆曲线测设元素计算

如图 12-12 所示，设交点 JD 的转角为 α，圆曲线半径为 R，则曲线的测设元素可按式（12-5）计算：

$$\begin{cases} 切线长\ T=R\cdot\tan\dfrac{\alpha}{2} \\ 曲线长\ L=R\cdot\alpha\dfrac{\pi}{180} \\ 外矢距\ E=R\left(\dfrac{1}{\cos\dfrac{\alpha}{2}}-1\right) \\ 切曲差（超距）D=2T-L \end{cases} \quad (12\text{-}5)$$

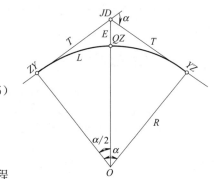

图 12-12 圆曲线

其中，T、E 用于主点设置；T、L、D 用于里程计算。在测设中，T、L、E、D 一般以 R 和 α 为引数，直接从曲线测设用表中查得。

12.4.1.2 主点里程的计算

交点的桩号由中线丈量得到，根据交点桩号和曲线测设元素，即可算出各主点的桩号，由图 12-12 可知：

$$\begin{cases} ZY\ 桩号=JD\ 桩号-T \\ QZ\ 桩号=ZY\ 桩号+\dfrac{L}{2} \\ YZ\ 桩号=QZ\ 桩号+\dfrac{L}{2} \end{cases} \quad (12\text{-}6)$$

【例 12-1】 已知交点的里程为 K3+182.76，测得转角 $\alpha_右=25°48'10''$，选定圆曲线半径 $R=300\text{m}$，求曲线测设元素及主点里程。

【解】 （1）曲线测设元素

由式（12-5）可得：

$$T=68.72\text{m}, L=135.10\text{m}, E=7.77\text{m}, D=2.34\text{m}$$

(2) 主点桩号

已知 JD 桩号 $=K3+182.76$，由式（12-6）可得：

ZY 桩号 $=K3+114.04$，QZ 桩号 $=K3+181.59$，YZ 桩号 $=K3+249.14$

12.4.1.3 主点测设

(1) 测设曲线起点

置经纬仪于 JD，照准后一方向线的交点或转点，沿此方向测设切线长 T，得曲线起点桩 ZY，插上测钎。丈量 ZY 至最近一个直线桩的距离，如果两桩号之差在相应的容许范围内，可用方桩在测钎处打下 ZY 桩。

(2) 测设曲线终点

将望远镜照准前一方向线相邻的交点或转点，沿此方向测设切线长 T，得曲线终点，打下 YZ 桩。

(3) 测设曲线中点

沿分角线方向量取外矢距 E，打设曲线中点桩 QZ。

12.4.2 圆曲线的详细测设

圆曲线的主点测设只标出了起点、中点、终点三个主点，显然，仅这三个点还不能详细地表达曲线的形状和位置。所以，在圆曲线的主点设置后，还需按规定桩距进行圆曲线细部点位置的测设，这项工作称为细部点测设或详细测设。除圆曲线主点外，其他曲线点的里程一般要求为一定长度的倍数，在地形复杂处可适当减小倍数。圆曲线详细测设的方法主要有切线支距法、偏角法、极坐标法和 GNSS-RTK 等方法。下面介绍较常用的切线支距法和偏角法。

12.4.2.1 切线支距法（直角坐标法）

切线支距法是以曲线的起点 ZY 为坐标原点（下半曲线则以终点 YZ 为坐标原点），以切线为 x 轴，过原点的半径为 y 轴，按曲线上各点的坐标 x、y 测设曲线。

如图 12-13 所示，设 P_i（$i=1, 2, 3, \cdots$）为曲线上将要测设的点位，该点至 ZY 点（或 YZ 点）的弧长为 l_i，φ_i 为 l_i 所对应的圆心角，R 为圆曲线半径，则 P_i 的坐标可按式（12-7）计算：

$$\begin{cases} \varphi_i = \dfrac{l_i}{R} \cdot \dfrac{180}{\pi} \\ x_i = R\sin\varphi_i \\ y_i = R(1-\cos\varphi_i) \end{cases} \quad (12-7)$$

式中，φ_i（$i=1, 2, 3, \cdots$）以（°）为单位。

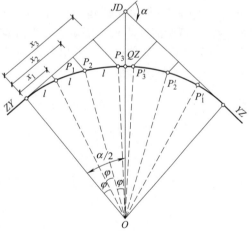

图 12-13 切线支距法测设圆曲线

这种测设方法一般只适用于平坦开阔地区低等级道路勘测阶段的现场直接定线。

【例 12-2】【例 12-1】若采用切线支距法并按整桩号法设桩，试计算各桩坐标。

【解】【例 12-1】已计算出主点里程，在此基础上按整桩号法列出详细测设的桩号，并计算出坐标。具体计算结果见表 12-2。

切线支距法测设曲线时，为了避免支距过长，一般由 ZY、YZ 点分别向 QZ 点施测。

在勘测及施工阶段，中桩的测设精度应符合相应规范要求。若在限差之内，则曲线测设合格，可将偏差作适当调整；否则应查明原因，予以纠正。

表 12-2　切线支距法测设圆曲线数据计算表

桩号	各桩至 ZY 或 YZ 的曲线长度(l_i)/m	圆心角(φ_i)	x_i	y_i	备注
ZY K3+114.04	0	0°00′00″	0	0	ZY 为坐标原点
+120	5.96	1°08′18″	5.96	0.06	
+140	25.96	4°57′29″	25.92	1.12	
+160	45.96	8°46′40″	45.78	3.51	
+180	65.96	12°35′51″	65.43	7.22	
QZ K3+181.59	67.55	12°54′04″	66.98	7.57	ZY 或 YZ 为坐标原点
+200	49.14	9°23′06″	48.93	4.02	YZ 为坐标原点
+220	29.14	5°33′55″	29.10	1.41	
+240	9.14	0°00′00″	9.14	0.14	
YZ K3+249.14	0	0°00′00″	0	0	

12.4.2.2　偏角法

偏角法是一种类似于极坐标的测设曲线上点位的方法。它的原理是以曲线起点或终点至曲线上任一点 P_i 的弦线与切线 T 之间的弦切角 Δ_i（偏角）和弦长 c 来确定 P_i 点的位置，如图 12-14 所示。

偏角法测设曲线，一般采用整桩号法，按规定的弧长 l_0（20m、10m 或 5m）设桩。由于曲线起、终点多为非整桩号，除首、尾段的弧长 l_A、l_B 小于 l_0，其余桩距均为 l_0。设 φ_A、φ_B 和 Δ_A、Δ_B 分别为曲线首、尾段弧长 l_A、l_B 的圆心角和偏角，φ_0 和 Δ_0 分别为整弧 l_0 所对的圆心角和偏角。若将曲线分为 n 个整弧段，各桩点相应的偏角 Δ 应等于相应弧长所对的圆心角 φ 的一半，即：

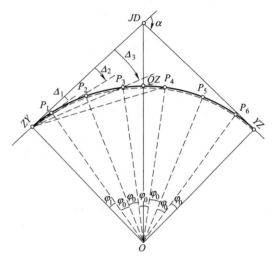

图 12-14　偏角法测设圆曲线

$$\begin{cases} P_1 \text{点}\ \Delta_1 = \dfrac{\varphi_A}{2} = \dfrac{l_A \rho}{(2R)} = \Delta_A \\ P_2 \text{点}\ \Delta_2 = \dfrac{(\varphi_A + \varphi_0)}{2} = \Delta_A + \Delta_0 \\ P_3 \text{点}\ \Delta_3 = \dfrac{(\varphi_A + 2\varphi_0)}{2} = \Delta_A + 2\Delta_0 \\ \quad \cdots \\ P_{n+1} \text{点}\ \Delta_{n+1} = \dfrac{(\varphi_A + n\varphi_0)}{2} = \Delta_A + n\Delta_0 \end{cases} \quad (12\text{-}8)$$

$$\text{终点}: \Delta_{YZ} = \dfrac{(\varphi_A + n\varphi_0 + \varphi_B)}{2} = \Delta_A + n\Delta_0 + \Delta_B$$

$$\text{或}\ \Delta_{YZ} = \Delta_A + n\Delta_0 + \Delta_B = \dfrac{\alpha}{2} \text{（用于校核）} \quad (12\text{-}9)$$

$$\text{弦长}: C_i = 2R\sin\dfrac{\varphi_i}{2} = 2R\sin\Delta_i \quad (12\text{-}10)$$

$$\text{弧弦差}: \delta_i = l_i - C_i = l_i^3/(24R^2) \quad (12\text{-}11)$$

测设时，偏角 Δ_i、弦长 C_i、弧弦差 δ_i 均可根据选定的半径 R 和弧长 l，从曲线测设用表中查得，必要时也可按公式计算得出。

偏角法的测设程序如下。

(1) 计算测设数据

设某曲线 $\alpha_{右}=10°49'00''$，$R=1200\text{m}$，主点桩号：ZY K4+408.70，QZ K4+521.98，YZ K4+635.25，$l_0=20\text{m}$，则桩号、弧长和偏角按表12-3计算。

为了简化计算，将各点偏角值减去 Δ_A，变成度盘正拨的偏角读数。这样，除曲线起点方向（即切线方向）的度盘读数为"$360-\Delta_A$"外，其余整桩点的读数均可直接从曲线表中查取。

表 12-3 偏角法测设数据计算

桩名	桩号	弧长	偏角	正拨偏角读数
ZY	K4+408.70	11.30	$\Delta_{ZY}=0°00'00''$	$\alpha_{ZY}=360°-\Delta_A$
P_1	K4+420	20.0	$\Delta_1=\Delta_A=0°16'11''$	$\alpha_1=0°00'00''$
P_2	K4+440	20.00	$\Delta_2=\Delta_A+\Delta_0=0°44'50''$	$\alpha_2=\Delta_0=0°28'39''$
P_3	K4+460		$\Delta_3=\Delta_A+2\Delta_0=1°13'29''$	$\alpha_3=2\Delta_0=0°57'18''$
...	...	...	...	...

(2) 点位测设

将仪器置于曲线起点 $ZY(A)$，使水平度盘读数为 α_{ZY}，瞄准交点 JD，拨读数 α_1，定 AP_1 方向。沿此方向，从 A 量出首段弦长 C_A，得出整桩点 P_1。同理依次拨 α_i，量 C_i，交会定出 P_i 各点，直至整桩点 P_{n+1}。最后由 P_{n+1} 点量出 C_B 与 ZY 至 YZ 方向相交，其交点应闭合在曲线终点 YZ 上。

(3) 检查曲线测至终点的闭合差

一般不应超过如下规定：纵向（切线方向）为 $\pm L/1000$（L 为曲线长）；横向（法线方向）为 $\pm 10\text{cm}$。否则，应查明原因，予以纠正。

用偏角法测设圆曲线的计算和操作比较简易、灵活，且可以自行闭合，自行检核，精度较高，受地形影响较小，在曲线测设中广泛应用。但其缺点是误差积累，在通视不良地区工作困难。

12.5 道路缓和曲线的测设

车辆在由直线进入圆曲线或由圆曲线进入直线时的运动轨迹是一条曲率逐渐变化的曲线，它的形式和长度视行驶速度、曲线半径和司机转动方向盘的快慢而定。从安全和舒适的角度出发，必须设计一条使驾驶者易于遵循的路线，使车辆在快速进入或离开圆曲线时不至于侵入邻近的车道，同时使离心力有一个渐变过程。另外，行车道从直线上的双坡断面及正常宽度过渡到圆曲线上的单坡断面及加宽宽度，需有一段合理的曲线逐渐进行过渡。因此在直线与圆曲线间插入一段半径由无穷大逐渐变化到圆曲线半径 R 的曲线，称为"缓和曲线"。

缓和曲线的线型有回旋线（亦称为辐射螺旋线）、三次抛物线、双扭线等，目前多采用回旋曲线作为缓和曲线。

12.5.1 缓和曲线的计算公式

12.5.1.1 基本公式

如图12-15所示，设缓和曲线全长为 l_0；A 为缓和曲线的起点，其曲率 $K_A=0$；C 为终点，其曲率等于圆曲线的曲率，$K_C = \dfrac{1}{R}$。

设 P 为曲线上任一点，相应的弧长为 l，曲率半径为 ρ。由于曲率变化是连续而均匀的，且随弧长增大而增加，则 P 点的曲率应为：

$$K_P = \dfrac{\dfrac{1}{R}}{l_0} \text{ 或 } \rho = R l_0 = c \qquad (12\text{-}12)$$

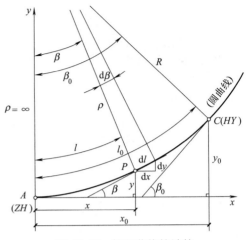

图 12-15 缓和曲线的计算

12.5.1.2 切线角公式

如图 12-15 所示，设曲线上任一点 P 处的切线与起点切线的交角为 β，称为切线角。β 值与曲线长 l 所对的中心角相等。在 P 处取一微分段 dl，所对的中心角为 $d\beta$，则：

$$d\beta = \dfrac{dl}{\rho} = \dfrac{l\,dl}{c} \qquad (12\text{-}13)$$

积分得：

$$\beta = \dfrac{l^2}{2c} = \dfrac{l^2}{2Rl_0} (\text{rad}) \text{ 或 } \beta = \dfrac{l^2}{2Rl_0} \times \dfrac{180°}{\pi} = 28.6479\dfrac{l^2}{Rl_0}(°) \qquad (12\text{-}14)$$

当 $l = l_0$ 时，回旋曲线全长 l_0 所对应的圆心角，即切线角 β_0 为：

$$\beta_0 = \dfrac{l_0^2}{2Rl_0} = \dfrac{l_0}{2R}(\text{rad}) \text{ 或 } \beta_0 = 28.6479\dfrac{l_0}{R}(°) \qquad (12\text{-}15)$$

12.5.1.3 参数方程

如图 12-15 所示，设 ZH 点为坐标原点，过 ZH 点的切线为 x 轴，过 ZH 点的半径为 y 轴，任意一点 P 的坐标为 (x, y)，则微分弧段 dl 在坐标轴上的投影为：

$$\begin{cases} dx = dl\cos\beta \\ dy = dl\sin\beta \end{cases} \qquad (12\text{-}16)$$

将 $\cos\beta$ 与 $\sin\beta$ 分别展开为级数得：

$$\cos\beta = 1 - \dfrac{\beta^2}{2!} + \dfrac{\beta^4}{4!} - \dfrac{\beta^6}{6!} + \cdots$$

$$\sin\beta = \beta - \dfrac{\beta^3}{3!} + \dfrac{\beta^5}{5!} - \dfrac{\beta^7}{7!} + \cdots \qquad (12\text{-}17)$$

将式（12-14）、式（12-17）代入展开式（12-16），则 dx、dy 可写成：

$$\begin{cases} dx = \left[1 - \dfrac{1}{2}\left(\dfrac{l^2}{2Rl_0}\right)^2 + \dfrac{1}{24}\left(\dfrac{l^2}{2Rl_0}\right)^4 - \dfrac{1}{720}\left(\dfrac{l^2}{2Rl_0}\right)^6 + \cdots\right]dl \\ dy = \left[\dfrac{l^2}{2Rl_0} - \dfrac{1}{6}\left(\dfrac{l^2}{2Rl_0}\right)^3 + \dfrac{1}{120}\left(\dfrac{l^2}{2Rl_0}\right)^5 - \dfrac{1}{5040}\left(\dfrac{l^2}{2Rl_0}\right)^7 + \cdots\right]dl \end{cases} \qquad (12\text{-}18)$$

积分，略去高次项得：

$$\begin{cases} x = l - \dfrac{l^5}{40R^2l_0^2} \\ y = \dfrac{l^3}{6Rl_0} \end{cases} \qquad (12\text{-}19)$$

当 $l \approx l_0$ 时，回旋曲线终点（HY）的直角坐标为：

$$\begin{cases} x_0 = l_0 - \dfrac{l_0^3}{40R^2} \\ y_0 = \dfrac{l_0^2}{6R} \end{cases} \qquad (12\text{-}20)$$

12.5.2 带有缓和曲线的圆曲线主点测设

12.5.2.1 内移值 p、切线增值 q 的计算

如图 12-16 所示,在直线和圆曲线间插入缓和曲线段时,必须将原有的圆曲线向内移动 p,才能使缓和曲线起点与直线相接,这时切线增长为 q。公路勘测,一般采用圆心不动的平行移动方法,即未设置缓和曲线时的圆曲线为 FG,其半径为 $R+p$。插入两段缓和曲线 AC、BD 时,圆曲线向内移,其保留部分为 CMD,半径为 R,所对中心角为 $\alpha-2\beta_0$。测设时应满足的条件为 $2\beta_0 \leqslant \alpha$,否则,应缩短缓和曲线长度或加大曲线半径,使之满足条件。

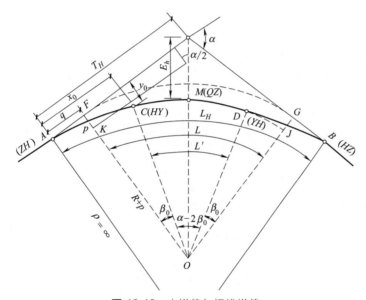

图 12-16 内增值与切线增值

由图 12-16 可知:
$$p + R = y_0 + R\cos\beta_0$$
即:
$$p = y_0 - R(1-\cos\beta_0) \qquad (12\text{-}21)$$

将 $\cos\beta_0$ 展开为级数,略去高次项,并将式(12-14)、式(12-20)代入式(12-21),则:
$$p = \frac{l_0^2}{6R} - \frac{l_0^2}{8R} = \frac{l_0^2}{24R} \qquad (12\text{-}22)$$

$$q = x_0 - R\sin\beta_0 \qquad (12\text{-}23)$$

将 $\sin\beta_0$ 展开成级数,略去高次项,再将式(12-14)、式(12-20)代入式(12-23),得:
$$q = l_0 - \frac{l_0^2}{40R^2} - \frac{l_0}{2} + \frac{l_0^3}{48R^2} = \frac{l_0}{2} - \frac{l_0^3}{240R^2} \approx \frac{l_0}{2} \qquad (12\text{-}24)$$

12.5.2.2 测设元素的计算

在圆曲线上设置缓和曲线后,将圆曲线和缓和曲线作为一个整体考虑,如图 12-16 所示,具体测设元素如下:

切线长 $\begin{cases} T_H = (R+q)\tan\dfrac{\alpha}{2} + q \\ T_H = R\tan\dfrac{\alpha}{2} + (p\tan\dfrac{\alpha}{2} + q) = T + t \end{cases}$

曲线长 $\begin{cases} L_H = R(\alpha - 2\beta_0)\dfrac{\pi}{180°} + 2l_0 \\ L_H = R\alpha\dfrac{\pi}{180°} + l_0 = L + l_0 \end{cases}$

外矢距 $\begin{cases} E_H = (R+p)\sec\dfrac{\alpha}{2} - R \\ E_H = (R\sec\dfrac{\alpha}{2} - R) + p\sec\dfrac{\alpha}{2} = E + e \end{cases}$

切曲差(超距) $\begin{cases} D_H = 2T_H - L_H \\ D_H = 2(T-t) - (L-l_0) = (2T-L) + 2t - l_0 = D + d \end{cases}$

当 α、R 和 l_0 确定后,即可按上述有关公式求出 p 和 q,再计算出曲线元素值。

12.5.2.3 主点测设

根据变点已知里程和曲线的元素值,即可按下列程序先计算出各主点里程:

直缓点 $ZH = JD - T_H$

缓圆点 $HY = ZH - l_0$

圆缓点 $YH = HY + L_H$

缓直点 $HZ = YH - l_0$

曲中点 $QZ = HZ - \dfrac{L_H}{2}$

$JD = QZ + \dfrac{D_H}{2}$(检核)

主点 ZH、HZ 及 QZ 的测设方法同圆曲线主点的测设。HY 和 YH 点一般根据缓和曲线和曲线终点坐标值 x_0、y_0 用切线支距法设置。

12.5.3 带有缓和曲线的曲线详细测设

12.5.3.1 切线支距法

切线支距法以缓和曲线起点(ZH)或终点(HZ)为坐标原点,以过原点的切线为 x 轴,过原点的半径为 y 轴,利用缓和曲线和圆曲线段上各点的坐标 x、y 来设置曲线,如图 12-17 所示。

在缓和曲线段上各点坐标可按式(12-19)求得,即:

$$\begin{cases} x = l - \dfrac{l^5}{40R^2 l_0^2} \\ y = \dfrac{l^3}{6Rl_0} \end{cases} \quad (12\text{-}25)$$

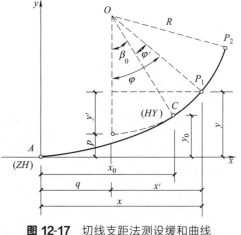

图 12-17 切线支距法测设缓和曲线

圆曲线部分各点坐标的计算，因坐标原点是缓和曲线起点，可按圆曲线公式计算出坐标 x'、y' 后，再分别加上 q、p 值，即可得出圆曲线上任意一点的 x、y 坐标：

$$\begin{cases} x = x' + q = R\sin\varphi + q \\ y = y' + p = R(1-\cos\varphi) + p \end{cases}$$

在道路勘测中，缓和曲线段和圆曲线段上各点的坐标值，均可在曲线测设用表中查取。其测设方法和圆曲线切线支距法相同。

12.5.3.2 偏角法

如图 12-18 所示，设缓和曲线上任一点 P，至起点 A 的弧长为 l，偏角为 δ，以弧代替弦，则：

$$\sin\delta = \frac{y}{l} \text{ 或 } \delta = \frac{y}{l} \text{（因为 } \delta \text{ 很小，} \sin\delta = \delta \text{）}$$

将式（12-25）第二个公式代入上式，得：

$$\delta = \frac{l^2}{6Rl_0} \tag{12-26}$$

以 l_0 代替 l，总偏角为：

$$\delta_0 = \frac{l_0}{6R} \tag{12-27}$$

结合式（12-14）、式（12-15），可得缓和曲线上点 P 偏角与切线角的关系为：

$$\delta = \frac{1}{3}\beta$$

$$\delta_0 = \frac{1}{3}\beta_0 \tag{12-28}$$

由图 12-18 可知：

$$b = \beta - \delta = 2\delta$$
$$b_0 = \beta_0 - \delta_0 = 2\delta_0 \tag{12-29}$$

将式（12-26）除以式（12-27）得：

$$\delta = \frac{l^2}{l_0^2}\delta_0 \tag{12-30}$$

式中，当 R、l 确定后，δ_0 为定值，由此得出结论：缓和曲线上任一点的偏角，与该点至曲线起点的曲线长的平方成正比。

当用整桩距法测设时，即 $l_2 = 2l_1$，$l_3 = 2l_2$，$l_4 = 2l_3$ 等，根据式（12-30）可得相应个点的偏角值为：

$$\begin{cases} \delta_1 = \left(\frac{l_1}{l_0}\right)^2 \delta_0 \\ \delta_2 = 4\delta_1 \\ \delta_3 = 9\delta_1 \\ \cdots \\ \delta_n = n^2\delta_1 = \delta_0 \end{cases} \tag{12-31}$$

根据给定的已知条件，可分别选用以上公式计算或从曲线测设用表中查取相应不同 l 的偏角值 δ。

测设方法如图 12-18 所示，仪器置于 ZH

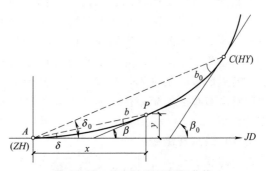

图 12-18 偏角法测设缓和曲线

（或 HZ）点，后视交点 JD 或转点 ZD，得切线方向。以切线为零方向，具体测设步骤与圆曲线偏角法测设步骤相同。

12.6 道路纵横断面测量

路线中线放样之后，道路的基本走向已经在实地形成。路线设计还缺乏路线中线的地形高低、平斜等情况。为及时有效地反映路线中线的地貌情况，提供符合路线工程设计规格要求的参数，在中线测量之后，必须及时对中线沿线地貌状况进行直接详细的测量，这就是断面测量的任务。道路的断面测量包括纵断面测量和横断面测量。本节就断面测量的具体实测方法进行详细叙述。

12.6.1 道路纵断面测量

12.6.1.1 基平测量

在道路工程建设行业，将路线的高程控制测量工作称为基平测量。因此，基平测量就是路线的高程控制测量。

(1) 水准点的设置

纵断面测量包括路线水准测量和纵断面图绘制两项内容。水准测量的第一步是基平测量。即沿线建立水准点，供下阶段测量、设计、施工和管理使用。水准点的布置，应根据其需要和用途。可设置永久性水准点和临时性水准点。路线起点、终点和需长期观测的重点工程附近，宜设置永久性水准点。永久性水准点要埋设标石，也可设置在永久性建筑物上或用金属标志嵌在基岩上。

水准点的密度，应根据地形和工程需要而定。一般在重丘区和山区每隔 0.5~1km 设置一个，在平原和微丘区每隔 1~2km 设置一个，在大桥两岸、隧道进出口和工程集中的地段均应增设水准点。水准点的位置应选择在稳固、醒目、便于引测以及施工界线外不易遭受破坏的安全地段。

(2) 水准点的高程测量

水准点的高程测量，凡能与附近国家水准点联测的应尽可能联测，以获得绝对高程和测量检核。当路线附近没有国家水准点或引测有困难时，也可参考地形图选定一个与实地高程接近的作为起始水准点的假定高程。水准点高程的具体观测方法可参阅第 2 章。

12.6.1.2 中平测量

(1) 施测方法

路线水准测量的第二步，就是中平测量，即中桩水准测量。中平测量，一般是以相邻两水准点为一测段，从一水准点开始，逐点施测中桩的地面高程。闭合于下一个水准点上。在每一个测站上，除了传递高程、观测转点外，应尽可能多地观测中桩。相邻两转点间所观测的中桩，称为中间点。为了消除高程传递的不利因素，观测时应先观测转点，后观测中间点。转点的读数至毫米，视线长不应大于 150m，标尺应立于尺垫、稳固的桩顶或坚石上。中间点读数可至厘米，视线也可适当放长，立尺应紧靠桩边的地面上。中平测量具体的测量方法如图 12-19 所示。

(2) 跨沟谷测量

当路线经过沟谷时，为了减少测站数，以提高施测速度和保证测量精度，一般采用图 12-20 所示的方法施测。即当测到沟谷边沿时，同时前视沟谷两边的转点 ZD_A 和 ZD_{16}；然后将沟内、外分开施测。

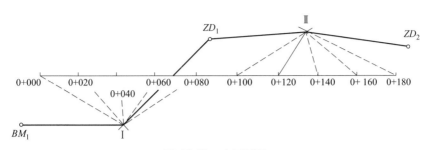

图 12-19 中平测量

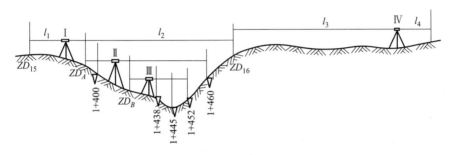

图 12-20 跨沟谷测量

施测沟内中桩时，转站下沟，于测站Ⅱ后视 ZD_A，观测沟谷内两边的中桩及转点 ZD_B；再转站于测点Ⅲ后视 ZD_B，观测沟底中桩。最后转站过沟，于测站Ⅳ后视 ZD_{16}，继续向前施测。这样沟内沟外高程传递各自独立互不影响。但由于沟内各桩测量，实际上是以 ZD_A 开始另走一单程水准支线，缺少检核条件，故施测时应格外注意，并在记录簿上另辟一页记录。为了减小Ⅰ站前后视距不等所引起的误差，仪器置于Ⅳ站时，尽可能使视距满足下式：

$$l_3=l_2, l_4=l_1 \text{ 或}(l_1-l_2)+(l_3-l_4)=0$$

(3) 纵断面图的形式和内容

道路纵断面图是沿中线方向绘制地面起伏和设计纵坡变化的线状图，它反映各路段的纵坡大小和中线上的填挖尺寸，是道路设计和施工中的重要资料。

如图 12-21 所示，在图的上半部，从左至右绘有两条贯穿全图的线，一条是细的折线，表示中线方向的实际地面线，是根据桩间的距离和中桩高程按比例绘制的；另一条是粗线，表示带有竖曲线在内的经纵坡设计后的中线，是纵坡设计时绘制的。此外，在图上还注有：水准点位置、编号和高程，桥涵的类型、孔径、跨数、长度、里程桩号和设计水位，竖曲线示意图及其曲线元素，同某公路、铁路交叉点的位置、里程和有关说明等。图的下部绘有几栏表格，注记有关测量和纵坡设计的资料，其中有以下几项内容。

① 直线与曲线，为中线示意图，曲线部分用直角的折线表示，上凸的表示右弯。下凸的表示左弯，并注明交点编号和曲线半径。在不设曲线的交点位置，用锐角折线表示。

② 里程，一般按比例标注百米桩和千米桩。

③ 地面高程，按中平测量成果填写相应里程桩的地面高程。

④ 设计高程，按中线设计纵坡计算的路基高程。

⑤ 坡度，从左至右向上斜的线表示升坡（正坡），下斜的表示降坡（负坡）；斜线上注记坡度的大小，以百分比的数字表示；斜线下注记坡长。水平路段坡度为零。

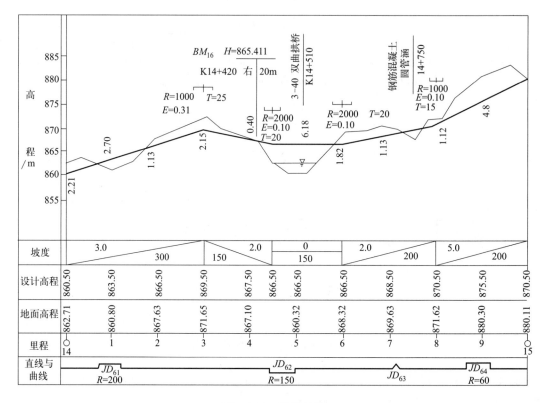

图 12-21 纵断面图

(4) 纵断面图的绘制步骤

纵断面图是以里程为横坐标,高程为纵坐标绘制的。常用的里程比例尺有 1:5000、1:2000、1:1000 几种。为了突出地面线的变化,高程比例尺通常比里程比例尺大十倍。纵断面图绘制的步骤如下。

① 打格制表,填写有关测量资料。用透明毫米方格线按规定尺寸绘制表格,填写里程、地面高程、直线与曲线等资料。

② 绘地面线。首先在图上确定起始高程的位置,使绘出的地面线在图上的适当位置。一般以 1cm 整倍数的高程定在 5cm 方格的粗线上,便于绘图和阅图。然后根据中桩的里程和高程,在图上按纵、横比例尺依次点出各中桩的地面位置,用直线连接相邻点位,即可绘出地面线。当山区高差变化较大,纵向受到图幅限制时,可在适当的地段变更图上的高程起算位置,这时地面线将构成台阶形式。

③ 计算设计高程。根据设计纵坡 i 和相应的水平距离 D,按下式便可从 A 点的高程 H_A 推算 B 点的高程:

$$H_B = H_A + i \cdot D_{AB}$$

式中,升坡时 i 为正,降坡时 i 为负。

④ 计算填挖尺寸。同一桩号的设计高程与地面高程之差,即为该桩号填土高度(正号)或挖土深度(负号)。一般填土高度写在相应点的地面线之上,挖土深度写在相应点之下。也有表格专列一栏注明填挖尺寸的。

⑤ 注记。在图上注记有关资料,如水准点、桥涵等。

12.6.2 道路横断面测量

横断面测量，就是测定中桩两侧正交于中线方向的地面变坡点间的距离和高差，并绘成横断面图，供路基、边坡、特殊构造物的设计、土石方计算和施工放样之用。横断面测量的宽度，应根据中桩填挖高度、边坡大小以及有关工程的特殊要求而定，一般自中线两侧各测 10~50m。横断面测绘的密度，除各中桩应施测外，在大、中桥头，隧道口，挡土墙等重点工程地段，可根据需要加密。横断面测量的限差（m）一般为：

$$\text{高差容许误差 } \Delta h = 0.1 + \frac{h}{20}$$

式中，h 为测点至中桩间的高差。

水平距离的相对误差为 1/50。由于施测要求不高，因此，横断面测量多采用简易测量工具和方法，以提高工效。

12.6.2.1 横断面方向的测定

(1) 直线控横断面方向测定

直线段横断面定向一般采用方向架测定，方向架如图 12-22 所示。

(2) 圆曲线段横断面方向的测定

圆曲线段横断面方向为过桩点指向圆心的半径方向。如图 12-23 (a) 所示，圆曲线上 B 点至 A、C 点之桩距相等，欲求 B 点横断面方向。在 B 点置方向架，从一方向瞄准 A 点，则方向架的另一方向定出 D_1 点，即为 AB 的垂线方向。同理用方向架对准 C 点定出 D_2，使 $BD_1 = BD_2$，平分 D_1D_2 定 D 点，则 BD 即为 B 点的横断面方向。

如图 12-23 (b) 所示，当欲测横断面的加桩 1，与前、后桩点的间距不等时。可在方向架上安装一个能转动的定向杆 EF 来施测。施测时的具体步骤如下。

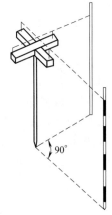

图 12-22　方向架

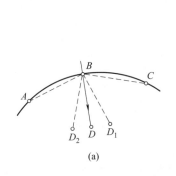

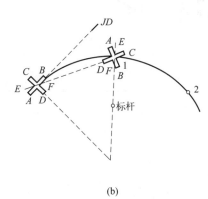

(a)　　　　　　　　　(b)

图 12-23　圆曲线段横断面方向

① 将方向架安置在 ZY（或 YZ）点，用 AB 杆照准切线方向，则与其垂直的 CD 杆方向，即是过 ZY（或 YZ）点的横断面方向。

② 转动定向杆 EF 瞄准加桩 1，并固紧其位置。

③ 搬方向架于加桩 1，以 CD 杆瞄准 ZY（或 YZ），则定向杆 EF 方向即是加桩 l 的横断面方向。若在该方向立一标杆，并以 CD 杆瞄准它时，则 AB 杆方向为切线方向。

同理，用上述测定加桩 1 横断面方向的方法来测定加桩 2，加桩 3，……的横断面方向。

(3) 缓和曲线段横断面方向的测定

缓和曲线上任一点横断面的方向，即过该点的法线方向。因此，只要获得了该点至前视（或后视）点的偏角，即可确定该点的法线方向。

如图 12-24 所示，设缓和曲线上任一点 D，前视 E 点的偏角为 δ_q，后视 B 点的偏角为 δ_h。

δ_q、δ_h 皆可从缓和曲线偏角表中查取。施测时可用经纬仪或方向圆盘置于 D 点，以 $0°00'00''$ 照准前视 E（或后视点 B），再顺时针转动经纬仪照准部或方向圆盘指标使读数为 $90° + \delta_q$（或 $90° - \delta_h$），此时经纬仪视线或方向圆盘指标线方向即为所求的 D 点横断面方向。

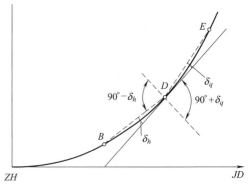

图 12-24 缓和曲线段横断面方向

12.6.2.2 横断面的测量方法

(1) 标杆皮尺法

如图 12-25 所示，A、B、C、……为横断面方向上所选定的变坡点。施测时，将标杆立于 A 点，皮尺挨中桩地面拉平量出至 A 点的距离，皮尺截于标杆的高度即为两点间的高差。同法可测得 A 至 B、B 至 C……测段的距离与高差，直至需要的宽度为止。此法简便，但精度较低，适用于测量山区等级较低的公路。

横断面测量记录表格见表 12-4，表中按路线前进方向分左侧与右侧，分数中分母表示测段水平距离，分子表示测段两端点的高度，高差为正号表示升坡，为负号表示降坡。

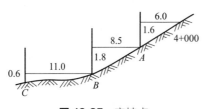

图 12-25 变坡点

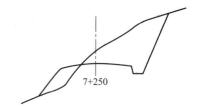

图 12-26 路基横断面

表 12-4 横断面测量记录表

左侧			桩号	右侧			
… …			…	… …			
… …			…	… …			
$\dfrac{-0.6}{11.0}$	$\dfrac{-1.8}{8.5}$	$\dfrac{-1.6}{6.0}$	$4+000$	$\dfrac{+1.5}{4.6}$	$\dfrac{+0.9}{4.4}$	$\dfrac{+1.6}{7.0}$	$\dfrac{+0.5}{10.0}$
$\dfrac{-0.5}{7.8}$	$\dfrac{-1.2}{4.2}$	$\dfrac{-0.8}{6.0}$	$3+980$	$\dfrac{+0.7}{7.2}$	$\dfrac{+1.1}{4.8}$	$\dfrac{-0.4}{7.0}$	$\dfrac{+0.9}{6.5}$

(2) 水准仪法

当横断面精度要求较高，横断面方向高差变化不大时，多采用此法。施测时用钢尺（或皮尺）量距。用水准仪后视中桩标尺，求得视线高程后，再前视横断面方向上坡度变化点上的标尺。视线高程减去诸前视点读数即得各测点高程。实测时，若仪器安置得当，一站可测十几个横断面。

(3) 经纬仪或全站仪法

在地形复杂、横坡较陡的地段，可采用此法。施测时，将仪器安置在中桩上，同时测出横断面方向各变坡点至中桩间的水平距离与高差。

12.6.2.3 横断面图的绘制

根据横断面测量成果，对距离和高程取同一比例尺（通常取 1：100 或 1：200），在毫米方格纸上绘制横断面图。目前公路测量中，一般都是在野外边测边绘。这样既可省去记录步骤，又可实地核对检查，避免错误。若用全站仪测量、自动记录，则可在室内通过计算绘制横断面图，大大提高工效。当然，也可按表 12-4 的形式在野外记录，室内绘制。

绘图时，先在图纸上标定好中桩位置，由中桩开始，分左右两侧逐一按各测点间的距离和高程点绘于图纸上，并用直线连接相邻各点，即得横断面地面线。图 12-26 为经横断面设计后，在地面线上、下绘有路基横断面的图形。

12.7 桥梁工程测量

12.7.1 桥梁工程测量概述

桥梁测量工程测量主要包括以下四个方面。

(1) 勘测设计阶段

在前期的勘测设计阶段，需要提供桥梁建设区域的大比例尺地形图，大型桥梁还需要提供桥梁所跨江、河或海域的水下地形图，为桥梁的设计提供重要参考依据。这一阶段需要建立图根控制网，并利用全站仪、RTK 等多种手段进行地形图的测绘。

(2) 施工放样阶段

在桥梁的建设过程中，需要根据设计图进行施工放样。这是桥梁建设的主要阶段，需要建立施工控制网，用以指导施工放样。由于桥梁的关键部位精度要求较高，所以施工控制网必须确保具有较高的精度和较强的稳定性，同时，由于大型桥梁施工周期较长，需要定期对施工控制网进行复测。

(3) 变形监测阶段

在桥梁的建设过程中以及建成投入运营之后，需要定期对桥梁进行变形监测，以确保桥梁的稳定性和安全性。这一阶段需要建立专用的变形监测控制网，根据变形监测控制网实时监测桥梁的形变量。由于桥梁的形变量一般都比较小，所以变形监测控制网精度要求较高。

(4) 竣工验收阶段

在桥梁建设完成时还需要进行竣工测量。竣工测量用于检验施工质量与测设是否符合技术要求。由竣工测量所得的桥面标高、桥面宽度、桥体位置等与原设计比较，其差值都应在相应的允许范围内。最后用竣工测量成果编绘竣工图。

12.7.2 桥梁控制测量

桥梁控制测量可以分为桥梁平面控制测量和桥梁高程控制测量。

12.7.2.1 桥梁平面控制测量

建立平面控制网的目的是测定桥轴线长度，确定桥体宽度，进行墩、台位置的放样；同时，也可用于施工过程中的变形监测。对于跨越无水河道的直线小桥，桥轴线长度可以直接测定，墩、台位置也可直接利用桥轴线的两个控制点测设，无需建立平面控制网。但跨越有水河道的大型桥梁或者非直线的桥梁，墩、台无法直接定位，则必须建立平面控制网。目前，建立桥梁平面控制网的方法主要有三角测量和 GNSS 测量两种方法。

(1) 三角测量

采用三角测量的方法时，根据桥梁跨越的河宽及地形条件，三角网多布设成如图 12-27 所示的形式。

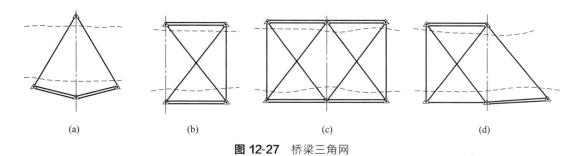

图 12-27 桥梁三角网

选择控制点时，应尽可能使桥的轴线作为三角网的一个边，以利于提高桥轴线的精度。如不可能，也应将桥轴线的两个端点纳入网内，以间接求算桥轴线长度，如图 12-36（d）。

对于控制点的要求，除了图形强度外，还要求地质条件稳定，视野开阔，便于交会墩位，其交会角不至太大或太小。

在控制点上要埋设标石及刻有"十"字的金属中心标志。如果兼作高程控制点使用，则中心标志宜做成顶部为半球状。

控制网可采用测角网、测边网或边角网。采用测角网时宜测定两条基线。过去测量基线是采用因瓦线尺或经过检定的钢卷尺，现在已被光电测距仪取代。测边网是测量所有的边长而不测角度；边角网则是边长和角度都测。一般来说，在边、角精度互相匹配的条件下，边角网的精度较高。

在《铁路工程测量规范》（TB 10101—2018）里，根据跨河桥长、大跨径桥梁主跨长度、测量等级、跨河桥轴线边的边长相对中误差等因素，经过综合分析，跨河正桥施工平面控制测量的等级和精度要求不得低于表 12-5 的规定。各等级控制网中跨河桥轴线边的边长相对中误差不应低于表 12-5 的规定值。两岸引桥施工平面控制网宜在正桥控制网基础上布测，测量等级可较正桥施工平面控制网降低 1～2 个等级，但最低不得低于四等。

表 12-5 跨河正桥施工平面控制测量等级和精度要求

跨河桥长 L/m	大跨径桥梁主跨 L_i/m	测量等级	跨河桥轴线边的边长相对中误差
$2500<L\leqslant3500$	$800<L_i\leqslant1000$	一	1/350000
$1500<L\leqslant2500$	$500<L_i\leqslant800$	二	1/250000
$1000<L\leqslant1500$	$300<L_i\leqslant500$	三	1/150000
$L\leqslant1000$	$L_i\leqslant300$	四	1/100000

上述规定是对测角网而言，由于桥轴线长度及各个边长都是根据基线及角度推算的，为保证桥轴线有可靠的精度，基线精度要高于桥轴线精度 2～3 倍。如果采用测边网或边角网，由于边长是直接测定的，所以不受或少受测角误差的影响，测边的精度与桥轴线要求的精度相当即可。

由于桥梁三角网一般都是独立的，没有坐标及方向的约束条件，所以平差时都按自由网处理。它所采用的坐标系，一般是以桥轴线作为 x 轴，而桥轴线始端控制点的里程作为该点的 x 值。这样，桥梁墩台的设计里程即为该点的 x 坐标值，可以便于以后施工放样的数据计算。

在施工时如因机具、材料等遮挡视线，无法利用主网的点进行施工放样时，可以根据主网两个以上的点将控制点加密。这些加密点称为插点。插点的观测方法与主网相同，但在平差计算时，主网上点的坐标不得变更。

(2) GNSS 测量

传统的三角测量方法建立控制网有许多优越性，观测量直观可靠，精度高，建网技术成熟，但是数据处理较为繁琐，劳动强度高，工作效率较低。而利用 GNSS 技术建立控制网，恰恰弥补了常规传统三角网方法建网的不足，在减轻劳动强度、优化设计控制网的几何图形以及降低观测中气象条件的要求等方面具有明显的优势，并且可以在较短时间内以较少人力消耗来完成外业观测工作，观测基本上不受天气条件的限制，内、外业紧密结合，可以迅速提交测量成果。

GNSS 控制网应采用静态测量的方式布设，一般应由一个或若干个独立观测环构成，以三角形和大地四边形组成混合网的形式布设。在控制点选点时应注意以下几方面的问题。

① 控制点必须能控制全桥及与之相关的重要附属工程。

② 桥轴线一般是控制网中的一条边，如果无法构成一条边，桥轴线必须包含在控制网内。

③ GNSS 控制点都必须选定在开阔、安全、稳固的地方，便于安置 GNSS 接收机和卫星信号的接收，高度角 15°以上不能有障碍物，要远离大功率无线电发射台和高压输电线。

④ 控制网的图形应力求简单、图形强度高，一般应以三角形或大地四边形组成混合网的形式进行布设，以利于提高精度，并应保证控制网的扩展和墩台定位的精度，同时还应注意边长要适中，各边长度不宜相差过大，并方便施工定位放样。

⑤ 相邻施工控制点间应尽可能通视，以方便采用常规测量方法进行施工放样和加密施工控制点。

12.7.2.2 桥梁高程控制测量

在桥梁建设过程中，为了控制桥梁的高程，需要布设高程控制网。即在河流两岸建立若干个水准基点。这些水准基点除用于施工外，也可作为以后变形观测的高程基准点。水准基点一般应永久保存，根据地质条件，可采用混凝土标石、钢管标石、管柱标石或钻孔标石。在标石上方嵌以凸出的半球状铜质或不锈钢标志。为了方便施工，也可在施工区域附近设立施工水准点，由于其使用时间较短，在结构上可以简化，但要求使用方便，也要相对稳定，且施工时不致被破坏。

各水准点之间应采用水准测量的方法进行联测，一般水准基点之间应采用一等或二等水准测量进行联测，而施工水准点与水准基点之间可采用三、四等水准测量进行联测。测量时，对于河面宽度较小或者处于枯水期，河道内没有水的河流，可以按照测量规范要求按常规进行水准测量。但是对于大多数的河流来说，由于河面较宽，造成跨河时水准视线较长，使得照准标尺读数精度太低，同时由于前、后视距相差悬殊，使得水准仪的 i 角误差和地球曲率的影响都会增大，这时需要采用跨河水准测量的方法来解决。

跨河水准测量场地可以布设成如图 12-28 所示的形式，在河流两岸分别选择两点 A、B 用来立尺，再选择两点 I_1、I_2 用来架设仪器，同时 I_1、I_2 两点也可以用来立尺。选点时应注意使 $AI_1=BI_2$。

观测时，仪器先架设于 I_1 点上，后视 A，在水准尺上得到读数 a_1，再前视 I_2，在水准尺上得到读数 b_1。假设水准仪具有一定值的 i 角误差，其值为

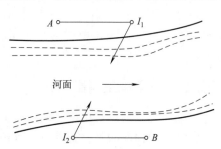

图 12-28 跨河水准测量场地布设

正,由此对后视读数造成的影响为 Δ_1,对前视读数造成的影响为 Δ_2,由 I_1 站的测量结果,可以得到 A、B 两点的正确高差为:

$$h'_{AB} = (a_1 - \Delta_1) - (b_1 - \Delta_2) + h_{I_2B}$$

将水准仪迁至河对岸 I_2 点上,原在 I_2 点上的水准尺迁至 I_1 点作为后视尺,原在 A 点上的水准尺迁至 B 点作为前视尺。在 I_2 点上得到后视尺上读数为 a_2,可以看出读数中含有 i 角误差的影响为 Δ_2;在 I_2 点上得到前视尺上读数为 b_2,可以看出读数中含有 i 角误差的影响为 Δ_1。由 I_2 站的测量结果可以得到 A、B 两点的正确高差为:

$$h''_{AB} = h_{AI_1} + (a_2 - \Delta_2) - (b_2 - \Delta_1)$$

取 I_1、I_2 测站所得高差平均值,即:

$$h_{AB} = \frac{1}{2}(h'_{AB} + h''_{AB})$$
$$= \frac{1}{2}[(a_1 - b_1) + (a_2 - b_2) + (h_{AI_1} + h_{I_2B})]$$

由此可以看出,由于两个测站上观测时,远、近视距是相等的,所以由仪器 i 角引起的误差对水准标尺上读数的影响在平均高差中得以消除。

为了更好地消除仪器 i 角误差和大气折光的影响,最好采用两台同型号的仪器在两岸同时进行观测,两岸的立尺点 A、B 和测站点 I_1、I_2 应布置成如图 12-29 所示的两种形式,布置时应尽量使 $AI_1 = BI_2$,$BI_1 = AI_2$。

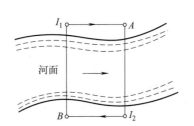 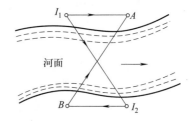

图 12-29 两台仪器进行跨河水准测量的场地布设

跨河水准测量应尽量选在桥体附近河宽最窄处,为了使往返观测视线受着相同折光的影响,应尽量选择在两岸地形相似、高度相差不大的地点,并尽量避开草丛、沙滩、芦苇等对大气温度影响较大的不利地区。

由于跨河水准视线较长,远尺读数困难,可在水准尺上安装一个可沿尺上下移动的觇板,如图 12-30 所示。由观测者指挥立尺者上下移动觇板,使觇板上的中间横丝落在水准仪十字丝横丝上,然后由立尺者在水准标尺上读取整数读数,由观测者在水准仪内读取测微器上的读数,共同完成水准测量工作。

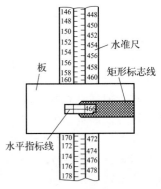

图 12-30 读数辅助装置

12.7.3 桥梁施工测量

桥梁的施工测量是在桥梁控制测量的基础上进行的,主要包括桥梁墩、台中心的测设和墩、台纵、横轴线的测设基础施工放样、桥墩细部放样、架梁时的测量工作及竣工测量。

12.7.3.1 桥梁墩、台中心的测设

桥梁水中桥墩及其基础中心位置,可根据已建立的控制网,在三个控制点上(其中一个

为桥轴线控制点）安置全站仪，利用交会法从三个方向交会得出。

如图 12-31 所示，A、C、D 为控制网的三角点，且 A 为桥轴线的端点，E 为墩中心位置。根据控制测量的成果可以求出 φ、φ'、d_1、d_2。AE 的距离可根据两点的设计坐标求出，也可视为已知。则放样角度 α 和 β 可以根据 A、C、D、E 的已知坐标求出：

$$\alpha = \arctan\left(\frac{l_E \sin\varphi}{d_1 - l_E \cos\varphi}\right)$$

$$\beta = \arctan\left(\frac{l_E \sin\varphi'}{d_2 - l_E \cos\varphi'}\right)$$

在 C、D 点上架设全站仪，分别自 CA 及 DA 测设出 α 及 β 角，则两方向的交点即为 E 点的位置。

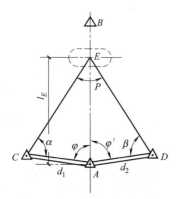

图 12-31 桥梁墩台放样

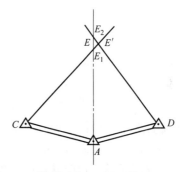

图 12-32 示误三角形

由于测量误差的影响，三个方向不交于一点，而形成如图 12-32 所示的三角形，这个三角形称为示误三角形。示误三角形的最大边长，在建筑墩、台下部时不应大于 25mm，上部时不应大于 15mm。如果在限差范围内，则将交会点 E' 投影至桥轴线上，作为墩中心的点位。

在桥梁施工过程中，角度交会需要经常进行，为了准确迅速地进行交会，可在获得 E 点位置后，将通过 E 点的交会方向线延长到彼岸设立标志，如图 12-33 所示。标志设立好之后，用测角的方法加以检核。这样，交会墩位中心时，可直接瞄准对岸标志进行交会而无需拨角。若桥墩砌高后阻碍视线，则可将标志移设在墩身上。

除了交会法之外，目前常用的方法还有 GNSS-RTK 法，利用 GNSS-RTK 技术建立基准站，用 RTK 流动站直接测定桥墩的中心点位，用以指导施工，并可以实时地监测中心点位的正确性。该方法既省时又便捷。

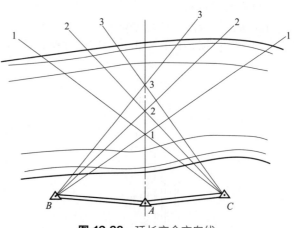

图 12-33 延长交会方向线

12.7.3.2 墩、台纵、横轴线的测设

为了进行墩、台施工的细部放样，需要测设其纵、横轴线。所谓纵轴线是指过墩、台中心平行与线路方向的轴线，而横轴线是指过墩、台中心垂直于线路方向的轴线；桥台的横轴

线是指桥台的胸墙线。

直线桥墩、台的纵轴线与线路中线的方向重合，在墩、台中心架设仪器，自线路中线方向测设 90°角，即为横轴线的方向，如图 12-34 所示。

曲线桥的墩、台轴线位于桥梁偏角的分角线上，在墩、台中心架设仪器，照准相邻的墩、台中心，测设 α 角，即为纵轴线的方向。自纵轴线方向测设 90°角，即为横轴线方向，如图 12-35 所示。

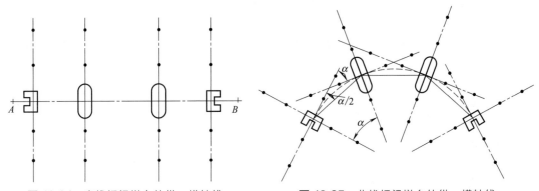

图 12-34　直线桥梁墩台的纵、横轴线　　图 12-35　曲线桥梁墩台的纵、横轴线

在施工过程中，墩、台中心的定位桩要被挖掉，但随着工程的进展，又要经常需要恢复墩、台中心的位置，因而要在施工范围以外订设护桩，据以恢复墩台中心的位置。

所谓护桩即在墩、台的纵、横轴线上，于两侧各订设至少两个木桩，因为有两个桩点才可恢复轴线的方向。为防破坏，可以多设几个。在曲线桥上的护桩纵横交错，在使用时极易弄错，所以在桩上一定要注明墩台编号。

12.7.3.3　基础施工放样

桥墩基础由于自然条件不同，施工方法也不相同，放样方法也有所差异。

如果桥梁位于无水或浅水河道，地基情况又相对较好，可以采用明挖基础的方法，其放样方法与普通建筑物放样方法并无大异。

当表面土层较厚，明挖基础有困难时，常采用桩基础，如图 12-36（a）所示。放样时，以墩台轴线为依据，用直角坐标法测设桩位，如图 12-36（b）所示。

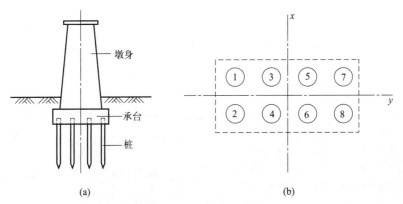

图 12-36　桩基础的施工放样

在深水中建造桥墩，多采用管柱基础，即用大直径的薄壁钢筋混凝土的管形柱子插入地基，管中灌入混凝土，如图 12-37 所示。

在管柱基础施工前,用万能钢杆拼接成鸟笼形的围囹,管柱的位置按设计要求在围囹中确定。在围囹的杆件上做标志,用 GNSS-RTK 技术或角度交会法在水上定位,并使围囹的纵横轴线与桥墩轴线重合。

放样时,在围囹形成的平台上用支距法测设各管柱在围囹中的位置。随管柱打入地基的深度测定其坐标和倾斜度,以便及时改正。

12.7.3.4 桥墩细部放样

桥墩的细部放样主要依据其桥墩纵横轴线上的定位桩,逐层投测桥墩中心和轴线,并据此进行立模,浇筑混凝土。

12.7.3.5 架梁时的测量工作

架梁是建桥的最后一道工序。如今的桥梁一般是在工厂按照设计预先制好钢梁或混凝土梁,然后在现场进行拼接安装。测设时,先依据墩、台的纵横轴线,测设出梁支座底板的纵横轴线,用墨线弹出,以便支座安装就位。

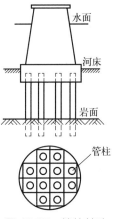

图 12-37 管柱基础

根据设计要求,先将一个桁架的钢梁拼装和铆接好,然后根据已放出的墩、台轴线关系进行安装。之后在墩台上安置全站仪,瞄准梁两端已标出的固定点,再依次进行检查,出现偏差时予以改正。

12.7.3.6 竣工测量

与其他工程一样,桥梁也需要进行竣工测量,桥梁的竣工测量是在不同阶段进行的。墩台施工完成以后,在架梁之前应该进行墩台部分的竣工测量。对于较为隐蔽在竣工后无法测绘的工程,如桥梁墩台的基础等,必须在施工过程中随时测绘和记录,作为竣工资料的一部分。对于其他部分,在桥梁架设完成后要对全桥进行全面的竣工测量。

桥梁竣工测量的主要目的是测定建成后墩台的实际情况,检查其是否符合设计要求,为架梁提供准确、可靠的依据,为运营期间桥梁监测提供基本资料。

桥梁竣工测量的主要内容包括:

① 测定墩台中心、纵横轴线及跨距;
② 丈量墩台各部尺寸;
③ 测定墩帽和承垫石的高程;
④ 测定桥梁中线、纵横坡度;
⑤ 根据测量结果编绘墩台中心距表、墩顶水准点和垫石高程表、墩台竣工平面图、桥梁竣工平面图等;
⑥ 如果运营期间要对墩台进行变形监测,则应对两岸水准点和各墩顶的水准标石以不低于二等水准测量的精度联测。

📖 本章小结

本章介绍了道路与桥梁工程测量的具体工作内容,从测设的角度着重讲解道路初测与定测、中线测量的工作内容和方法。讲解了圆曲线、缓和曲线主点和里程桩的坐标计算方法,主点和曲线上点的测设。同时对道路纵断面测量方法和内容进行了讲解。最后对桥梁施工过程中,桥梁的控制测量、施工测量进行了简要讲解,对跨河水准测量原理进行了推导。

思考题与习题

1. 什么是道路初测和定测，它们之间有什么不同和联系？
2. 道路中线测设的方法有哪些？
3. 圆曲线的主点元素如何计算的？具体如何进行放样？
4. 什么是缓和曲线？在道路设计中它有什么作用？
5. 桥梁建设过程中主要有哪些测量工作？
6. 建立桥梁平面控制网主要有哪些方法？这些方法各有何优缺点？
7. 跨河水准测量如何布设场地？

第13章 地下工程测量

本章导读

地下工程测量是工程测量的一个重要分支，研究地下工程建设中的测量理论和方法，是测绘学科在地下工程建设中的应用。地下工程测量的主要任务包括地下控制测量、贯通测量、地下管线测量及地下建筑工程竣工测量等，为地下工程建设提供必要的数据、资料、图件，为工程建设按设计施工和保障其使用的安全、有效服务。地下工程测量的内容包括：铁路、公路、城市地铁和跨河跨海的隧道施工测量，大型贯通测量，矿山建设和井下采掘测量，大型地下建筑的建设测量，地下各种军事设施的施工测量以及各种非地面建筑物或封闭构筑的施工测量。

思政元素

引导学生树立榜样目标，养成兢兢业业、踏实肯干的学习和工作品质。立德树人，努力培养学生精益求精的大国工匠精神，激发学生科技报国的家国情怀和使命担当。

13.1 地下工程测量概述

13.1.1 地下工程测量的种类

地下工程是指深入地面以下，为开发利用地下空间资源所建造的地下土木工程。它包括地下房屋和地下构筑物、地下铁道、公路隧道、水下隧道、地下共同沟和过街地下通道等。

地下工程依据工程建设的特点也可分为三大类：第一类属于地下通道工程，如隧道工程、城市地铁、上下水道、电力及气体燃料管道等；第二类属于地下建（构）筑物，如地下工厂、地下式住宅、地下停车场、地下文化娱乐设施、地下核能发电站、地下水力发电站、地下能源发电站、各种地下储备设施、地下商业街、防御洪水灾害的地下坝、人防避难工程、地下河、防灾型城市的工事以及军事设施等；第三类是地下采矿工程，包括为开采各种地下矿产资源而建设的地下金属和非金属采矿工程。

地下工程也可以按开发深度分为三类，浅层地下工程即利用地表至地表以下 10m 深度空间的工程，主要用于商业、文娱和部分业务空间；中层地下工程即利用地表以下 10m 至地表以下 30m 深度空间的工程，主要用于建造地下交通、地下污水处理厂及城市水、电、气、通信等公用设施；深层地下工程即利用地表 30m 以下空间的地下工程，主要用于建设高速地下交通轨道、危险品仓库、冷库、油库等地下工程。

13.1.2 地下工程测量的特点

由于工程特性和施工方法的不同，对测量工作的要求也有所不同，与地面工程测量相比，地下工程测量具有以下特点。

① 地下工程测量工作环境差，如空间狭小、黑暗潮湿、通视条件不好、经常需进行点下对中（常把点位布设在坑道顶部）、边长长短不一并且有时较短，因此测量精度难以提高。

② 地下工程的坑道往往采用独头掘进，而硐室间又互不相通，因而难以进行检核，不能及时发现错误。并且随着坑道向前掘进，点位误差由于累积会越来越大。

③ 地下条件限制测量网形。由于地下工程施工面狭窄，并且坑道一般只能前后通视，致使控制测量形式比较单一。常规的地面控制测量形式已不再适合，只能采用导线形式。

④ 随着工程的掘进、测量工作需要不间断地进行。一般先以低等级导线指示坑道掘进，而后布设高级导线进行检核。

⑤ 地下工程常采用一些特殊或特定的测量方法（如联测等）和仪器（如陀螺经纬仪等）。有的采矿工程有矿尘和瓦斯（如井工矿），要求仪器具有较好的密封性和防爆性。

⑥ 环境和空间限制测量控制点的埋设，例如有的要布设在巷道的顶部或边上。这些点还受地质结构和工程的影响，测量的检核工作量较大。

13.1.3 地下工程的测量方法

地下工程测量的环境和特点决定了地下工程的测量不能完全按常规测量先高级后低级、先控制测量后碎部测量的方法和程序，可能会先局部控制、碎部（含施工放样）测量，再将局部控制延伸，再碎部（施工放样），最后进行全面控制测量；或者局部控制测量和碎部测量交替延伸的方法，以保证工程施工按设计进行。地下工程测量一般采用导线测量，随着新技术发展，逐步使用结构光工程测量和结构光摄影测量等方法。地下工程测量也常采用测距仪和陀螺经纬仪以及应用无标尺测距等新仪器。

13.1.4 地下工程测量的发展

地下工程测量服务于国民经济和国防建设，对地下工程的施工和建设起着保证、监督作用，对安全生产起指导性作用。

地下工程测量起源于采矿生产，其发展可以追溯到古代。公元前 2200 年间的古代巴比伦王朝修建了长达 1km 的横贯幼发拉底河的水底隧道，罗马时代也修筑了许多隧道工程，都进行了隧道测量。到了公元前 12 世纪，各种金属矿的开采规模都比较大，而且在开采过程中，很重视矿体形状，并使用矿产地质图，以辨别矿产的分布。中世纪时代由于对铜、铁等金属的需求，在矿石开采工程中采用了矿山测量技术。

20 世纪 50 年代以来，随着陀螺经纬仪、光电测距仪、电子经纬仪和计算机等在矿山测量工作中的使用，变革了传统的矿山测量学理论和技术，特别是随着高精度的全站仪和全球定位系统（GNSS）等精密仪器的出现和工程建设规模的不断扩大，地下工程测量得到迅速发展，在地下军事设施、地下建筑物、地下采矿、地下水道、地下公路、铁路隧道以及跨江隧道、跨海隧道中得到广泛的应用，起到了其他任何技术不可替代的作用。

21 世纪人类将广泛开发地下空间，包括铁路、公路、水道、工厂、矿山、电站、街道、医院以及各种军事设施和掩体。地下工程的发展必然会促进和推动地下工程测量的发展。可以预测,未来研究地下工程测量的新理论、新方法、新仪器、新技术将是测绘界关注的焦点,也是测绘界 21 世纪的主要课题之一。

13.2 地下控制测量

地下控制测量包括地下平面控制测量和高程控制测量,其最主要的任务在于保证地下工程在预定误差范围内的贯通。在地下控制测量中,高程控制测量的目的是在地下建立一个与地面统一的高程系统,确定各种地下工程在竖直方向的位置及相互关系,保证隧道在竖直方向的正确贯通。平面控制测量是标定隧道掘进方向和测图的基础,其目的是以必要的精度,按照与地面控制测量统一的坐标系统,建立地下的控制系统。根据地下控制点的坐标,就可以放样出隧道中线的位置,指出隧道开挖的方向,保证地下工程在所要求的精度范围内贯通。

13.2.1 地下工程平面控制测量

地下工程平面控制测量的主要任务是测定各洞口控制点的相对位置,以便根据洞口控制点,按设计方向,向地下进行开挖,并能以规定的精度进行贯通。因此要求选点时,平面控制网中应包括隧道的洞口控制点。通常,平面控制测量有以下几种方法。

13.2.1.1 直接定线法

对于长度较短的山区直线隧道,可以采用直接定线法。如图 13-1 所示,A、D 两点是设计选定的直线隧道的洞口点,直接定线法就是将直线隧道的中线方向在地面标定出来,即在地面测设出位于 AD 直线方向上的 B、C 两点,作为洞口点 A、D 向洞内引测中线方向时的定向点。

在 A 点安置经纬仪(或全站仪),根据概略方位角 α 定出 B' 点。搬经纬仪到 B' 点,用盘左、盘右分中法延长直线到 C' 点。搬

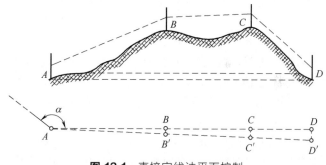

图 13-1 直接定线法平面控制

经纬仪至 C' 点,同法再延长直线到 D 点的相近点 D' 点。在延长直线的同时,用测距仪测定 A,B',C',D' 之间的距离,量出 $D'D$ 的长度。C 点的位置移动量 $C'C$ 可按式(13-1)计算:

$$C'C = D'D \frac{AC'}{AD'} \tag{13-1}$$

在 C 点垂直于 $C'D'$ 的方向上量取 $C'C'$,定出 C 点。安置经纬仪于 C 点,用盘左、盘右分中法延长 DC 至 B 点,再从 B 点延长至 A 点。如果不与 A 点重合,则用同样的方法进行第二次趋近。

13.2.1.2 三角网法

对于隧道较长、地形复杂的山岭地区或城市地区的地下铁道,地面的平面控制网一般布设成三角网形式。用经纬仪和测距仪或全站仪测定三角网的边角,形成为边角网。边角网的点位精度较高,有利于控制隧道贯通的横向误差。

13.2.1.3 导线测量方法

连接两隧道口布设一条导线或大致平行的两条导线,导线的转折角用 DJ2 级经纬仪观测,距离用光电测距仪测定,相对误差不大于 1/10000,或用同样等级的全站仪测角和测距。经洞口两点坐标的反算,可求得两点连线方向(对于直线隧道,即为中线方向)的距离和方向角,据此可以确定从洞口掘进的方向。

13.2.1.4 全球定位系统法

用全球定位系统(GNSS)定位技术作地下建筑施工的地面平面控制时,只需要在洞口布设洞口控制点和定向点。除了洞口点及其定向点之间因需要作施工定向观测而应通视之外,洞口点与另外洞口点之间无需通视,与国家控制点或城市控制点之间的联测也无需通视。因此,地面控制点的布设灵活方便。且其定位精度目前已能超过常规的平面控制网,GNSS 定位技术已在地下建筑的地面控制测量中得到广泛应用。

13.2.2 地下工程高程控制测量

地下高程控制测量的任务是按规定的精度施测隧道洞口(包括隧道的进出口、竖井口、斜井口和坑道口)附近水准点的高程,作为高程引测进洞内的依据。在水平或坡度小于 8°的隧道中进行几何水准测量,在坡度大于 8°的倾斜隧道中进行三角高程测量。

13.2.2.1 地下水准测量

地下水准测量分两级,Ⅰ级水准测量用以建立地下高程测量的首级控制,其精度较高,基本上能满足贯通工程在高程方面的精度要求。Ⅱ级水准测量作为Ⅰ级水准点间的加密控制,精度较低。地下水准路线一般与地下导线测量的路线相同,通常利用地下导线点作为水准点。

地下水准测量的施测方法与地面水准测量基本相同,常采用中间法施测。施测时水准仪置于两尺点之间,若地下通视条件差,前后视距离用目估法使其相等,这样可以消除由于水准管轴与视准轴不平行所产生的误差。视线长度一般宜为 15~40m,Ⅱ级水准不应超过 50m。每个测站应在水准尺黑红面上进行读数,若使用单面水准尺,则应用两次仪器高进行观测,两次仪器之互差应大于 10cm。由水准尺两个面或两次仪器高所测得的高差互差,Ⅰ级应不大于 4mm,Ⅱ级应不大于 5mm,否则应重测。取两面或两次仪器高测得的高差平均值作为一次测量结果。有时由于隧道内施工场地狭小,工种繁多,干扰甚大,水准点可能设在隧道顶板上,所以地下水准测量还常使用倒尺法传递高程。

13.2.2.2 三角高程测量

三角高程测量通常用于倾角大于 8°的倾斜隧道中,与经纬仪导线测量同时进行。如图 13-2 所示,置经纬仪于 A 点,整平对中。在 B 点悬挂垂球。用望远镜瞄准垂球线上的标志 b,测出倾角 δ,丈量仪器中心到标志 b 的距离 L,量取仪器高 i 及觇标高 v。则 B 点对 A 点的高差为:

$$H = L\sin\delta + i - v \quad (13-2)$$

用上式计算高差时应注意,当测点在顶板上时,i 和 v 取负号。仪器高 i 和觇标高 v 均用小钢尺在观测开始前和结束后各量一

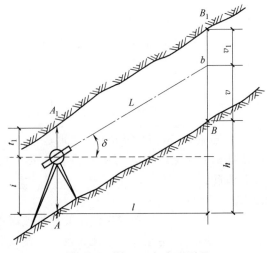

图 13-2 地下三角高程测量

次,并量至毫米,两次丈量的互差不得大于 4mm,取其平均值作为丈量结果。丈量仪器高时,可使望远镜竖直,量出测点至镜上中心的距离。

13.3 贯通测量

13.3.1 贯通测量的概念和方法

贯通测量,是指采用两个或多个相向或同向掘进的工作面同时掘进同一巷道,使其按照设计要求在预定地点正确接通而进行的测量工作。采用贯通方式多头掘进同一巷道,可以加快巷道掘进速度,缩短通风距离,改善工人作业条件。贯通是一项地下隧道施工技术,应用于矿井建设、采矿生产、隧道施工等,而且在铁路、公路、水利、国防等建设工程中也常被采用。

贯通工程常用形式有相向贯通、单向贯通和同向贯通三种(图 13-3)。两个工作面相向掘进称作相向贯通。从巷道的一端向另一端的指定地点掘进称作单向贯通。两个工作面同向掘进称作同向贯通或追随贯通。

(a) 相向贯通　　　　　(b) 同向贯通　　　　　(c) 单向贯通

图 13-3 巷道贯通类型

贯通测量的基本方法是测出待贯通巷道两端导线点的平面坐标和高程,通过计算求得巷道中线的坐标方位角和巷道腰线的坡度,此坐标方位角和坡度应与原设计相符,差值应在允许范围之内,同时计算出巷道两端点处的指向角,利用上述数据在巷道两端分别标定出巷道中线和腰线,指示巷道按照设计的同一方向和同一坡度分头掘进,直到贯通相遇点处相互正确接通。

13.3.2 一井内巷道贯通测量

13.3.2.1 一井内相向贯通

如图 13-4 所示,假设要在上、下平巷的 A 点与 B 点之间贯通二号下山(图中用虚线所表示的巷道),其测量和计算工作如下。

① 根据设计,从井下某一条导线边开始,测设经纬仪导线到待贯通巷道的两端处,并进行井下高程测量,然后计算出 A、B 两点的坐标及高程以及 CA、BD 两条导线边的坐标方位角 α_{CA} 和 α_{BD}。

② 计算标定数据。

贯通巷道中心线 AB 的坐标方位角 α_{AB} 为:

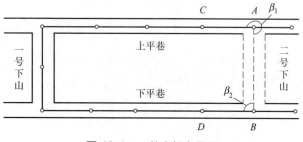

图 13-4 一井内相向贯通

$$\alpha_{AB} = \arctan\frac{y_B - y_A}{x_B - x_A} \tag{13-3}$$

计算 AB 边的水平长度 l_{AB} 为:

$$l_{AB} = \sqrt{(x_B - x_A)^2 + (y_B - y_A)^2} \tag{13-4}$$

计算指向角 β_1、β_2 为:

$$\beta_1 = \angle CAB = \alpha_{AB} - \alpha_{AC} \tag{13-5}$$

$$\beta_2 = \angle DBA = \alpha_{BA} - \alpha_{BD} \tag{13-6}$$

计算贯通巷道的坡度 i 为:

$$i = \tan\delta_{AB} = \frac{H_B - H_A}{l_{AB}} \tag{13-7}$$

式中,H_A,H_B 为 A 点和 B 点处巷道底板或轨面的高程;δ_{AB} 为巷道的倾角。

计算贯通巷道的斜长(实际贯通长度)L_{AB} 为:

$$L_{AB} = \sqrt{(H_B - H_A)^2 + l_{AB}^2} = \frac{H_B - H_A}{\sin\delta_{AB}} = \frac{l_{AB}}{\cos\delta_{AB}} \tag{13-8}$$

通过计算以上数据,可以用 β_A、β_B 给出掘进巷道的中线,利用 δ_{AB} 给出巷道的腰线,利用 l_{AB} 和每天掘进的速度计算出贯通的时间。

13.3.2.2 一井内的单向贯通及开切位置的确定

如图 13-5 所示,下平巷已经掘好,一号下山已通,二号下山已掘进到 B 点。为尽快掘进二号下山,决定从上平巷开掘工作面,在上平巷与下平巷之间贯通二号下山。此时,需要在上平巷中确定开切点 A 的位置,以便在 A 点标定出二号下山的中、腰线,向下掘进,进行贯通。该下山在下平巷中的开切地点 B 以及二号下山中心线的坐标方位角 α_{AB} 均已给出。

为此,需在上、下平巷之间经一号下山布设经纬仪导线,导线点编号为 1~12,并进行高程测量,以求得各导线点的平面坐标和高程。设点时,B、2 号点应设在二号下山的中心线上,设置 11、12 点时,应使 11-12 导线边能与二号下山的中心线相交,其交点 A 即为预确定的二号下山上端的开切点。这类贯通几何要素求解的关键是求出 A 点坐标和平距 S_{11-A} 及 S_{A-12},而 A 点是两条直线(导线边 11-12 与二号下山中心线 AB)的交点。

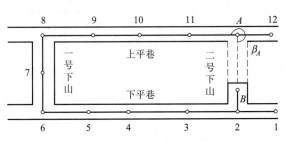

图 13-5 一井内单向贯通

① 计算 A 点的平面坐标 x_A 及 y_A,可列出 11-12 边和 AB 边两条直线的方程式,即:

$$y_A - y_{11} = (x_A - x_{11})\tan\alpha_{11-12} \tag{13-9}$$

$$y_A - y_B = (x_A - x_B)\tan\alpha_{2-B} \tag{13-10}$$

联立解此方程式,可得 A 点平面坐标 (x_A, y_A)。

② 计算水平距离和 l_{11-A} 和 l_{AB},即:

$$l_{11-A} = \sqrt{(x_A - x_{11})^2 + (y_A - y_{11})^2} \tag{13-11}$$

$$l_{AB} = \sqrt{(x_B - x_A)^2 + (y_B - y_A)^2} \tag{13-12}$$

为了检核,可再求算 A 点到 12 点的平距 l_{A-12} 并检查是否满足 $l_{11-A} + l_{A-12} = l_{11-12}$,有了 l_{11-A} 和 l_{A-12},即可在上平巷中标定出二号下山的开切点 A。

③ 计算 AB 间的平距,即:

$$l_{AB}=\sqrt{(x_B-x_A)^2+(y_B-y_A)^2} \tag{13-13}$$

④ 计算 A 点处的指向角，即：
$$\beta_A=\angle 11AB=\alpha_{AB}-\alpha_{A-11} \tag{13-14}$$

⑤ 计算 AB 的坡度，即：
$$i=\tan\delta_{AB}=\frac{H_B-H_A}{l_{AB}} \tag{13-15}$$

⑥ 计算贯通巷道的斜长（实际贯通长度），即：
$$L_{AB}=\sqrt{(H_B-H_A)^2+l_{AB}^2}=\frac{H_B-H_A}{\sin\delta_{AB}}=\frac{l_{AB}}{\cos\delta_{AB}} \tag{13-16}$$

从 11 号点沿 11-12 导线边方向量取水平距离 l_{11-A} 可确定 A 点的位置，在 A 点利用指向角 β_A 和倾角 δ_{AB} 可以给出巷道的中腰线，指示巷道向 B 点掘进。

13.3.2.3 一井内沿导向层的贯通

一井内沿导向层的贯通可以分为沿倾斜导向层水平巷道贯通和沿导向层贯通倾斜巷道两种情况。

沿倾斜导向层贯通水平巷道时，由于巷道中线的方向受导向层的限制，因而无需给定巷道的中线方向，只需保证高程位置的正确就能贯通。这类巷道虽不需要标设巷道中线，但必须严格控制高程的精度，因为它不仅会引起竖直方向的偏差，还能引起平面上的偏差。实践证明，当导向层倾角较小时，由高程测量误差引起的平面误差较大。因此，只有导向层的倾角大于 30°时才可以不给中线，否则还是要标设巷道的中线。

沿导向层贯通倾斜巷道时，由于贯通巷道在高程方向上受导向层的限制，只需给定巷道的中线方向就可以贯通，而不必给定巷道的腰线。但此时应及时测绘巷道的竖直剖面图，来发现导向层地质构造破坏的影响，以便及时采取相应措施，确保巷道的贯通。

13.3.3 两井间巷道贯通测量

两井间的巷道贯通，是指在巷道贯通前不能由井下的一条起算边向贯通巷道的两端敷设井下导线，只能在两井间通过地面联测、联系测量，再在井下布设导线至待贯通巷道两端的贯通。为保证两井之间巷道的正确贯通，两井的测量数据必须采用统一的坐标系统。这类贯通的特点是在两井间要进行地面测量，且两井都要进行联测，把地面坐标和高程传递到井下去，分别在两井内进行井下平面测量和高程测量。这类贯通误差累积较大，必须采用更精确的测量方法和更严格的检查措施。两井间巷道贯通一般包含以下几个步骤。

13.3.3.1 两井间的地面联测

两井间地面联测的目的是确定两井近井点的坐标和高程。地面联测的方式可以采用导线测量、三角网插点或 GNSS 测量，同时进行相应的水准测量。地面联测时要充分考虑两井间的距离和井下贯通的长度，并要考虑起始点的精度和地面控制的精度要求，尽可能提高地面联测的精度，减少井下测量的难度。平面控制点要建立在近井点附近，便于向井下传递。水准测量要在两井间实测四等水准，求出近井点的高程。测量时要有严格的检查措施，避免系统误差或粗差的出现。

13.3.3.2 两井分别进行联测

对两井分别进行联测的目的是将地面的坐标、方位和高程传递到井下去，以确定井下导线起始边的方位角以及井下定向基点的平面坐标和高程。对于立井井筒，平面坐标和方位角的传递通常采用两井定向或陀螺定向的方法，高程可以采用长钢丝或长钢尺导入高程的方法，求出井下水准基点的高程。联测的具体实施方法在前面的章节已有详细介绍。对于斜井完全可以采用导线测量的方式进行传递。

联测应独立进行两次，两次结果的互差如满足要求，可以取两次定向结果的平均值作为最后的结果。若在建井时期已经进行过精度能满足贯通要求的联测，而且井下基点牢固未动，此时可只进行一次联测，并将本次测量的成果与以前的联测成果进行对比，如互差符合要求，即可取平均值使用。

13.3.3.3 井下导线测量和高程测量

井下导线测量和高程测量从由地面传递到井下的井下基准点和起始边开始。平面坐标测量通过已有巷道布设全站仪或经纬仪导线到待贯通巷道两端的开切眼附近，使用全站仪或经纬仪进行观测。布设导线时应尽可能选择线路长度短、工作条件好的巷道，条件允许时可以布设成闭合导线或附合导线，若采用支导线至少要独立进行两次观测，以便检核，防止粗差的出现。

井下高程测量可以在平巷或坡度较小的巷道内进行水准测量，在坡度较大的斜巷中可以采用三角高程测量，将高程传递到待贯通巷道两端的开切眼附近的导线点上。

13.3.3.4 计算巷道贯通几何要素并进行实地标定

根据井下导线测量和水准测量求得的待贯通巷道两端处在中线点上的坐标和高程，按照一井内贯通的计算方法，计算出待贯通巷道的掘进方向和坡度等贯通几何要素，并在实地进行标定，在掘进过程中应及时进行检查和调整巷道的掘进方向和坡度，直到巷道完全贯通为止。

两井间的巷道贯通，涉及地面联测、联系测量和井下测量等工作，误差累积较大，尤其两井间距离较远时更为明显。为了保证巷道贯通误差不超过容许误差，要根据实际情况选择合理的实测方案和测量方法，对于大型贯通应进行贯通误差预计。

13.3.4 立井贯通测量

立井贯通有两种最常见的情况：一种是从地面及井下相向开凿的竖井贯通；另一种是延深竖井时的贯通。下面分别加以介绍。

13.3.4.1 从地面和井下相向开凿的立井贯通

如图 13-6 所示，在距离主、副井较远处的井田边界附近要新开凿一号立井，并决定采用相向开凿方式贯通。一方面从地面向下开凿，另一方面同时由原运输大巷继续向三号井方向掘进，开凿完三号立井的井底车场后，在井底车场巷道中标定出三号井筒的中心位置，由此位置以小断面向上开凿反井，待与上部贯通后，再按设计的全断面刷大成井。当然也可以全断面相向贯通，但这样会对贯通精度要求更高，从而增大测量的工作量和难度。

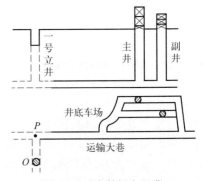

图 13-6 立井相向开凿

这时测量工作的内容简述如下。

① 进行地面联测，建立主、副井和三号井的近井点。地面联测方案可视两井间的距离、地形情况以及矿上现有仪器设备条件而定。

② 以一号立井的近井点为依据，实地标出井筒中心（井中）的位置，指示井筒由地面向下开凿。

③ 通过主、副井进行联测，确定井下导线起始边的坐标方位角及起始点的坐标。

④ 在井下沿运输大巷测设导线，直到三号井的井底车场出口 P 点。

⑤ 根据三号井的井底车场设计的巷道布置图，编制井底车场设计导线。由导线点 P 开始，按井底车场设计导线来标定出中线、腰线，指示巷道掘进至三号井的井筒中心位置附近，并准确地标出三号井的井筒中心 O 的位置，牢固埋设好井中标桩及井十字中线基本标桩，此后便可开始向上以小断面开凿反井。

在立井贯通中，高程测量的误差对贯通的影响甚小，一般可以采用原有高程测量的成果并进行必要的补测。最后可根据井底的高程推算接井的深度，当上、下两端井筒掘进工作面接近到 10~15m 时，要提前通知建井施工单位，停止一端的掘进工作，并采取相应的安全技术措施。

在这类立井贯通时，尤其是全断面开凿一次成井的相向贯通，立井中心线的贯通容许偏差较小，通常应事先进行贯通测量误差预计，做到心中有数，以免造成重大损失。

13.3.4.2 延深立井时的贯通

如图 13-7 所示，一号井原来已掘进到一水平，现在要延深到二水平。由于一水平已通过大下山到达二水平，故决定采用贯通方式延深。即上端由一水平掘进辅助下山，到达一号井的井底下方，留设井底岩柱（通常高 6~8m），标定出井筒中心 O_2，指示井筒由上向下开凿；同时，在二水平开掘一号井的井底车场，标定出一号井井筒中心 O_3，指示井筒由下向上开凿。当立井井筒上、下两端贯通后，再去掉岩柱，从而使一号井由一水平延深到二水平。就如图 13-7 所示的立井延深贯通测量来说，其主要测量工作如下。

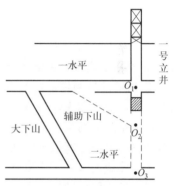

图 13-7 立井延深贯通测量

① 在一水平测出一号井井筒底部在该水平的实际中心 O_1 点的坐标，而不能采用地面井中的坐标，更不能采用原来的设计井中坐标作为贯通的依据。因为井筒不可能完全铅直，而且有可能变形，而延深的井筒是要和一水平的一号井井筒底部相接的。

② 从一水平井底车场中的起始导线边开始，沿大巷和大下山测设导线到二水平，直到一号井井筒的下方，并在二水平标定出井筒中心 O_3 点，指示井筒由下向上开凿。

③ 从一水平井底车场中的起始导线边开始，沿大巷和辅助下山测设导线到达一号井岩柱下方，标定出井筒中心 O_2 点，指示井筒由上向下掘进。辅助下山一般坡度较大、风速大，辅助下山的上端与一水平大巷相连接处以及辅助下山的下端与岩柱下方的临时水平相连接处，通常都有小半径的弯道，导线边很短，必须十分注意经纬仪的对中，必要时可采用"三联架"法，或者将导线点设置在巷道底板上，用经纬仪的光学对中器在点上对中。

④ 一号井筒延深部分的上、下两端相向掘进到只剩下 10~15m 时，要书面通知有关单位，停止一端的掘进作业，并采取相应的安全技术措施上、下两端贯通后，再去掉岩柱。最终使一号井由一水平延深到二水平。

13.4 地下管线测量

13.4.1 地下管线概述

地下管线分为地下管道和地下电缆两大类。

地下管道包括给水、排水、煤气、热力及工业管道。给水管道根据用水的不同对象和用水水质要求不同或用水水压要求不同，分别建立有分质给水系统和分压给水系统。排水管道按排水性质分工业污水、生活污水和雨水，按排水方式又分为合流制和分流体两种类型。煤气管道按压力大小分为低压、中压和高压三种。从输配系统和布设来说可按管径规格不同分为主干管和庭院管。热力和工业管道主要以其传输材料性质区分，工业管道也按其管内压力大小而有无压力或分低压、中压、高压三种。

地下电缆包括电力电缆和电信电缆。电力电缆除了电气化铁路及电车用低压电缆外，还有供电（输电或配电）用高压或超高压电缆。电信电缆按其功能分为市内电话、长途电话、有线广播和有线电视光纤及其他专用电信电缆等。埋设在城市市区内的上述各类管线，还包括市政公用管线及其他部门如厂、矿、铁路、民航、部队等的专用管线，统称为地下管线。

13.4.2 各类管线的基本探测方法

目前国内外流行的管线探测仪器所采用的方法技术都属于地球物理探测法这一类，主要有：电磁法、电磁波（地质雷达）法、直流电法、磁测法、地震波法、红外辐射法等。采用地球物理探测方法，应满足以下四个条件。

① 被探测的地下管线与其周围介质之间有明显的物性差异。
② 被探测的地下管线所产生的异常场有足够的强度，能在地面上用仪器观测到。
③ 能从干扰背景中清楚地分辨出被探测管线所产生的异常。
④ 仪器的探测精度能达到规定的要求。

此外，地球物理探测方法的选定，还应根据测区的任务要求、探测对象、测区的地球物理条件以及测区的实际情况等，并通过试验方法来确定。一般情况下，探测金属管线，采用磁偶极感应法或电偶极感应法，探测电力电缆采用50Hz被动源法，探测磁性管道采用磁测法，探测非金属管线采用电磁波（地质雷达）法或电磁感应法。

(1) 供水管道的探测

供水管道材质有金属与非金属两种类型，金属管有镀锌钢管、碳钢直板卷管和承插式灰口铸铁管。镀锌钢管用螺纹连接；碳钢卷管采用焊接连接；铸铁管用石棉水泥或膨胀水泥连接。非金属管通常用水泥管，水泥管采用胶圈接口。

对金属供水管道，通常采用激发方式的直读法或感应法。使用直读法，应尽可能使用低频率，对于大口径钢管，一般用直读法，双端连接可探测的距离更大。定深主要用比值法，直读法不宜使用。对于大口径管的探测，在应用常规方法时，应注意多作剖面测量，通过全曲线的计算进行定位和定深，必要时可用探地雷达和开挖加以验证。水泥管的探测，主要用探地雷达。

(2) 煤气管道的探测

地下煤气管道绝大部分采用无缝钢管或螺旋钢管，少量使用高密度聚乙烯塑料管。煤气管道的探测一般采用感应激发法，用常规的办法定位和定深通常都能满足要求。但当其与其他管线相距很近时，在地面的感应效果欠佳，此时，可利用阀门井、排水器、地下调压站（井）等直接把发射机放在管道上感应。

(3) 电力电缆的探测

电力电缆除无轨电车用500V直流外，其余电缆所载电流均为交流电，电压从220V至220kV。10kV以下的电缆一般埋设在人行道下，高压电缆一般埋在人行道下或行车道的旁边地下，敷设方式有预制钢筋混凝土槽盒直埋（电缆一般排在沟壁上）和电缆沟。在穿越行车道或铁道时，电缆敷设在管道内。由于高压电缆是主干线路，负载变化小，用50Hz被动源方法信号比较稳定。由于高压电缆是三相交流电，三条电缆相位各差120°，在剖面上磁场水平分量显示双峰异常，两个极大值位置并不对应两边的电缆投影位置而是向外侧偏移，但可用两极大值的中心位置来确定槽盒的中心位置,也用感应法确定其中心位置,用常规方法测定其深度,并作改正。

对于 10kV 以下的用槽沟方式埋设的电缆,由于多条电缆排列不规则,用户负载变化大,高次谐波干扰严重,一般直接量取槽沟的中心位,开盖量测最上面的一条电缆深度作为埋深。在无法开盖量测时可用夹钳法和感应法,用常规方法定位、定深,并作适当的改正。

(4) 电信电缆的探测方法

电信电缆的地下敷设方式有管道电缆和直埋电缆两种,有民用、军用和铁路专用电缆之分,也有共用的通信电缆。由于电信电缆均是多根组合排列,一般用感应法激发定位、定深,而且必须加改正。改正的方法为:先从井中确定截面上等效中心的位置,量出其到管块顶部的垂直距和到管块平面中心的水平距,再用实测深度与等效中心深度作比较,对实测深度作改正,并换算成管块顶部埋深。如果等效中心的水平位置不是管块平面中心位置,应加适当的改正。

这种情况也可用夹钳法分别夹上部最左面和最右面的电缆,分别定出平面位置取其中心作为中心位置。定深采用直读和比较法,并取其平均值作为定深。

(5) 排水管的探测

由于排水管道井间距离很近,一般均可开盖量测,在井间距离超过 70m 时,可用内插法确定其深度。

13.4.3 地下管线测绘

地下管线测绘是指在城市等级或厂矿企业内等级的导线点和水准点的基础上进行的图根控制测量、地下管线点的平面和高程位置联测及相关地形测量。

13.4.3.1 地下管线的控制测量

地下管线测绘的控制测量,是为进行地下管线点联测及相关地形测量而建立的图根控制,控制测量包括平面控制测量和高程控制测量的两部分。首先应采用本地区或本市的统一坐标系统,以便以后各单位各部门新建地下管线图的统一性,也便于管理和维修。在收集测区已有的控制测量资料后,应对资料进行全面检核,确保起始数据的可靠性。该控制测量可根据已知点密度和测区的大小布设,若已知点密度小,测区范围大,首先应布设等级控制网,然后沿管线布设导线网,相当于前面所讲的图根点,整个测量工作应严格执行国家有关规范。地下管线测绘多数是在城市进行,首级网可建立 GNSS 控制网,也可建立电磁波测距导线网;若测区范围较小,可直接布设图根点。

高程控制测量是以测区内等级水准点为起始点,沿控制点、图根点、管线点布设水准路线或采用电磁波测距三角高程测量。整个高程测量也应执行相关的国家规范。

13.4.3.2 地下管线点测量

地下管线点的测量是在用物探仪器探明地下管线的平面位置并设置相应的标志和注明编号后进行,一般以控制点或图根点为测站点,使用全站仪或测距经纬仪。测量的方法常用极坐标法,其距边不宜太长,一般在 150m 左右,但定向可采用长边。整个测量工作与其他测量工作完全一样,这里不再重复。

地下管线测绘还包括相关地形测量,一般是测沿道路、街巷两侧的带状地形图。考虑到地下管线图的重点是表示地下管线的位置、高程以及与道路、街道、相邻地面建筑物的相对位置关系,地形地物测绘只需测设道路、街道边线、临街建筑物向街一面的外轮廓线、结构、层数分间线、门牌及单位名称,测定各种地面地物特征点的地面位置及高程。

城市地下管线图还需要测定横断面。横断面的位置要选在主要道路、街道有代表性的断面上，一般每幅图不少于两个断面。横断面应垂直于现有道路、街道布置，除测定管线点位置、高程外，还应测量道路的特征点、地面高程变化、各种建筑物边沿等。

13.5 地下建筑工程竣工测量

地下建筑工程竣工后，为了检查工程是否符合设计要求，并为设备安装和使用时检修等提供依据，应进行竣工测量，并绘制竣工图。

工程验收时，检测隧道中心线，在隧道直线段每隔 50m、曲线段每隔 20m 检测一点。地下永久性水准点至少设置两个，长隧道中每千米设置一个。

隧道竣工图测绘中包括纵断面测量和横断面测量。纵断面应沿中垂线方向测定底板和拱顶高程，每隔 10~20m 测一点，绘出竣工纵断面图，在图上套画设计坡度线进行比较。直线隧道每隔 10m、曲线隧道每隔 5m 测一个横断面。横断面测量可以采用直角坐标法或极坐标法。

图 13-8（a）所示为用直角坐标法测量隧道竣工横断面。测量时，是以横断面上的中垂线为纵轴，以起拱线为横轴，量出起拱线至拱顶的纵距 x_i 和中垂线至各点的横距 y_i，并量出起拱线至底板中心的高度 h 等，依此绘制竣工横断面图。

图 13-8（b）所示为用极坐标法测量隧道竣工横断面。将全站仪安置于需要测定的横断面上，并安装直角目镜，以便向隧道顶部观测。根据隧道中线确定横断面方向，用极坐标法测定横断面上若干特征点的三维坐标，据此绘制竣工横断面图。

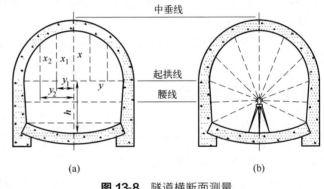

图 13-8 隧道横断面测量

📖 本章小结

主要介绍了地下控制测量、贯通测量及地下管线测量。重点内容是：地下工程平面控制测量、地下工程高程控制测量、一井内巷道贯通测量、两井间巷道贯通测量、立井贯通测量、各类管线的基本探测方法。

✏️ 思考题与习题

1. 地下工程测量有哪些类型？其特点是什么？
2. 地下工程平面控制测量主要任务是什么？有哪几种方法？
3. 地下高程控制测量的任务是什么？
4. 贯通测量分为几类几种？每一种需要进行哪些测量工作？
5. 立井贯通时的测量工作有什么特点？应注意什么问题？
6. 在什么条件下沿倾斜煤层贯通平巷只给腰线？在什么条件下沿煤层贯通斜巷只给中线？
7. 各类地下管线的基本探测方法有哪些？
8. 隧道竣工测量有哪些主要内容？

CHAPTER 第 14 章

工程测量新技术应用

本章导读

现代工程测量正朝着测量内外业作业一体化、数据获取及处理自动化、测量过程控制和系统行为智能化、测量成果和产品数字化、测量信息管理可视化、信息共享和传播网络化的趋势发展，各种测绘新技术正在渗入各个工程领域中，深刻影响着工程测量的施工质量。本章对无人机技术、三维激光扫描系统、InSAR 技术的原理、特点及在工程测量中的应用进行了介绍。

思政元素

测绘地理信息技术正与物联网、大数据、人工智能等技术加速融合，赋能千行百业。面对新的发展机遇，智能化测绘的技术研究必将取得更大进展，构建新型基础测绘体系责任重大，使命光荣，任重道远。测量人员应以饱满的热情、昂扬的斗志深入研究、积极探索、全面实践，勠力同心、锐意进取，奋力开创测绘地理信息技术的新局面。

14.1 无人机技术

无人机技术是指利用无线电遥控设备和自备的程序控制装置操纵的不载人飞机，或者由车载计算机完全地或间歇地进行自主操作的一项技术。无人机技术近年来发展得很快，以无人机技术为基础发展起来的无人机航测技术被广泛用于多种测量工程。

14.1.1 无人机的分类

无人驾驶航空器，是一架由遥控站管理（包括远程操纵或自主飞行）的航空器，也称遥控驾驶航空器。无人机系统，也称无人驾驶航空器系统，是指由一架无人机、相关的遥控站、所需的指令与控制数据链路以及批准的型号设计规定的任何其他部件组成的系统。

目前成熟的无人机系统为多旋翼无人机和固定翼无人机。

14.1.1.1 多旋翼无人机

多旋翼无人机是一种能够垂直起降，以旋翼作为飞行动力装置的无人飞行器。

多旋翼无人机，按轴数分为三轴、四轴、六轴、八轴，甚至十八轴等；按发动机个数分为三旋翼、四旋翼、六旋翼、八旋翼甚至十八旋翼等。常见的多旋翼无人机有四旋翼、六旋翼，这些无人机系统集成度高，技术成熟，在消费级无人机市场占有绝对的领先优势。除此之外，一些无人机公司也推出一系列应用级别的多旋翼无人机，图 14-1 为大疆精灵 4 RTK 旋翼无人机。

图 14-1　大疆精灵 4 RTK 旋翼无人机

多旋翼无人机机体主要由动力系统、主体、飞行控制系统（简称飞控系统）以及其他辅助设备组成。

多旋翼无人机具有体积小、重量轻、噪声小、隐蔽性好，适合多平台、多空间使用的特点；其云台可以根据测绘任务的需求而搭载不同类型的相机或者特定传感器；可以垂直起降，相对固定翼无人机而言，不需要弹射器、发射架进行辅助起飞，在飞行过程中还可实现定点悬停，从而实现对某一区域的长时间观测，还可以进行侧飞、倒飞等操作；其飞行的高度低，具有很强的机动能力，结构简单，控制灵活，成本低，螺旋桨小，安全性好，拆卸方便，也便于维护。

14.1.1.2　固定翼无人机

相较于旋翼无人机依靠旋翼升力为动力，固定翼无人机靠螺旋桨或者涡轮发动机产生的推力作为飞机向前飞行的动力，主要的升力来自机翼与空气的相对运动。因此，固定翼飞机必须要有一定的相对空气的速度才会有升力来飞行。正是因为这个原理，固定翼飞行器具有飞行速度快、比较经济、运载能力大的特点。因此，在有大航程、较高飞行高度的需求时，一般选择固定翼无人机。

固定翼无人机航测系统一般高度集成、一体化程度较高，主要硬件设备包括无人机飞行平台、飞行控制系统、地面监控系统、发射与回收系统、遥感任务设备、任务设备稳定装置、影像位置和姿态采集系统。除此之外，还有一系列配套软件设施。

随着设备和技术不断更新，目前已有具有垂直起降功能的固定翼无人机，采用多旋翼与双尾撑固定翼相结合的方式，兼具固定翼无人机航程大和多旋翼无人机便捷起降的特点，无需借助跑道和弹射架，对于起降场地要求小，可在山区、丘陵、高原等复杂地形区域顺利作业。图 14-2 为南方天巡 MF2500 垂直起降固定翼无人机。

图 14-2　南方天巡 MF2500 垂直起降固定翼无人机

14.1.2 无人机航测的特点

无人机航测技术有效弥补了传统航空摄影测量及遥感的不足，大大提高了测量精度、测量速度，同时降低了测量成本，为现代测量工作带来了许多便利。无人机航测技术的适用范围广，对测量环境的要求低，能适应多种地形，能在复杂的环境中采集到分辨率高的影像信息，具有非常显著的应用优势。尤其是随着数码相机技术的发展，无人机航测采集到的影像信息分辨率更高，失误率更小，更为现代测量测绘工作提供了便利。

无人机航空摄影测量技术的适用范围广泛，在国土调查、土地规划、不动产测绘、灾害应急与处理、土地利用动态监测等测量任务中，都能发挥出重要作用。

与传统测量技术相比，无人机航空摄影测量技术反应速度更快、时效性价比更高、地形适应能力更强、地表数据快速获取能力与建模能力更强。

（1）反应快速

无人机的体积小，机动性高，操作简灵活，因此更能适应复杂的地形条件与气候条件。在应用无人机航测技术测量时，可根据测量区域的地形地貌、气候特征等，灵活、及时地调整航向、航高与航速等，使无人机与搭载的测量器面对不同情况快速做出不同反应，并尽可能获取到高精度数据与高分辨率遥感影像信息。除此之外，在测绘任务中，无人机车载系统可迅速到达作业区附近设站，根据任务要求每天可获取数十至数百平方千米的航测结果。

（2）时效性价比高

传统高分辨率卫星遥感数据在使用过程中存在以下问题：编程拍摄需要较长的时间才能得到最新的影像，遥感卫星系统的存档数据时效性不高，所以经常会出现数据丢失等问题。无人机航测技术在很大程度上弥补了传统高分辨率卫星遥感的不足，使数据存档时效性更高，影像信息的获取速度更快，耗费时间更短。在使用无人机航测技术测量时，测量组能做到随时出发随时拍摄，在短时间内获取到目标信息，因此大大降低了测量的时间成本，提高了信息存档的时效性。此外，由于无人机体积小，维护便利，所以又缩减了设备与系统维护成本，使测绘更加灵活高效又便宜。与传统人工测绘相比，无人机航测的时效性价比更高，人工测绘速度慢、效率低，测绘进度容易受到地理、气候、人员等多种因素的影响，而无人机航测技术不仅具备较强的环境适应能力与抗干扰能力，还具备较高的数据获取能力。据实验研究，无人机的飞行速度极快，能完成每天至少几十平方千米的测量工作。

（3）监控区域受限小

与传统测量技术相比，无人机航测技术还具有监控区域受限小的优点。在测绘作业中，地形、气候是影响测绘进度与精度的两大关键要素。我国幅员辽阔，地形地势复杂多样，气候也复杂多变，因此测绘工作长期受到限制。无人机航测技术有效解决了这一问题，无人机航测的环境适应能力强，测量不易受到地形地势与气候的影响与限制，所以数据获取速度快，监测范围广，成像精度高。

（4）较强的地表数据快速获取与建模能力

航测时，无人机搭载数字彩色航摄像机、数码相机等先进设备，这些设备能快速获取地表信息，获得高精度的定位数据与超高分辨率数字影像，能快速生成包括三维正射影像图、三维地表模型、三维景观模型等在内的三维可视化数据，满足测绘需求。

14.2 三维激光扫描系统

三维激光扫描技术也叫实景复刻技术，该项技术是利用高速激光进行扫描测量，得到目标物体的颜色、反射率、目标物体表面各点的坐标数据等信息，然后基于各项数据快速复建出 1∶1 真彩色三维点云模型。三维激光扫描技术的应用流程是：现场扫描，数据处理、应用。其中，现场扫描主要通过三维激光扫描仪完成，数据的处理由点云数据处理软件进行。

三维激光扫描技术数据获取速度快，所获信息分辨率高，能进行大面积扫描测量。利用三维激光扫描技术，可轻松、快速地采集各种小型、大型、标准、非标准、复杂、不复杂的场景的三维点云数据，且采集到的数据精度高、密度高、真实可靠。

目前，三维激光扫描仪属于时效性较高的扫描测量工具，在许多测量工程中都有运用。三维激光扫描仪的种类较多，如以扫描平台为分类依据，可将三维激光扫描仪分为以下几种：背包式激光扫描系统、地面式激光扫描系统、机载激光扫描系统及手持激光扫描系统。当前我国市面上已经有比较多的技术先进、功能成熟的三维激光扫描设备，如徕卡 RCT360 激光扫描仪。这种扫描设备能对目标物体进行精细三维扫描，根据扫描得到高精度点云数据，之后以数据为基础进行精细化建模。扫描设备还能采用大疆无人机对目标物体及周边环境进行倾斜摄影，得到大体环境的三维倾斜模型，便于工作人员更好地进行分析与观测。

(1) 三维激光扫描技术的特点

① 能自动获取数据，数据的获取与存储一键化处理，三维激光扫描仪的自动化与智能化程度高，对目标物的扫描、数据获取、数据存储都实现了自动化，扫描测量期间无需人为干预，设备能自动测得目标物表面的颜色、反射率、三维坐标信息，数据获取过程简单快速。

② 扫描范围广，能做到立体式扫描。三维激光扫描技术能分别从竖直方向、水平方向全面地扫描目标物体，快速获得目标物体各项信息，获得高分辨率的海量点位数据。三维激光扫描所得数据是三维矢量数据，信息内容丰富全面，简单直观，易于建模与分析。

③ 非接触式测量，测量过程安全。三维激光扫描技术的整个测量过程都是非接触式测量，无需工作人员与测量物接触，因此保证了测量物与工作人员的安全。

(2) 三维激光扫描技术的优势

与传统测量方式相比，三维激光扫描技术优势显著。

① 从测量方式来看，传统测量采用的是接触式、近距离测量方式，测量作业会受光照等因素的影响，而三维激光扫描采用非接触式、远距离测量方式，不受光照影响，白天、黑夜都可作业。

② 从测量效率来看，传统测量技术用时长，速度慢，效率低，劳动强度大，而且还只能测量到点到点的距离。而三维激光扫描技术自动完成对目标物体的扫描，自动生成三维数据，测量效率远远高于传统测量技术。

③ 从安全程度来看，传统测量技术局限性大，安全系数低，而三维激光扫描采用非接触式、远距离测量，全程不需人员操作，所以安全系数大大提高，人员安全得到保障。

④ 从结果出具方式来看，传统测量技术需要工作人员根据测量到的数据在图纸上手动标记，而三维激光扫描所得点云数据可直接导入 Revit、AutoCAD、3ds Max、SketchUp 等多种 BIM 软件，通过软件自动出具结果。三维激光扫描技术可实现智能量测，轻松获取长度、净空、直径、角度、方位角、坡度与坐标等一系列数据，更重要的是，在测量过程中，系统能根据点云数据对 BIM 模型与 CAD 图纸做出准确修改与校核，使最终的结果足够准确。

⑤ 从准确率方面看，传统测量作业受干扰因素多，测量数据的准确率相对较低。而三维激光扫描技术可自动获取与处理数据，能将目标物体或测量现场的实际情况通过三维点云数据准确反映出来。三维点云数据是由软件自动化处理，中间没有经过人为干预，因此也就

避免了人为引起的误差。据调查研究，目前的三维激光扫描技术，精度已经达到毫米级，所以数据的准确率极高。

⑥ 从可视化角度来看，传统测量作业属于平面二维作业，可视化程度不高，而三维激光扫描属于三维作业，三维激光扫描所得点云数据为整体三维空间尺寸信息，具有极高的可视化程度。

14.3 InSAR 技术和方法

InSAR（Interferometric Synthetic Aperture Radar）即合成孔径雷达干涉测量，是一种利用同一地区不同期次的 SAR 数据中的相位信息进行干涉测量的技术。InSAR 技术以合成孔径雷达复数据提取的相位信息为信息源获取地表的三维信息与变化信息。InSAR 技术采用的观测模式是重复轨道模式或单轨模式。InSAR 技术通过这两种模式的观测，得到地表同一景观的复图像对。在观测过程中，两天线与目标的位置形成一种几何关系，该几何关系使复图像上产生相位差，形成干涉条纹图。干涉条纹图中所包含的信息就是两天线与目标物位置之差的信息。正是基于这种原理，工作人员可通过束波视向、雷达波长、传感器高度、几何关系等，精准地测量出图像上各个点的三维位置信与位置变化信息。

InSAR 技术具有以下特点。

① 观测点密度高。当监测条件正常时，雷达干涉测量监测点平均密度能达到每平方千米 20000 个，观测点的分布密度远远高于传统观测点密度。极高的观测点密度使得监测到的数据更加全面丰富，使对目标物的形变分析更加简单准确。

② 主动发射微波。应用 InSAR 技术测量时，地面控制站会根据监测任务合理制订雷达卫星干涉测量计划与卫星数据获取计划。计划制订好后，地面控制站向卫星发送编程指令，卫星接收编程指令并根据指令主动发射微波（向地面），并主动接收回波。

③ 免地面测站应用 InSAR 技术开展测量活动时，不需要地面监测站，而地面监测站的省去，使监测时空范围的设计更加自由灵活且方便，使整个测量活动更加省时省力。

14.4 其他技术

当前还有许多其他工程测量新技术，如三维地理信息系统、室内导航技术等。

地理信息系统是在现代计算机、互联网、大数据等技术的基础上发展起来的一种先进的空间信息系统，该系统功能丰富，性能稳定，能为各类测绘作业带来帮助。基于三维 GIS 将现实世界中三维对象的相关属性与空间位置进行有机结合，通过经纬度与高程数据对空间对象进行数据化描述，可对空间实体的位置、分布、距离等空间信息进行科学分析；与可视化技术的结合，可直观化、形象化呈现实体对象在空间中的真实状态。

三维地理信息系统是构建行业可视化决策系统的重中之重，具有不可替代的重要作用，能够将地圈要素、业务管理、物联网感知、视频监控等多类型数据整合到一个三维可视化空间，进行高度融合与挖掘分析，并构建智慧管理相关的应用，辅助用户对三维空间中的各类监测对象做出快速、准确的判断，为城市规划、建设、管理、决策提供可视化支撑。

室内导航系统是一项新兴技术，该系统由基于多重传感器技术的移动扫描车、在任意浏览器内对全景空间和点云数据进行虚拟现实浏览的软件、基于计算机视觉和传感器融合技术的 APP 组成，可轻松实现室内及地下等无 GNSS 信号空间的数字化，生成照片级点云展示，无需任何定位基础设施即可在数字化的建筑中实现精确定位。该技术可打通室内外导航的最后一公里瓶颈问题，低成本实现室内或地下高精度定位导航。

本章小结

本章主要介绍了工程测量的几种新技术，包括无人机技术、三维激光扫描技术、InSAR技术，重点介绍了无人机的分类，旋翼无人机、固定翼无人机的特点及应用，三维激光扫描技术的特点，InSAR技术的特点及应用。

思考题与习题

1. 工程测量新技术的发展基础是什么？
2. 测量新技术在工程测量中起到了哪些作用？
3. 除书中所述，你还知道哪些工程测量新技术？

参 考 文 献

[1] 宁津生，陈俊勇，李德仁，等. 测绘学概论 [M]. 武汉：武汉大学出版社，2016.
[2] 刘玉梅，王井利. 工程测量 [M]. 北京：化学工业出版社，2011.
[3] 齐庆会，常乐，党晓斌. 实用工程测量 [M]. 哈尔滨：哈尔滨理工大学出版社，2021.
[4] 岳建平，陈伟清. 土木工程测量 [M]. 武汉：武汉理工大学出版社，2010.
[5] 潘正风，程效军，成枢等. 数字地形测量学 [M]. 武汉：武汉大学出版社，2015.
[6] 李天文. 现代测量学 [M]. 北京：科学出版社，2007.
[7] 孙立双. 工程测量学 [M]. 沈阳：辽宁大学出版社，2013.
[8] 邹永廉，土木工程测量 [M]. 北京：高等教育出版社，2004.
[9] 刘茂华. 工程测量 [M]，上海：同济大学出版社，2015.
[10] 高等学校土木工程专业学科指导委员会. 高等学校土木工程本科指导性专业规范 [M]. 北京：中国建筑工业出版社，2011.
[11] 王国辉. 土木工程测量 [M]. 北京：中国建筑工业出版社，2011.
[12] 张勤，李家权，等. GPS 测量原理及应用 [M]. 北京：科学出版社，2005.
[13] 许娅娅，雒应. 测量学 [M]. 3 版，北京：人民交通出版社，2009.
[14] 过静珺，饶云刚. 土木工程测量 [M]. 4 版. 武汉：武汉理工大学出版社，2011.
[15] 魏静. 建筑工程测量 [M]. 2 版. 北京：机械工业出版社，2014.
[16] 王劲松，鲁有柱. 土木工程测量 [M]. 北京：中国计划出版社，2008.
[17] 中华人民共和国质量监督检验检疫总局，国家标准化管理委员会. 国家三、四等水准测量规范：GB/T 12898—2009 [S]. 北京：中国标准出版社，2009.
[18] 中华人民共和国质量监督检验检疫总局，国家标准化管理委员会. 全球定位系统（GPS）测量规范：GB/T 18314—2009 [S]. 北京：中国标准出版社，2009.
[19] 中华人民共和国住房和城乡建设部，国家市场监督管理总局. 工程测量规范：GB 50026—2020 [S]. 北京：中国计划出版社，2020.
[20] 中华人民共和国国家质量监督检验检疫总局，中国国家标准化管理委员会. 国家基本比例尺地图图式 第 1 部分：1∶500 1∶1000 1∶2000 地形图图式：GB/T 20257.1—2017 [S]. 北京：中国标准出版社，2017.
[21] 中华人民共和国住房和城乡建设部. 城市测量规范：CJJ/T 8—2011 [S]. 北京：中国建筑工业出版社，2011.
[22] 中华人民共和国国家质量技术监督局. 房产测量规范 第 1 单元：房产测量规定：GB/T 17986.1—2000 [S]. 北京：中国标准出版社，2000.
[23] 中华人民共和国国家质量监督检验检疫总局，中国国家标准化管理委员会. 国家基本比例尺地形图分幅和编号：GB/T 13989—2012 [S]. 北京：中国标准出版社，2012.
[24] 中华人民共和国国土资源部. 地籍调查规程：TD/T 1001—2012 [S]. 北京：中国标准出版社，2012.